U0149919

大学计算机应用基础

主编　穆晓芳　尹志军

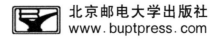

北京邮电大学出版社
www.buptpress.com

内容简介

《大学计算机应用基础》介绍了 Windows 10、Office 2019 和计算机网络等计算机基础知识。主要内容包括计算机与社会、计算机系统概述、计算机操作系统、计算机网络及其应用、文字处理 Word 2019、电子表格 Excel 2019、演示文稿 PowerPoint 2019 等 7 章,并且在每章中有效融入思政元素,在教学中潜移默化地升华思想和精神,自然而然地承载思想政治教育功能。

本书内容充实,通俗易懂,可作为高等院校非计算机专业计算机公共课的教材,也可作为参加计算机考试的培训教材,还可供不同层次从事办公自动化文字工作者学习、参考。

图书在版编目(CIP)数据

大学计算机应用基础 / 穆晓芳,尹志军主编. - - 北京 : 北京邮电大学出版社,2022.1(2022.12 重印)
ISBN 978-7-5635-6599-3

Ⅰ. ①大… Ⅱ. ①穆… ②尹… Ⅲ. ①电子计算机－高等学校－教材 Ⅳ. ①TP3

中国版本图书馆 CIP 数据核字(2022)第 006333 号

策划编辑:彭怀洲 刘蒙蒙　　责任编辑:廖 娟　　封面设计:七星博纳

出版发行:北京邮电大学出版社
社　　址:北京市海淀区西土城路 10 号
邮政编码:100876
发 行 部:电话:010-62282185　传真:010-62283578
E-mail:publish@bupt.edu.cn
经　　销:各地新华书店
印　　刷:唐山玺诚印务有限公司
开　　本:787 mm×1 092 mm　1/16
印　　张:16.75
字　　数:417 千字
版　　次:2022 年 1 月第 1 版
印　　次:2022 年 12 月第 4 次印刷

ISBN 978-7-5635-6599-3　　　　　　　　　　　　　　　　　　　　　　　定价:58.00 元

前　言

　　本书根据教育部非计算机专业计算机基础课程教学指导委员会提出的《关于进一步加强高校计算机基础教学的几点意见》中有关"大学计算机基础"课程教学要求,纳入了《全国计算机等级考试大纲》规定的相关内容,考虑了当前学生的实际情况和社会需求,结合太原师范学院大学计算机基础课程一线教师多年的教学经验编写而成,具有非常强的针对性和实用性。

　　由于之前的"大学计算机基础"课程教材内容枯燥,实操性不强,已无法满足信息时代下高等院校大学生的计算机学习需求。基于此,编者一致认为,要在教材编写过程中融入思政课程的内容,通过日常化的思政教育,帮助大学生树立正确的人生观和价值观,潜移默化地影响其思想和行为,实现思政教育的教学目的。这也是本教材的亮点。

　　我们确立了基于思政教育的"大学计算机基础"课程目标:培养具有崇高的理想、过硬的计算机知识和本领、复兴民族大业的情怀和担当精神的"社会主义时代新人"。这是新时代党和国家对青年一代培养目标的最新定位,是处在中国特色社会主义新时代历史阶段的最新表达。

　　在教学过程中,教师会引导学生文明上网,规范上网,使学生能够自我管理,以饱满的精神状态进行学习。同时,在教学中让学生知道中国科学家在中国共产党的领导下刻苦钻研,克服了一个又一个的困难创造出属于我们的民族品牌,让学生对我国未来科技的发展充满自信,激励学生在自己的领域不断追求进步。在实际案例中,让学生了解我国计算机发展过程中国家地位的变化,提高学生的民族自豪感。在实验中,通过安装适合的国产软件让学生更多地了解和使用国产软件,熟悉其特征,增强学生"软件国产化"信心,确立现在是学习和使用者,将来一定要成为国产软件的创建者的学习目标。

　　我们在将计算机理论内容与思政内容进行关联性建设的同时,搜集丰富而优秀的思政教育相关素材,包括图片、文字、音频和视频,借助这些素材,安排"大学计算机基

1

础"课程的实验作业,包括 Word 图文设计排版,Excel 数据管理,PPT 演示文稿、多媒体、网络以及网页设计。

　　本书由穆晓芳、尹志军主编。其中,穆晓芳对全书进行了统稿和审稿。本书第 1 章由成海编写,第 2 章由屈明月编写,第 3 章由陈三丽编写,第 4 章由胡涛涛编写,第 5 章由尹志军编写,第 6 章由孟春岩编写,第 7 章由田野编写。计算机系陈桂芳教授等多位老师在课程思政建设和本书编写的过程中提出了许多宝贵意见和建议,在此一并表示感谢。

　　由于作者水平有限,错误和不足之处在所难免,恳请读者批评指正。

编　者

目　　录

第1章　计算机与社会

1.1　计算的概念

随着计算机日益广泛而深刻的运用,"计算"这个原本专门的数学概念已经泛化到人类的整个知识领域,并上升为一种极为普适的科学概念和哲学概念。"计算"不仅是数学的基础技能,而且是整个自然科学的工具。在学校学习时,必须掌握"计算"这个基本生存技能;在科研中,必须运用"计算"攻关完成课题研究;在国民经济中,计算机及电子等行业取得突破发展都必须基于数学计算。因此,"计算"在基础教育与各学科领域都有广泛的应用,同时高性能计算已经在先进技术方面成为处理问题的主要方法。

1.1.1　什么是计算

计算的本质是获取信息的一种过程,是人类分析问题所采用的方法。计算是动态的,而信息的获取是计算的静态延伸。由于现代学科繁多、涉及面广、分类细,使得当今的每个学科都需要进行大量的计算。

天文学研究组织需要通过计算来分析太空脉冲、星位移动;生物学家需要通过计算来模拟蛋白质的折叠过程,发现基因组的奥秘;数学家想计算最大的质数和更精确的圆周率;经济学家需要通过计算,分析考虑在几万种因素情况下某个企业/城市/国家的发展方向,从而进行宏观调控;工业界需要准确计算生产过程中的材料、能源、加工与时间配置的最佳方案。

由此可见,人类未来的科学离不开计算。

1.1.2　计算的工具化和自动化

计算工具是用于完成计算的工具。从数字诞生那天起,计算就存在了,计算工具从此伴随着人类进化而不断发展。从远古到现今,计算工具由最初的手指、结绳等,到之后的算筹、算盘、计算尺,再发展到各种机械式计算机,最后到现在的电子计算机。人类在发展过程中不断地寻找或探索更高效、更适用的计算工具,目的就在于利用计算工具能更快速高效地解决越来越复杂的各种计算问题。

回顾计算工具的发展史,追求"自动计算"是人类进化过程中的梦想,更快的计算速度是人类文明的标志与永恒的追求。

一般而言,自动计算需要解决四个问题:数据的表示;计算规则的表示;数据和计算规则的存储及"自动存储";计算规则的"自动执行"。

1. 古老的计算工具

说起计算工具,值得我们骄傲的是,最早的计算工具诞生于中国。中国古代最早采用的一种计算工具叫算筹,多用竹子制成,也有用木头、兽骨充当材料的,约 270 枚一束,放在布袋里可随身携带。算盘是中国古代计算工具领域中的另一项发明,明代的珠算盘与现代的珠算盘已几乎相同。

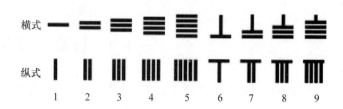

(a) 结绳计数/记事 　　　　　　　　　　　　　(b) 古代算筹计数的摆法

图 1-1　结绳记事和算筹计数

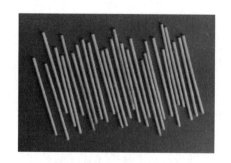

图 1-2　算筹 　　　　　　　　　　　　图 1-3　算盘

2. 机械计算工具

17 世纪初,西方国家的计算工具有了较大的发展。1642 年,法国哲学家和数学家帕斯卡(Blaise Pascal)发明了世界上第一台机械式加减法计算机,首次确立了计算机机器的概念。它的特点是利用人工手动作为动力,利用齿轮表示与"存储"十进制各个数位上的数字,通过齿轮的齿数比与轮齿啮合来解决进位问题。该计算机不仅用机械实现了"数据"在计算过程中的自动存储,而且实现了用机械自动执行一些"计算规则"。帕斯卡机的意义在于开辟了自动计算的道路,让人们认识到"纯机械装置可以代替人的思维和记忆"。

1671 年,著名的德国数学家莱布尼茨(G. W. Leibnitz)改进了帕斯卡机,设计了"步进轮",使之成为一种能够进行连续运算的机器。莱布尼茨的计算机能够进行加、减、乘、除四则运算。不久,他又为计算机提出了"二进制"数的设计思路,虽然人们使用二进制不太方便,但机器掌握二进制却得心应手。

1804 年,法国约瑟夫·雅各(Joseph Marie Jacquard)发明了穿孔卡织布机,该机器的发明引发了法国纺织业的革命。穿孔卡织布机虽然不是计算机,但它强烈地影响了穿孔卡输入/输出装置的研发。如果找不到输入信息和控制操作的机械方法,那么真正意义上的机械计算机是不可能出现的。

图 1-4　帕斯卡加法器

图 1-5　穿孔卡织布机

1820 年,法国德·考尔玛(Charles de Colmar)改进了莱布尼茨的设计,制成了第一个商业机械计算机。

1833 年,英国数学家巴贝奇(Charles Babbage)提出了制造自动化计算机的设想,他所设计的分析机,引进了程序控制的概念。

1848 年,英国数学家、逻辑学家乔治·布尔(George Boole)创立二进制代数学,提前近一个世纪为现代二进制计算机的发展铺平了道路。

1890 年,美国人口普查部门希望能得到一台机器帮助提高普查效率。赫尔曼·何乐礼(Herman Hollerith,后来他的公司发展成了 IBM 公司)借鉴 Babbage 的发明,用穿孔卡片存储数据(如图 1-6 所示),并设计了机器。结果仅花了 6 周时间就得出了准确的人口统计数据(如果用人工方法,大概要花 10 年时间)。

图 1-6　穿孔卡片

19 世纪初,当时为了解决航海、工业生产与科学研究中复杂的计算,许多数学表(对数表、函数表)应运而生。尽管这些数学表带来了一定的便利,但其中的错误也非常多,英国数学家查尔斯·巴贝奇(如图 1-7 所示)决心研制新的计算工具,用机器取代人工来计算这些使用价值很高的数学表。

巴贝奇在前人发明的逻辑演示器的影响下,于 1822 年开始设计差分机(如图 1-8 所示),其目标是能计算具有 20 位有效数字的 6 次多项式的值。这是第一台可自动进行数学变换的机器,因此他被称为"计算机之父"。

图 1-7 巴贝奇肖像

图 1-8 差分机

英国人爱达·古斯塔夫·拉夫拉斯意识到巴贝奇的理论设计是完全可行的,因此她支持这项工作,改正其中的错误,并建议用二进制存储取代原先设计的十进制存储。她指出分析机可以像雅各穿孔卡织布机一样进行编程,并发现了进行程序设计和编程的基本要素,还为某些计算开发了一些指令,例如可以重复使用某些穿孔卡,按现代的术语就是"循环程序"和"子程序"。

3. 自动计算工具

在以机械方式运行的计算器诞生百年之后,随着电子技术的突飞猛进,计算机开始了真正意义上的由机械时代向电子时代的过渡,电子器件逐渐演变成为计算机的主体,而机械部件则渐渐处于从属位置。二者地位发生转化的时候,计算机也正式开始了由量到质的转变,现代电子计算机由此正式诞生。

1906 年,美国人 Lee De Forest 发明电子管(如图 1-9 所示),为电子计算机的发展奠定了基础。

图 1-9 电子管

1935 年,IBM 公司推出 IBM 601 机,这是一台能在一秒钟内算出乘法的穿孔卡片计算机,这台机器无论在自然科学还是在商业应用上都具有重要的地位。

1937 年,英国剑桥大学的阿兰·图灵(Alan M. Turing)出版了他的论文,并提出了被后人称之为"图灵机"的数学模型。

1937 年,Bell 试验室的 George Stibitz 展示了用继电器表示二进制的装置。尽管这台装置仅仅是个展示品,但却是第一台二进制电子计算机。

1941 年,Atanasoff 和学生 Berry 完成了能解线性代数方程的计算机,取名"ABC"(Atanasoff-Berry Computer),用电容作为存储器,用穿孔卡片作为辅助存储器,那些孔实际上是"烧"上去的,时钟频率是 60 Hz,完成一次加法运算用时一秒。

1943 年 1 月,Mark I 自动顺序控制计算机在美国研制成功。整个机器有 51 英尺[①]长、5 吨重、75 万个零部件。该机使用了 3 304 个继电器、60 个开关作为机械只读存储器。程序存储在纸带上,数据可以来自纸带或卡片阅读器。Mark I 被用来为美国海军计算弹道火力表。

1946 年,ENIAC(Electronic Numerical Integrator And Computer)诞生,这是第一台真正意义上的数字电子计算机。ENIAC 开始研制于 1943 年,完成于 1946 年,负责人是 John W. Mauchly 和 J. Presper Eckert,它主要用于计算弹道和氢弹的研制。如图 1-10 所示。

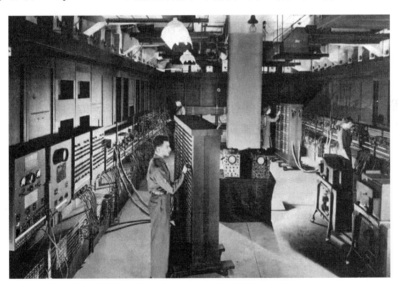

图 1-10　第一台数字电子计算机 ENIAC

1947 年,Bell 实验室的 William B. Shockley、John Bardeen 和 Walter H. Brattain 发明了晶体管。

1958 年 9 月 12 日,在 Robert Noyce(Intel 公司创始人)的领导下,集成电路诞生,不久又发明了微处理器。

---

① 1 英尺等于 0.304 8 米。

1.1.3　计算机科学

计算机科学是研究计算过程的科学。计算过程是通过操作数字符号变换信息的过程，涉及信息在时间、空间、语义层面的变化。例如一位同学登上长城，将自拍的人物照片用图片文件存档。第二天，打开这幅图片观看，涉及时间的改变；把人物图片从长城传到海南岛的家中给父母看，涉及空间的改变；用一个老化软件从人物图片计算出该同学 10 年后的模样，涉及语义层面的改变。

从技术角度看，计算机科学涉及信息获取、信息存储、信息处理、信息通信、信息显示等环节。一个计算过程可以专注于某个环节，如信息存储过程，也可以覆盖多个环节。为了突出计算机科学这门学科的技术内涵和技术影响，中国业界有时使用"计算机科学技术"来称呼该学科。

从社会影响角度看，计算机科学已经渗透到人们生产生活的方方面面。学生、劳动者、企业、政府都直接或间接地关注计算机科学，从几岁的小朋友到百岁老人都在享用计算机科学的成果。越来越多的国家已经意识到，人类文明在经历了农业社会、工业社会的发展阶段后，未来的一个大趋势是进入信息社会。有些学者将这些发展阶段称为农业时代、工业时代、信息时代。

1.2　计算机技术的应用

1.2.1　应用领域

计算机的应用领域已渗透到社会的各行各业，正在改变着传统的工作、学习和生活方式，推动着社会的发展。计算机的主要应用领域如下。

1．科学计算

科学计算（或称数值计算）是指利用计算机来完成科学研究和工程技术中提出的数学问题的计算。在现代科学技术工作中，科学计算问题是大量的和复杂的。利用计算机的高速计算、大存储容量和连续运算的能力，可以实现人工无法解决的各种科学计算问题。航空、航天、天象、军事、建筑及核物理等许多科学领域，都需要进行复杂的运算，而计算机的运算速度和精度是其他任何计算工具所无法比拟的。如卫星轨迹的计算、工程设计、地震预测、气象预报、火箭发射等都需要由计算机承担庞大而复杂的计算。

2．数据处理

数据处理（或称信息处理）是指对各种数据进行收集、存储、整理、分类、统计、加工、利用、传播等一系列活动的统称。数据处理是以数据库管理系统为基础，辅助管理者提高决策水平，改善运营策略的计算机技术。数据处理已成为当代计算机的主要任务，是现代化管理的基础。信息管理已广泛应用于办公自动化、企事业计算机辅助管理与决策、情报检索、图书管理、电影电视动画设计、基因库数据的分析与处理、会计电算化等各行各业。

3．自动控制

自动控制（或称过程控制）是指利用计算机自动实时采集数据、分析数据，按最优值迅速地对控制对象进行自动调节或自动控制。利用计算机进行过程控制，不仅可以大大提高控制的自动化水平,还可以提高控制的时效性和准确性,从而改善劳动条件、提高产量及产品合格率。因此,计算机自动控制已在机械、冶金、石油、化工、电力等行业得到广泛的应用。自动控制台如图 2-11 所示。

图 1-11　自动控制台

4.辅助技术

（1）计算机辅助设计

计算机辅助设计(Computer Aided Design,CAD)是利用计算机系统辅助设计人员进行工程或产品设计,以实现最佳设计效果的一种技术。CAD 技术已应用于飞机设计、船舶设计、建筑设计、机械设计、大规模集成电路设计等。采用计算机辅助设计,可缩短设计时间,提高工作效率,节省人力、物力和财力,更重要的是提高了设计质量。

（2）计算机辅助制造

计算机辅助制造(Computer Aided Manufacturing,CAM)是利用计算机系统进行产品的加工控制过程,输入的信息是零件的工艺路线和工程内容,输出的信息是刀具的运动轨迹。将 CAD 和 CAM 技术集成,可以实现设计产品生产的自动化。有些国家已把 CAD 和 CAM、计算机辅助测试(Computer Aided Test,CAT)及计算机辅助工程(Computer Aided Engineering,CAE)组成一个集成系统,使设计、制造、测试和管理有机地组成为一体,形成高度自动化的系统,因此产生了自动化生产线和"无人工厂"。

（3）计算机辅助教学

计算机辅助教学(Computer Aided Instruction,CAI)是利用计算机系统进行课堂教学。CAI 不仅能减轻教师的负担,还能使教学内容生动、形象逼真,能够动态演示实验原理或操作过程,激发学生的学习兴趣,提高教学质量,为培养现代化高质量人才提供了有效方法。

5.计算机网络

计算机网络是由一些独立的和具备信息交换能力的计算机互联构成,以实现资源共享的系统。计算机在网络方面的应用使人类之间的交流跨越了时间和空间障碍。计算机网络已成为人类建立信息社会的物质基础,它给我们的工作带来了极大的方便和快捷。计算机网络如图 1-12 所示。

图 1-12　计算机网络

6. 人工智能

人工智能是使计算机模拟人类的感知等某些智能行为,实现自然语言理解与生成、定理机器证明、自动程序设计、自动翻译、图像识别、声音识别、疾病诊断等,并能用于各种专家系统和机器人构造等。近年来,人工智能的研究开始走向实用化(如图 1-13 所示)。人工智能是计算机应用研究的前沿学科。

图 1-13　人工智能——机器人

1.2.2　计算机技术在部分行业的应用

1. 计算机技术在金融行业的应用

计算机进入银行,标志着金融领域正在迎接信息爆炸的挑战。随着经济的发展,货币交易额日益增大,如果没有计算机,仅仅依靠纸、笔和算盘,是不可能完成任务的。

在其他对公业务中,计算机的使用也大大提高了经济信息的全面性、及时性和准确性,既减少了工作人员的劳动强度,又便于及时向国家领导部门提供经济信息,为经济决策提供依据。

金融业的计算机化促进了商业计算机的应用。计算机不仅用来处理商品购销、价格测定、人员管理等日常事务性工作,更重要的是能大量收集、快速处理、分析商业情报,便于决策人对发生变化的商业形势立即做出反应,有时甚至在变化发生前就能预见并做出反应。

任何商务人员,若不熟悉计算机技术,在竞争中就会处于劣势。

2. 计算机技术在军事领域的运用

从 1946—1958 年的第一代电子管计算机开始,计算机技术便运用于国防军事上。当时主要用于与国防科研有关的计算,以及导弹、原子弹的研究。与此同时,在军事上的运用也使得计算机技术得到不断发展。特别是在第二次世界大战结束后,军事科学技术对高速计算工具的需要尤为迫切。在此期间,德国、美国、英国都在进行计算机的开拓工作,几乎同时开始了机电式计算机和电子计算机的研究,使得计算机技术取得了突破与提升。时至今日,计算机的应用,已渗透到军事领域的各个方面。无论是军队管理、部队训练,还是武器制导、指挥、控制、情报与通信,无论是前线,还是后方,都离不开计算机。

随着计算机技术的不断发展,新的战争形态必将不断出现。只有掌握了前沿的技术,才能建设牢固的国防军事,才能保卫国家和人民的安全。

3. 计算机仿真的应用

计算机仿真技术是一门以多种学科和理论为基础,以计算机及其相应的软件为工具,通过虚拟试验的方法分析和解决问题的综合性技术。根据仿真过程中所采用计算机类型的不同,计算机仿真大致经历了模拟机仿真、模拟-数字混合机仿真和数字机仿真三个阶段。20世纪 50 年代,计算机仿真主要采用模拟机;20 世纪 60 年代后,串行处理数字机逐渐应用到仿真技术中,但难以满足航天、化工等大规模复杂系统对仿真时限的要求;到了 20 世纪 70年代,模拟-数字混合机曾一度应用于飞行仿真、卫星仿真和核反应堆仿真等众多高技术研究领域;20 世纪 80 年代后,由于并行处理技术的发展,数字机才最终成为计算机仿真的主流。现在,计算机仿真技术已经在机械制造、航空航天、交通运输、船舶工程、经济管理、工程建设、军事模拟以及医疗卫生等领域得到了广泛应用。

1.3　新技术

1.3.1　物联网

物联网(Internet of Things,IoT)是物物相连的互联网,即利用局部网络或互联网等通信技术把传感器、控制器、机器、人员和物等通过新的方式联在一起,形成人与物、物与物相连,实现信息化、远程管理控制和智能化的网络。这有两层意思:其一,物联网的核心和基础仍然是互联网,是在互联网基础上延伸和扩展的网络;其二,其用户端延伸和扩展到了任何物品与物品之间,进行信息交换和通信,也就是物物相息。物联网通过智能感知、识别技术与普适计算等通信感知技术,广泛应用于网络的融合中,也因此被称为继计算机、互联网之后世界信息产业发展的第三次浪潮。

物联网是互联网的应用拓展,与其说物联网是网络,不如说物联网是业务和应用。因此,应用创新是物联网发展的核心,以用户体验为核心的创新 2.0 是物联网发展的灵魂。

1. 关键技术

(1) 射频识别技术(Radio Frequency Identification,RFID)

RFID 是一种简单的无线系统,由一个询问器(或阅读器)和很多应答器(或标签)组成。标签通过天线将射频信息传递给阅读器,阅读器就是读取信息的设备。RFID 技术让物品能够"开口说话"。这就赋予了物联网一个特性,即可跟踪性。

（2）传感网（Micro-Electro-Mechanical Systems,MEMS）

MEMS 是由微传感器、微执行器、信号处理和控制电路、通信接口和电源等部件组成的一体化微型器件系统。其目标是把信息的获取、处理和执行集成在一起,组成具有多功能的微型系统。MEMS 赋予了普通物体新的生命,它们有了属于自己的数据传输通路、有了存储功能、操作系统和专门的应用程序,从而形成一个庞大的传感网。这让物联网能够通过物品来实现对人的监控与保护。

（3）系统框架（Machine-to-Machine/Man,M2M）

M2M 是一种以机器终端智能交互为核心的、网络化的应用与服务,它将使对象实现智能化的控制。

（4）云计算

云计算旨在通过网络把多个成本相对较低的计算实体整合成一个具有强大计算能力的完美系统,并借助先进的商业模式让终端用户可以得到这些强大计算能力的服务。物联网感知层获取大量数据信息,在经过网络层传输以后,放到一个标准平台上,然后利用高性能的云计算对其进行处理,赋予这些数据智能,才能最终转换成对终端用户有用的信息。

2．两化融合

2012 年 2 月 14 日,我国的第一个物联网五年规划——《物联网"十二五"发展规划》由工信部颁布。"企业信息化,信息条码化"就是其中的描述。物联网技术是"两化"融合的补充和提升,"两化"融合也是物联网四大技术的组成部分和应用领域之一。

2021 年 7 月 13 日,中国互联网协会发布了《中国互联网发展报告（2021）》,物联网市场规模达 1.7 万亿元,人工智能市场规模达 3 031 亿元。从智能安防到智能电网,从二维码普及到"智慧城市"落地,物联网正四处开花,悄然影响人们的生活。有专家指出,伴随着技术的进步和相关配套的完善,在未来几年,技术与标准国产化、运营与管理体系化、产业草根化将成为我国物联网发展的三大趋势。

3．物联网行业现状

就像互联网是解决"最后 1 公里"的问题,物联网其实需要解决的是"最后 100 米"的问题,在"最后 100 米"可连接设备的密度远远超过"最后 1 公里",特别是在家庭,家庭物联网应用（即我们常说的智能家居）已经成为各国物联网企业全力抢占的制高点。作为目前全球公认的"最后 100 米"主要技术解决方案,ZigBee 得到了全球主要国家前所未有的关注,这种技术由于相比于现有的 WiFi、蓝牙、433M/315M 等无线技术更加安全、可靠,同时由于其组网能力强、具备网络自愈能力并且功耗更低,ZigBee 的这些特点与物联网的发展要求非常贴近,目前已经成为全球公认的"最后 100 米"的最佳技术解决方案。

4．用途范围

物联网用途广泛,遍及智能交通、环境保护、政府工作、公共安全、平安家居、智能消防、工业监测、环境监测、路灯照明管控、景观照明管控、楼宇照明管控、广场照明管控、老人护理、个人健康、花卉栽培、水系监测、食品溯源、敌情侦查和情报搜集等多个领域。

物联网把新一代 IT 技术充分运用到各行各业之中,具体地说,就是把感应器嵌入和装备到电网、铁路、桥梁、隧道、公路、建筑、供水系统、大坝、油气管道等各种物体中,然后将"物联网"与现有的互联网整合起来,实现人类社会与物理系统的整合。在这个整合的网络当中,存在能力超级强大的中心计算机群,能够对整合网络内的人员、机器、设备和基础设施实施实时的管理和控制,在此基础上,人类可以更加精细和动态的方式管理生产和生活,达到"智慧"状态,提高资源利用率和生产力水平,改善人与自然之间的关系。

5.物联网应用案例

（1）物联网传感器

物联网传感器产品已率先在上海浦东国际机场防入侵系统中得到应用。物联网传感器系统铺设了3万多个传感节点,覆盖了地面、栅栏和低空探测,可以防止人员的翻越、偷渡、恐怖袭击等。上海世博会也与中科院无锡高新微纳传感网工程技术研发中心签下订单,购买防入侵微纳传感网产品。

（2）ZigBee路灯控制系统

ZigBee路灯控制系统点亮济南园博园,无线路灯照明节能环保技术的应用是济南园博园中的一大亮点。园区所有的功能性照明都采用了ZigBee无线技术达成的无线路灯控制。

（3）与门禁系统的结合

一个完整的门禁系统由读卡器、控制器、电锁、出门开关、门磁、电源、处理中心等八个模块组成,无线物联网门禁将门点的设备简化到了极致:一把电池供电的锁具。除了门上需要开孔装锁外,门的四周不需要放置任何辅佐设备。整个系统简洁明了,大幅缩短施工工期,也能降低后期维护成本。无线物联网门禁系统的安全与可靠体现在无线数据通信的安全性和传输数据的安稳性等两个方面。

（4）与云计算的结合

物联网的智能处理依靠先进的信息处理技术,如云计算、模式识别等技术,云计算可以从两个方面促进物联网和智慧地球的实现:首先,云计算是实现物联网的核心;其次,云计算促进物联网和互联网的智能融合。

（5）与移动互联结合

物联网的应用在与移动互联相结合后,发挥了巨大的作用。智能家居使得物联网的应用更加生活化,其具有网络远程控制、遥控器控制、触摸开关控制、自动报警和自动定时等功能,普通电工即可安装,变更扩展和维护非常容易,开关面板颜色多样,图案个性,给每一个家庭带来不一样的生活体验。

（6）与指挥中心的结合

物联网在指挥中心已得到很好的应用,网联网智能控制系统可以指挥中心的大屏幕、窗帘、灯光、摄像头、DVD、电视机、电视机顶盒、电视电话会议,也可以调度马路上的摄像头图像到指挥中心,同时也可以控制摄像头的转动。网联网智能控制系统还可以通过3G网络进行控制,可以多个指挥中心分级控制,也可以联网控制,还可以显示机房温度湿度,以及远程控制各种设备开关电源。

（7）物联网助力食品溯源

从2003年开始,我国已开始将先进的射频识别技术运用于现代化的动物养殖加工企业,开发出了RFID实时生产监控管理系统。该系统能够实时监控生产的全过程,自动、实时、准确地采集主要生产工序与卫生检验、检疫等关键环节的数据,较好地满足质量监管要求,对于过去市场上常出现的肉质问题得到了妥善的解决。此外,政府监管部门可以通过该系统有效地监控产品质量安全,及时追踪、追溯问题产品的源头及流向,规范肉食品企业的生产操作过程,从而有效地提高肉食品的质量安全。

6. 物联网发展问题

尽管我国已大量生产射频标签,但仍然存在四大问题制约其发展。第一,芯片和读写器核心模块严重依赖进口;第二,射频标签自主技术标准缺位;第三,市场因素制约射频标签规模化推广;第四,民营企业处于竞争劣势,风险投资态度谨慎。

1.3.2 云计算和大数据

近年来,云计算和大数据已经成为社会各界关注的热点话题。秉承"按需服务"理念的云计算正高速发展,"数据即资源"的大数据时代已经来临。

如何更好地管理和利用大数据已经成为普遍关注的话题。大数据的规模效应给数据存储、数据管理和数据分析带来了极大的挑战,数据管理方式上的变革正在酝酿和发生。

1. 云计算简介

(1) 云计算的概念

云计算(Cloud Computing)是分布式计算的一种,指的是通过网络"云"将巨大的数据计算处理程序分解成无数个小程序,然后通过多部服务器组成的系统进行处理和分析这些小程序得到结果并返回给用户。早期的云计算就是简单的分布式计算,解决任务分发并进行计算结果的合并。现阶段所说的云服务已经不单是一种分布式计算,而是分布式计算、效用计算、负载均衡、并行计算、网络存储、热备份冗杂和虚拟化等计算机技术混合演进并跃升的结果。

云计算不是一种全新的网络技术,而是一种全新的网络应用概念。云计算的核心概念就是以互联网为中心,在网站上提供快速且安全的云计算服务与数据存储,让每一个使用互联网的人都可以使用网络上的庞大计算资源与数据中心。

(2) 云计算的特点和优势

与传统的网络应用模式相比,云计算具有以下优势与特点:

① 虚拟化。云计算支持用户在任意位置、使用各种终端获取应用服务。所请求的资源来自"云",而不是固定的有形的实体。应用在"云"中某处运行,但实际上用户无须了解、也不用担心应用运行的具体位置,只需要一台笔记本式计算机或者一部手机就可以通过网络服务来实现需要的一切,甚至包括像超级计算这样的任务。

② 高可靠性。冗余不仅是生物进化的必要条件,而且也是信息技术。现代分布式系统具有高度容错机制,单点服务器出现故障可以通过虚拟化技术将分布在不同物理服务器上面的应用进行恢复或利用动态扩展功能部署新的服务器进行计算。

③ 通用性。云计算不针对特定的应用,在"云"的支撑下可以构造出千变万化的应用,同一个"云"可以同时支撑不同的应用运行。

④ 可扩展性。添置一台性能更高的大型机,或者添置一台性能相同的大型机的费用都比添加几台 PC 的费用高得多。

⑤ 高度灵活性。能够兼容不同硬件厂商的产品,兼容低配置机器和外设而获得高性能计算。

(3) 云计算在存储领域的发展趋势和优势

① 用户不必为文件存储硬件投入任何前期的费用。

② 主机服务提供商会维护用户文件服务器的安全和更新问题。

③ 方便地控制访问权限和文件资源管理。

2. 大数据简介

云计算的蓬勃发展,客观上开起了大数据时代的大门。大数据是云计算的灵魂和升级方向,云计算为大数据提供的存储的空间和访问的渠道。

随着物联网、移动互联网、社会化网络的快速发展,企业数据的迅速增长,半结构化及非结构化的数据呈几何倍数增长。数据来源的渠道也逐渐增多,这不仅包括了本地的文档、音视频,还包括了网络内容和社交媒体。大数据的时代已然来临,并给各行各业带来了根本性变革。

(1)何谓大数据

一般意义上,大数据是指一种规模大到在获取、存储、管理、分析方面大大超出了传统数据库软件工具能力范围的数据集合,具有海量的数据规模、快速的数据流转、多样的数据类型和价值密度低四大特征。

首先,数据集合的规模不断扩大,已从 GB 到 TB,再到 PB①级,甚至开始以 EB 和 ZB 来计数。据国际数据公司 IDC 的研究报告称,未来 10 年全球大数据将增加 50 倍,管理数据仓库的服务器数量将增加 10 倍。

其次,大数据往往以数据流的形式动态、快速地产生,具有很强的时效性,用户只有把握好对数据流的掌控才能有效利用这些数据。另外,数据自身的状态与价值也往往随时空变化而发生演变,数据的涌现特征明显。

再次,大数据类型繁多,包括结构化数据、半结构化数据和非结构化数据。现代互联网应用呈现出非结构化数据大幅增长的特点。同时,由于数据显性或隐性的网络化存在,使得数据之间的复杂关联无所不在。

最后,虽然数据的价值巨大,但是基于传统思维与技术,人们在实际环境中往往面临信息泛滥而知识匮乏的窘态,大数据的价值利用密度低。

(2)大数据的作用

第一,对大数据的处理分析正成为新一代信息技术融合应用的结点。移动互联网、物联网、社交网络、数字家庭、电子商务等是新一代信息技术的应用形态,这些应用不断产生大数据。云计算为这些海量、多样化的大数据提供存储和运算平台。通过对不同来源数据的管理、处理、分析与优化,将结果反馈到上述应用中,将创造出巨大的经济和社会价值。

第二,大数据是信息产业持续高速增长的新引擎。面向大数据市场的新技术、新产品、新服务、新业态会不断涌现。在硬件与集成设备领域,大数据将对芯片、存储产业产生重要影响,还将催生一体化数据存储处理服务器、内存计算等市场。在软件与服务领域,大数据将引发数据快速处理分析、数据挖掘技术和软件产品的发展。

第三,大数据利用将成为提高核心竞争力的关键因素。各行各业的决策正在从"业务驱动"转变为"数据驱动"。对大数据的分析可以使零售商实时掌握市场动态并迅速做出应

---

① 1 PB(Peta byte 千万亿字节 拍字节)=1024 TB;

　1 EB(Exa byte 百亿亿字节 艾字节)=1024 PB;

　1 ZB (Zetta byte 十万亿亿字节 泽字节)= 1024 EB。

对;可以为商家制定更加精准有效的营销策略提供决策支持;可以帮助企业为消费者提供更加及时和个性化的服务;在医疗领域,可提高诊断准确性和药物有效性;在公共事业领域,大数据也开始发挥促进经济发展、维护社会稳定等方面的重要作用。

第四,大数据时代科学研究的方法手段将发生重大改变。例如,抽样调查是社会科学的基本研究方法。在大数据时代,可通过实时监测、跟踪研究对象在互联网上产生的海量行为数据进行挖掘分析,揭示出规律性的东西,提出研究结论和对策。

（3）大数据与云计算的关系

近几年来,云计算受到学术界和工业界的热捧,随后大数据横空出世,更是炙手可热。那么,大数据和云计算之间是什么关系呢?

从整体上看,大数据与云计算是相辅相成的。大数据着眼于"数据",关注实际业务,提供数据采集分析挖掘,看重的是信息积淀,即数据存储能力。云计算着眼于"计算",关注 IT 解决方案,提供 IT 基础架构,看重的是计算能力,即数据处理能力。

没有大数据的信息积淀,则云计算的计算能力再强大,也难以找到用武之地;没有云计算的处理能力,则大数据的信息积淀再丰富,也终究只是镜花水月。

从技术上看,大数据根植于云计算。云计算关键技术中的海量数据存储技术、海量数据管理技术、MapReduce 编程模型都是大数据技术的基础。

1.3.3 互联网＋

互联网＋是指创新 2.0 下的互联网发展新形态、新业态,是知识社会创新 2.0 推动下的互联网形态演进。新一代信息技术发展催生了创新 2.0,而创新 2.0 反过来又作用于新一代信息技术形态的形成与发展,重塑了物联网、云计算、社会计算、大数据等新一代信息技术的新形态,并进一步推动知识社会以用户创新、开放创新、大众创新、协同创新为特点的创新 2.0,改变了人们的生产、工作、生活方式,也引领了创新驱动发展的"新常态"。

1. "互联网＋"的基本内涵

"互联网＋"简单来说就是"互联网＋传统行业",随着科学技术的发展,利用信息和互联网平台,使得互联网与传统行业进行融合,利用互联网具备的优势特点,创造新的发展机会。"互联网＋"通过其自身的优势,对传统行业进行优化升级转型,使得传统行业能够适应当下的新发展,从而最终推动社会不断地向前发展。

"互联网＋"的本质是传统产业的在线化、数据化。只有商品、人和交易行为迁移到互联网上,才能实现"在线化";只有"在线"才能形成"活的"数据,随时被调用和挖掘。在线化的数据流动性最强,数据只有流动起来,其价值才得以最大限度地发挥出来。

"互联网＋"的前提是互联网作为一种基础设施的广泛安装。通信网络的进步、互联网、智能手机、智能芯片在企业、人群和物体中的广泛安装,为下一阶段的"互联网＋"奠定了坚实的基础。

2. "互联网＋"的主要特征

① 跨界融合。"＋"就是跨界,就是重塑融合。融合本身也指代身份的融合、客户消费转化为投资、伙伴参与创新等,不一而足。

② 创新驱动。用所谓的互联网思维来求变、自我革命,也更能发挥创新的力量。

③ 重塑结构。信息革命、全球化、互联网业已打破了原有的社会结构、经济结构、地缘

结构、文化结构。

④ 尊重人性。互联网的力量之强大来源于对人性最大限度地尊重、对人体验的敬畏、对人的创造性发挥的重视。

⑤ 开放生态。推进"互联网＋"的方向就是要把过去制约创新的环节化解掉,把孤岛式创新连接起来,让研发由人性决定的市场驱动,让创业者有机会实现价值。

⑥ 连接一切。连接是有层次的,可连接性是有差异的,连接的价值是相差很大的,但是连接一切是"互联网＋"的目标。

3．"互联网＋"的实际应用

（1）运用在工业上

"互联网＋工业"即传统制造业企业采用移动互联网、云计算、大数据、物联网等信息通信技术,改造原有产品及研发生产方式。借助移动互联网技术,传统制造厂商可以在汽车、家电、配饰等工业产品上增加网络软、硬件模块,实现用户远程操控、数据自动采集分析等功能,极大地改善了工业产品的使用体验。基于云计算技术,一些互联网企业打造了统一的智能产品软件服务平台,为不同厂商生产的智能硬件设备提供统一的软件服务和技术支持,优化用户的使用体验,并实现各产品的互联互通,产生协同价值。运用物联网技术,工业企业可以将机器等生产设施接入互联网,构建网络化物理设备系统(CPS),进而使各生产设备能够自动交换信息、触发动作和实施控制。

（2）运用在城市建设上

智慧城市作为推动城镇化发展、解决超大城市病及城市群合理建设的新型城市形态,"互联网＋"正是解决资源分配不合理,重新构造城市机构、推动公共服务均等化等问题的利器。譬如在推动教育、医疗等公共服务均等化方面,基于互联网思维,搭建开放、互动、参与、融合的公共新型服务平台,通过互联网与教育、医疗、交通等领域的融合,推动传统行业的升级与转型,从而实现资源的统一协调与共享。从另外一个角度来说,智慧城市正为互联网与行业产业的融合发展提供了应用土壤,一方面推动了传统行业升级转型,在遭遇资源瓶颈的形势下,为传统产业行业通过互联网思维及技术突破推进产业转型、优化产业结构提供了新的空间;另一方面能够进一步推动移动互联网、云计算、大数据、物联网新一代信息技术为核心的信息产业发展,为以互联网为代表的新一代信息技术与产业的结合与发展带来了机遇和挑战,并催生了跨领域、融合性的新兴产业形态。

同时,智慧城市的建设注重以人为本、市民参与、社会协同的开放创新空间的塑造以及公共价值与独特价值的创造。而"开放、透明、互动、参与、融合"的互联网思维为公众提供了维基、微博、Fab Lab、Living Lab 等多种工具和方法实现用户的参与,实现公众智慧的汇聚,为不断推动用户创新、开放创新、大众创新、协同创新,以人为本实现经济、社会、环境的可持续发展奠定了基础。此外,伴随新一代信息技术及创新 2.0 推动的创新生态所带来的创客浪潮,互联网浪潮推动的资源平台化所带来的便利以及智慧城市的智慧家居、智慧生活、智慧交通等领域所带来的创新空间进一步激发了有志人士创业、创新的热情。也正因为如此,"互联网＋"是融入智慧城市基因的,是创新 2.0 时代智慧城市基本特征。

2020 年 7 月 11 日,《上海市第三批人工智能应用场景需求》正式发布,围绕 AI＋制造、交通枢纽、商圈、文化旅游、政务、园区、金融七个领域,建设十一个综合性 AI 应用场景,从单个场景、点上示范转向领域推广、城市赋能,从解决行业痛点趋向实现价值落地。

（3）运用在通信领域上

在通信领域，"互联网＋"通信有了即时通信，几乎人人都在用即时通信 App 进行语音、文字甚至视频交流。然而，传统运营商在面对诸如微信这类即时通信 App 诞生时简直如临大敌，因为其语音和短信收入大幅下滑。但随着互联网的发展，来自数据流量业务的收入已经大大超过语音收入的下滑，可以看出，互联网的出现并没有彻底颠覆通信行业，反而促进了运营商进行相关业务的变革升级。

（4）运用在医疗卫生上

现实中存在看病难、看病贵等难题，业内人士认为，移动医"互联网＋移动医疗"有望从根本上改善这一医疗生态。具体来讲，互联网将优化传统的诊疗模式，为患者提供一条龙的健康管理服务。在传统的医患模式中，患者普遍存在事前缺乏预防，事中体验差，事后无服务的现象。而通过互联网医疗，患者有望从移动医疗数据端监测自身健康数据，做好事前防范；在诊疗服务中，依靠移动医疗实现网上挂号、询诊、购买、支付，节约时间和经济成本，提升事中体验；诊疗服务后，依靠互联网在事后与医生沟通。5G 技术也被应用在远程会诊中。

昆明医科大学第一附属医院联合中国移动云南公司推出了基于 5G 网络的"新型冠状病毒感染肺炎在线免费诊疗平台"，每天 20 多名专家在线诊疗，为患者进行远程诊断，避免就诊人数较多造成聚集性感染。

（5）运用在农业上

"互联网＋农业"的潜力是巨大的。农业是中国最传统的基础产业，亟须用数字技术提升农业生产效率，通过信息技术对地块的土壤、肥力、气候等进行大数据分析，然后据此提供种植、施肥相关的解决方案，大大提升农业生产效率。此外，农业信息的互联网化将有助于需求市场的对接，互联网时代的新农民不仅可以利用互联网获取先进的技术信息，还可以通过大数据掌握最新的农产品价格走势，从而决定农业生产重点。与此同时，农业电商将推动农业现代化进程，通过互联网交易平台减少农产品买卖中间环节，增加农民收益。面对万亿元以上的农资市场以及近七亿的农村用户人口，农业电商面临巨大的市场空间。

4."互联网＋"的发展趋势

"互联网＋"是创新 2.0 下的互联网与传统行业融合发展的新形态、新业态，是知识社会创新 2.0 推动下的互联网形态演进及其催生的经济社会发展新常态。它代表一种新的经济增长形态，即充分发挥互联网在生产要素配置中的优化和集成作用，将互联网的创新成果深度融合于经济社会各领域之中，提升实体经济的创新力和生产力，形成更广泛的以互联网为基础设施和实现工具的经济发展模式。

无所不在的网络会同无所不在的计算、数据、知识，一起推进了无所不在的创新，以及数字向智能并进一步向智慧的演进，并推动了"互联网＋"的演进与发展。人工智能技术的发展，包括深度学习神经网络，无人机、无人车、智能穿戴设备以及人工智能群体系统集群及延伸终端，将进一步推动人们现有生活方式、社会经济、产业模式、合作形态的颠覆性发展。

本 章 小 结

学完本章后，应掌握的基本知识如下。

① 计算工具的演变。从古时候我国的算筹、算盘，发展为现代化的计算机。由于计算

机的诞生,又产生了一门全新的学科——计算机科学。计算机科学已经渗透到人们生产生活的方方面面,不断地引领人们进行科学创新。

② 计算机技术的应用。随着计算机技术不断创新和变革,计算机被广泛应用在各个行业领域,在实践中取得了较为可观的成效,凭借着自身独特的优势,必将在未来提供更加优质的服务,起到更重要的作用,同时也必将拥有更广阔的发展空间。

③ 计算机相关的新技术。正是经历了几代人的奋斗才使得现在的人们有了便捷的计算工具和生产生活方式。人们还需要继续发挥工匠精神进行科学创新,为更加美好的未来努力。

思 政 小 结

本章通过介绍计算工具的演变和计算机技术的应用,说明任何辉煌成果都不是一蹴而就的,而是许多科学家共同努力、坚持不懈的结果。我们要有责任感和使命感,克服不足,踏实学习,争当有理想并为之努力奋斗的人,为科技兴国、科技强国贡献自己的力量。

第2章　计算机系统概述

2.1　什么是计算机

计算机(Computer)俗称电脑,是现代一种能够按照程序运行,自动、高速处理海量数据的现代化智能电子设备,可以进行数值计算,也可以进行逻辑计算,还具有存储记忆功能。

计算机是 20 世纪最先进的科学技术发明之一,对人类的生产活动和社会活动产生了极其重要的影响,并以强大的生命力飞速发展。它的应用领域从最初的军事科研应用扩展到社会的各个领域,已形成了规模巨大的计算机产业,带动了全球范围的技术进步,引发了深刻的社会变革,计算机已遍及一般学校、企事业单位,进入寻常百姓家,成为信息社会中必不可少的工具。

如果说,蒸汽机的发明导致了工业革命,使人类社会进入了工业社会,那么计算机的发明则导致了信息革命,使人类社会进入了信息社会。信息成为比物质和能源更为重要的资源,以开发和利用信息资源为目的信息经济活动迅速扩大,逐渐取代工业生产活动而成为国民经济活动的主要内容。计算机则是实现信息社会的必备工具之一,二者相互影响、相互制约、相互推动、相互促进,是密不可分的关系。

2.2　计算机系统

计算机由硬件系统(Hardware System)和软件系统(Software System)两部分组成,如图 2-1 所示。

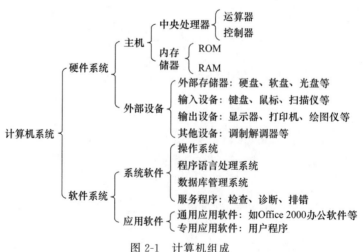

图 2-1　计算机组成

2.3　计算机硬件系统

2.3.1　冯·洛伊曼体系结构

1945 年,美籍著名数学家冯·诺依曼提出了存储程序的设计思想,冯·诺依曼把程序本身当作数据来对待,程序和该程序处理的数据用同样的方式储存。计算机至今仍然采用冯·诺依曼结构。冯·诺依曼体系结构的理论要点:计算机的数制采用二进制;计算机应该按照程序顺序执行。冯·诺依曼将计算机分成五大基本部分:运算器、控制器、存储设备、输入设备和输出设备。其中,运算器构成的中央处理器(CPU)以及内存储器等组成主机,计算机主机中的各个部件都是通过主板连接的,计算机在正常运行时系统内存、存储设备和共他 I/O 设备的操控都必须通过主板来完成。主板结构如图 2-2 所示。

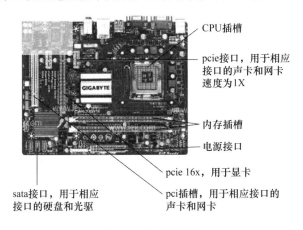

图 2-2　主板示意图

2.3.2　计算机的基本组成

1. CPU

CPU 即中央处理器,是一台计算机的运算核心和控制核心,主要负责读取指令、对指令译码并执行指令,是整个系统最高的执行单元,是决定电脑性能的核心部件。CPU 主要由运算器和控制器构成,还包括高速缓冲存储器及实现它们之间联系的数据、控制的总线。

CPU 出现于大规模集成电路时代,CPU 发展史简单来说就是 Intel 公司和 AMD 公司的发展史。1971 年,Intel 工程师马西安·霍夫(M. E. Hoff)成功地研制出世界上第一片四位微处理器 Intel 4004,包含 2 300 个晶体管,标志着第一台微处理器的问世,从此揭开了世界微型计算机大发展的帷幕。CPU 从最初发展到现在已经有五十年的历史,这期间,按照其处理信息的字长可将其分为四位微处理器、八位微处理器、十六位微处理器、三十二位微处理器和六十四位微处理器等。半导体芯片制造工艺水平发展速度十分惊人。目前,不仅多核,还出现了 MIC 众核架构芯片(至强融核协处理器),制程工艺也逐渐向 14 nm、7 nm、5 nm 推进。

CPU 使用的晶体管数量的增长情况基本符合摩尔定律(如图 2-3 所示)。摩尔定律曾经给我们带来过辉煌的历史——因为对摩尔定律的坚守,人们才不断刷新着创造的极限,形成了 IT 产业几十年的辉煌。摩尔定律让名不见经传的 Intel 成长为影响整个 IT 发展的科技巨头,更让人们的理想逐渐变为现实,同时摩尔定律也在手机、平板等领域不断得到验证。

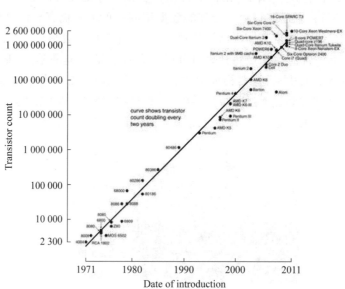

图 2-3 摩尔定律

常见的国外 CPU 品牌有 Intel(如图 2-4 所示)、AMD 等,国产品牌有龙芯、兆芯、鲲鹏、飞腾、海光、申威等。其中,"龙芯 3 号"以其低成本、低功耗特点已处于世界先进水平。

图 2-4 Intel CPU

下面介绍 CPU 的主要性能指标。

(1)主频

主频也叫时钟频率,单位为兆赫(MHz)或千兆赫(GHz),用来表示 CPU 的运算、处理数据的速度。通常主频越高,CPU 处理数据的速度就越快,但并不完全是一个简单的线性关系,由于内部结构不同,并非所有时钟频率相同的 CPU 的性能都一样。主频只是表示在 CPU 内数字脉冲信号震荡的速度,CPU 的运算速度还要看 CPU 的流水线、总线等各方面的性能指标。

（2）CPU 的位数

处理器能够一次性计算的浮点数的位数,通常情况下,CPU 的位数越高,其运算速度越快。21 世纪 20 年代后,个人计算机使用的 CPU 一般为 64 位,提高了人们的工作效率。

（3）缓存

缓存大小也是 CPU 的重要指标之一。一般来讲,CPU 的缓存可以分为一级缓存、二级缓存和三级缓存,缓存性能也直接影响 CPU 处理性能。实际工作时,CPU 往往需要重复读取同样的数据块,CPU 内缓存的运行频率极高,一般是和处理器同频运作,工作效率远远大于系统内存和硬盘。而缓存容量的增大,可以大幅度提升 CPU 内部读取数据的命中率,无须再从内存或者硬盘上寻找,以此提高系统性能。但是,基于 CPU 芯片面积和成本因素考虑,缓存都比较小。

（4）总线频率

总线频率指 CPU 与二级（L2）高速缓存和内存之间的通信速度。有一个公式可以计算,即数据带宽＝(总线频率×数据位宽)/8,数据传输最大带宽取决于所有同时传输的数据的宽度和传输频率。例如支持 64 位的至强 Nocona,前端总线是 800 MHz,按照公式计算,它的数据传输最大带宽是 6.4 GB/s。

2. 存储器

一般来说,存储器的读取速度相对于 CPU 来说要低得多,成为制约计算机整体运算速度的主要因素之一。了解速度不匹配的矛盾,计算机的存储系统采用两级存储模式:内存储器和外存储器。

（1）内存储器

内存储器又叫内部存储器或随机存储器（RAM）,属于电子式存储设备,它由电路板和芯片组成,其特点是体积小、速度快,有电可存、无电清空,即计算机在开机状态时内存中可存储数据,关机后将自动清空其中的所有数据。在选购计算机时,要考虑的主要性能指标如下。

存储容量:即一根内存条可以容纳的二进制信息量,如常用的 DDRII3 普遍为 1～8 GB。

存取速度（存储周期）:即两次独立的存取操作之间所需的最短时间,又称为存储周期,半导体存储器的存取周期一般为 60～100 ns。

（2）外存储器

外存储器又称为辅助存储器,它的容量一般比较大且容易移动,便于不同计算机之间进行交流。常用的外存储器有硬盘、磁带、光盘和 U 盘。

• 硬盘

机械硬盘（HDD）由金属磁片制成,主要部件包括主轴、马达、磁盘、磁头、磁头臂等（如图 2-5 所示）。其采用电磁存储的工作原理,机械硬盘在盘面上写数据、磁盘转动,机械臂移动,也是比较原始的数据读写方式,就像近现代的留声机发声原理一样。接口有 IDE、SATA、SCSI 等,其中 SATA 最普遍。

因磁片有记忆功能,不论计算机是开机还是关机状态,存储在磁片上的数据都不会丢失;机械硬盘容量很大,已达 TB 级;尺寸有 1.0、1.8、2.5、3.5 英寸[①]等。

图 2-5　机械硬盘

固态硬盘(SSD)是用固态电子存储芯片阵列而制成的硬盘,由控制单元和存储单元(FLASH 芯片)组成(如图 2-6 所示)。固态硬盘的工作原理:半导体存储;数据直接存在闪存颗粒中,并且由主控单元记录数据存储位置和数据操作。接口有 SATA、M.2、U.2、PCI-E。

由于每一个闪存颗粒的存储容量是有限的,所以固态硬盘存储容量较小;但固态硬盘较小的体积推动了轻薄笔记本的发展;更重要的是固态硬盘读写速度比机械硬盘速度更快,可以达到 500 M/s,甚至部分接口的固态硬盘读写速度高达 3 200 M/s。

图 2-6　固态硬盘

移动硬盘(Mobile Hard Disk)是以硬盘为存储介质,便携性强的存储产品。市场上绝大多数的移动硬盘都是以标准硬盘为基础的,只有很少部分是以微型硬盘(1.8 英寸硬盘等),但价格因素决定着主流移动硬盘还是以标准笔记本硬盘为基础。移动硬盘多采用 USB、IEEE1394 等传输速度较快的接口,可以较高的速度与系统进行数据传输。

图 2-7　U 盘

•　U 盘

闪存盘(Flash disk)通常被称作 U 盘,是一个通用串行总线 USB

---

①　1 英寸≈2.54 厘米。

接口的无须物理驱动器的微型高容量移动存储产品,它采用的存储介质为闪存存储介质(Flash Memory)。闪存盘一般包括闪存、控制芯片和外壳。闪存盘具有可多次擦写、速度快而且防磁、防震、防潮的优点。闪存盘体积小,重量轻,不用驱动器,无须外接电源,即插即用,在不同计算机之间进行文件交流,存储容量从 2~512 GB 不等,甚至高达 1TB、2TB,可满足不同的需求(如图 2-7 所示)。

移动存储卡,存储卡是利用闪存技术达到存储电子信息的存储器,一般应用在数码相机、掌上电脑、MP3、MP4 等小型数码产品中作为存储介质,因为其外观小巧,犹如一张卡片,所以也称之为闪存卡。根据不同的生产厂商和应用,闪存卡有 Smart Media(SM 卡)、Compact Flash(CF 卡)、Multi Media Card(MMC 卡)、Secure Digital(SD 卡)、Memory Stick(记忆棒)、TF 卡等多种类型(如图 2-8 所示)。

图 2-8 存储卡

• 光盘

光盘是近代发展起来的不同于完全磁性载体的光学存储介质,其用聚焦的氢离子激光束处理记录介质的方法存储和再生信息,又称激光光盘。光盘是以光信息作为存储物的载体来存储数据的一种物品,分为不可擦写光盘(如 CD-ROM、DVD-ROM 等)和可擦写光盘(如 CD-RW、DVD-RAM 等),能存放文字、声音、图形、图像和动画等多媒体数字信息。

根据光盘结构,光盘主要分为 CD 光盘、DVD 光盘、蓝光光盘等类型,这些类型的光盘虽然在结构上有所区别,但主要结构原理是一致的。而只读的 CD 光盘和可擦写的 CD 光盘在结构上没有区别,其主要区别体现在材料的应用和某些制造工序上,DVD 光盘同理。这里以 CD 光盘为例进行讲解。常见的 CD 光盘非常薄,大约 1.2 mm 厚,但却包括了很多内容。从图 2-9 可以看出,CD 光盘主要分为五层,包括基板、记录层、反射层、保护层、印刷层等。

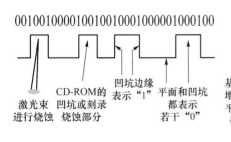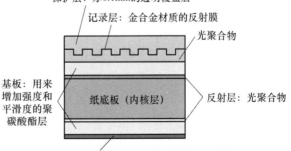

图 2-9 光盘原理图

日本东京大学的研究团队已经发现一种材料,可以用来制作更便宜、容量更大的超级光盘,储存容量是一般 DVD 的 5 000 倍。这种材料平常是能导电的黑色金属状态,但受到光的点击后会转变成棕色的半导体。这是一种透明的新型氧化钛,在室温下受到光的照射,能够任意在金属和半导体之间转变,因而产生储存数据的功能。由此材料制成的新光碟的容量是蓝光光盘的 1 000 倍,而蓝光光盘的容量则是普通 DVD 光盘的 5 倍(一般来说,一张蓝光光盘容量为 25 G,一张 DVD 容量为 4.7 G)。最新的蓝光协会表示,新蓝光光盘容量可达 128 G。但是东京大学的最新光盘容量高达 25 000 G,也就是 25 TB。

• 磁带

磁带是一种用于记录声音、图像、数字或其他信号的载有磁层的带状材料,是一种产量最大、用途最广的磁记录材料。通常是在塑料薄膜带基上涂覆一层颗粒状磁性材料或蒸发沉积上一层磁性氧化物或合金薄膜而成。早年曾使用纸和赛璐珞等作带基,现在主要使用强度高、稳定性好和不易变形的聚酯薄膜。

3. 输入设备

输入设备(Input Device)是向计算机输入数据和信息的设备,是用户和计算机系统之间进行信息交换的主要装置之一,用于将原始数据和处理这些数据的程序输入计算机中。计算机能够接收各种各样的数据,既可以是数值型的数据,也可以是各种非数值型的数据。例如图形、图像、声音等都可以通过不同类型的输入设备输入计算机中,进行存储、处理和输出。计算机的输入设备按功能可分为以下几类。

字符输入设备:键盘。

光学阅读设备:光学标记阅读机,光学字符阅读机。

图形输入设备:鼠标器、操纵杆、光笔。

图像输入设备:摄像机、扫描仪、传真机。

模拟输入设备:语言模数转换识别系统。

① 键盘(Keyboard)分为有线键盘和无线键盘,键盘是主要的人工输入设备,通常为 104 键或 105 键,用于将文字、数字等输入计算机,以及操控计算机(如图 2-10 所示)。

② 鼠标器(Mouse)是一种手持式屏幕坐标定位设备,它是适应菜单操作的软件和图形处理环境而出现的一种输入设备,特别是在现今流行的 Windows 图形操作系统环境下,使用鼠标器方便快捷。键盘鼠标接口分为 PS/2 和 USB 两种。

有两个键的鼠标器,也有三个键的鼠标器。鼠标器最左边的键是拾取键,最右边的键为消除键,中间的键是菜单的选择键。由于鼠标器所配的软件系统不同,所以对上述三个键的定义有所不同。一般情况下,鼠标器左键可在屏幕上确定某一位置,该位置在字符输入状态下是当前输入字符的显示点;在图形状态下是绘图的参考点。在菜单选择中,左键(拾取键)可选择菜单项,也可以选择绘图工具和命令。当作出选择后,系统会自动执行所选择的命令。鼠标器能够移动光标,选择各种操作和命令,并可方便地对图形进行编辑和修改,但却不能输入字符和数字。

③ 扫描输入设备包括图形(图像)扫描仪(如图 2-11 所示)、传真机、条形码阅读器(如图 2-12 所示)、字符和标记识别设备等。光学标记阅读机是一种用光电原理读取纸上标记的输入设备,常用的有条码读入器和计算机自动评卷记分的输入设备等。

图形(图像)扫描仪是利用光电扫描将图形(图像)转换成像素数据输入计算机中的输入

设备。目前,一些部门已经开始把图像输入用于图像资料库的建设中,如人事档案中的照片输入、公安系统案件资料管理、数字化图书馆的建设、工程设计和管理部门的工程图管理系统,都使用了各种类型的图形(图像)扫描仪。

  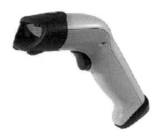

图 2-10　键盘　　　　　图 2-11　图像扫描仪　　　　图 2-12　条形码阅读器

现在,人们正在研究如何使计算机具有人的"听觉"和"视觉",即让计算机能听懂人说的话,看懂人写的字,从而使其能以人们接收信息的方式接收信息。为此,人们开辟了新的研究方向,其中包括模式识别、人工智能、信号与图像处理等,并在这些研究方向的基础上产生了语言识别、文字识别、自然语言解与机器视觉等研究方向。

④ 语音输入设备包括麦克风、声卡和语音输入软件系统等。

4.输出设备

输出设备(Output Device)是计算机硬件系统的终端设备,用于将内存中的计算机处理后的信息以能为人或其他设备所接受的形式输出,也就是把各种计算结果数据或信息以数字、字符、图像、声音等形式表现出来。常见的输出设备有显示器、打印机、绘图仪、影像输出系统、语音输出系统、磁记录设备等。

① 显示器(Monitor)。显示器有大有小,有厚有薄,品牌多样,但其作用都是把电脑处理完的结果显示出来。它是一个输出设备,是计算机必不可缺少的部件之一。显示器分为CRT、LCD、LED 三大类,其接口分为 VGA、DVI 两类。图 2-13 所示为液晶显示器。

② 显示适配器又称显卡,是显示器与主机的接口部件,以硬件插卡的形式装在主机板上。显示器的分辨率不仅与显示器本身有关,也与显示器适配器的逻辑电路有关。

③ 打印机(Printer)是将计算机的输出数据打印在纸张上的输出设备。人们常把显示器的输出称为软拷贝,把打印机的输出称为硬拷贝。

按工作机构划分,可以分为击打式打印机和非击打式印字机。其中,击打式打印机又分为字模式打印机和点阵式打印机。非击打式打印机又分为喷墨印字机(如图 2-14 所示)、激光印字机(如图 2-15 所示)、热敏印字机和静电印字机。

图 2-13　液晶显示器

图 2-14　喷墨打印机　　　　　　　　　图 2-15　激光打印机

　　微型计算机最常用的是点阵式打印机,其打印头上安装有若干个针,打印时控制不同的针头通过色带打印纸面即可得到相应的字符和图形,因此又称之为针式打印机。日常使用的点阵式打印机多为 9 针或 24 针的打印机,特别是 24 针打印机。

　　喷墨打印机和激光打印机也得到广泛应用。喷墨打印机是通过磁场控制一束很细墨汁的偏转,同时控制墨汁的喷与不喷,而得到相应的字符或图形。激光式(打印机)则是利用电子照相原理,由受到控制的激光束射向感光鼓表面,在不同位置吸附上厚度不同的碳粉,通过温度与压力的作用把相应的字符或图形印在纸上,它与静电复印机的工作原理相似。激光打印机分辨率高,印出字形清晰美观,但价格较高。

　　④ 自动绘图机(如图 2-16 所示)是直接由电子计算机或数字信号控制,用以自动输出各种图形、图像和字符的绘图设备,是计算机辅助制图和计算机辅助设计中广泛使用的一种外围设备。它主要绘制各种管理图表、统计图、大地测量图、建筑设计图、电路布线图、各种机械图与计算机辅助设计图等。最常用的自动绘图仪是 X-Y 绘图仪。现代的绘图仪已具有智能化的功能,其自身带有微处理器,可以使用绘图命令,具有直线和字符演算处理以及自检测等功能。这种绘图仪一般还可选配多种与计算机连接的标准接口。

图 2-16　自动绘图机

　　绘图仪是一种输出图形的硬拷贝设备。绘图仪在绘图软件的支持下课绘制出复杂、精确的图形,是各种计算机辅助设计不可缺少的工具。绘图仪的性能指标主要有绘图笔数、图纸尺寸、分辨率、接口形式及绘图语言等。

　　⑤ 音箱(Loud Speaker)是通过音频线连接到功率放大器,然后通过晶体管将声音放大,输出到喇叭上,从而使喇叭发出计算机里的声音。音箱设备如图 2-17 所示。

图 2-17 音箱

2.3.3 我国半导体芯片的发展现状

当今信息社会,芯片无处不在,生活中凡是带"电"的产品,几乎都嵌有芯片。芯片具有信息采集、处理、存储、控制、导航、通信、显示等诸多功能,是一切电子设备最核心的元器件。如果没有芯片,世界上所有与电相关的设备几乎无法工作。

自 20 世纪 50 年代末发明集成电路以来,芯片的集成度一直遵循摩尔定律迅猛发展,即每隔 18 个月提高一倍。半个多世纪以来,芯片的性能和复杂度提高了 5 000 万倍,而特征尺寸则缩减到一根头发丝直径的万分之一。

目前,我国已经成为世界第一制造业大国,世界第一贸易大国,世界第一大经济体(按 PPP 计算),全球电子产品大多数都由我国制造,这些都离不开芯片的支持。仅 2020 年,我国进口 3 800 亿美元以上的芯片。一方面,整个集成电路产业受制于欧美,已然成为我国制造转型升级的"芯"病;另一方面,来自美国对华为等国产科技公司的封锁,唤起了国内自研半导体芯片技术的决心,半导体芯片已经成了国内最为重视的核心产业。

目前,全球高端芯片市场几乎被美、欧等先进企业占领,加速研发国产自主芯片一直是我国政府、企业、科研院所的重点发展方向。近年来,我国在集成电路领域已取得了长足进步,芯片自给率不断提升,高端芯片受制于人的局面正在逐步被打破。

我国自主研发的北斗导航系统终端芯片已实现规模化应用;在超级计算机领域,多次排名世界第一的"神威太湖之光"和"天河二号"全部和部分采用了国产高性能处理器;国产手机、蓝牙音箱、机顶盒等消费类电子产品,也开始大量使用国产芯片。

目前,国内最大的芯片代工厂中芯国际正在风险试产 7 nm 芯片,不久就能完成量产,跻身高端市场;国产光刻机厂商上海微电子推出的 28 nm 光刻机,也即将投入使用,能有效地帮助国产芯片摆脱对光刻机进口的依赖。

2.4 计算机软件系统

软件分为系统软件、支撑软件和应用软件。系统软件由操作系统、实用程序、编译程序等组成。操作系统实施对各种软硬件资源的管理控制;实用程序是为方便用户所设,如文本编辑等;编译程序是把用户用汇编语言或某种高级语言所编写的程序翻译成机器可执行的机器语言程序。支撑软件有接口软件、工具软件、环境数据库等,它能支持用机的环境,提供软件研制工具。支撑软件也可以认为是系统软件的一部分。应用软件是用户按其需要自行编写的专用程序,它借助系统软件和支援软件来运行,是软件系统的最外层。

2.4.1 系统软件

系统软件(System Software)由一组控制计算机系统并管理其资源的程序组成,其主要功能包括启动计算机,存储、加载和执行应用程序,对文件进行排序、检索,将程序语言翻译成机器语言等。实际上,系统软件可以看作用户与计算机的接口,它为应用软件和用户提供了控制、访问硬件的手段,这些功能主要由操作系统完成。此外,编译系统和各种工具软件也属此类,它们从另一方面辅助用户使用计算机。

1. 操作系统

操作系统(Operating System,OS)是管理、控制和监督计算机软、硬件资源协调运行的程序系统,是直接运行在计算机硬件上的、最基本的系统软件,是系统软件的核心。操作系统的作用包括进程管理、作业管理、存储管理、设备管理、文件管理等。目前,常用的操作系统有微软公司的 Windows 7、Windows 8、Windows 10 和 Windows Server 以及 Linux、Unix 等。

目前,我国国产操作系统也有了一定的发展,主要产品有深度(Deepin)Linux 系统、统信(UOS)操作系统等。

2020 年 1 月 15 日,统信 UOS 正式版发布,统信 UOS 操作系统(个人版)为个人用户提供界面美观、安全稳定的系统体验,兼容市面上大部分的硬件设备,同时支持双内核、系统备份还原等功能,应用生态丰富,并提供差异化的增值服务和技术支持。另外,统信 UOS 操作系统可以支持国产龙芯、兆芯系列 CPU。

2. 语言处理系统

人和计算机交流信息使用的语言称为计算机语言或称程序设计语言。计算机语言通常分为机器语言、汇编语言和高级语言三类。如果要在计算机上运行高级语言程序就必须配备程序语言翻译程序(以下简称"翻译程序")。翻译程序本身是一组程序,不同的高级语言都有相应的翻译程序。翻译的方法有以下两种。

一种称为"解释",早期的 BASIC 源程序的执行都采用这种方式。它调用机器配备的BASIC"解释程序",在运行 BASIC 源程序时,逐条将 BASIC 的源程序语句进行解释和执行,它不保留目标程序代码,即不产生可执行文件。这种方式速度较慢,每次运行都要经过"解释",边解释边执行。

另一种称为"编译",它调用相应语言的编译程序,把源程序变成目标程序(以.OBJ 为扩展名),然后用连接程序,把目标程序与库文件相连接形成可执行文件。尽管编译的过程复杂一些,但它形成的可执行文件(以.exe 为扩展名)可以反复执行,速度较快。运行程序时只要键入可执行程序的文件名,然后按 Enter 键即可。

对源程序进行解释和编译任务的程序分别叫作编译程序和解释程序。如 FORTRAN、COBOL、PASCAL 和 C 等高级语言,使用时需有相应的编译程序;BASIC、LISP 等高级语言,使用时需用相应的解释程序。

3. 服务程序

服务程序能够提供一些常用的服务性功能,它们为用户开发程序和使用计算机提供了方便,微机上经常使用的诊断程序、调试程序、编辑程序均属此类。

4. 数据库管理系统

数据库是指按照一定联系存储的数据集合,可为多种应用共享。数据库管理系统(Data Base Management System,DBMS)则是能够对数据库进行加工、管理的系统软件,其主要功能是建立、消除、维护数据库及对库中数据进行各种操作。数据库系统主要由数据库(DB)、数据库管理系统(DBMS)以及相应的应用程序组成。数据库系统不仅能够存放大量的数据,更重要的是能迅速、自动地对数据进行检索、修改、统计、排序、合并等操作,以得到所需要的信息。这一点是传统的文件柜无法做到的。

数据库技术是计算机技术中发展最快、应用最广的一个分支。可以说,在今后的计算机应用开发中大都离不开数据库。因此,了解数据库技术,尤其是了解微机环境下的数据库应用是非常必要的。

2.4.2 应用软件

为解决各类实际问题而设计的程序系统称为应用软件,如科学计算、工程设计、数据处理、事务管理和过程控制等方面的程序。从其服务对象的角度,又可分为通用软件和专用软件两类。

1. 办公室软件

应用最广泛的有微软的 Microsoft Office 软件,包括文字处理软件 Word、演示文稿软件 PPT、电子表格软件 Excel 等。目前,国内金山公司的 WPS Office 也越来越受欢迎。2003 年,WPS Office 就已进入全国计算机等级考试(NCRE)的一级考试科目范围;自 2021 年 3 月起,正式将国产办公软件 WPS Office 作为全国计算机等级考试(NCRE)的二级考试软件之一。

2. 互联网软件

互联网软件包括即时通信软件(QQ、微信等)、电子邮件客户端(网易 163 邮箱、QQ 邮箱等)、网页浏览器(IE 浏览器、360 系列浏览器、百度浏览器)等。

3. 多媒体软件

多媒体软件包括媒体播放器、图像编辑软件、音讯编辑软件、视讯编辑软件、计算机辅助设计、计算机游戏等。

4. 安全防护软件

常用的安全防护软件有 360 杀毒软件、360 安全卫视、360 防护墙、电脑管家等。

2.5 计算机的发展历史

2.5.1 计算机的划代

现代计算机的划代主要是依据计算机所采用的电子器件来划分的,这就是人们通常所说的电子管、晶体管、集成电路、超大规模集成电路四代。

1. 第一代:电子管数字机(1946—1958 年)

硬件方面,逻辑元件采用的是真空电子管;主存储器采用汞延迟线、阴极射线示波管静电存储器、磁鼓、磁芯;外存储器采用的是磁带。软件方面采用的是机器语言、汇编语言。应用领域以军事和科学计算为主。其特点是体积大、功耗高、可靠性差、速度慢（一般为每秒数千次至数万次）、价格昂贵，但为以后的计算机发展奠定了基础。

2. 第二代：晶体管数字机（1958—1964 年）

硬件方面的操作系统、高级语言及其编译程序。应用领域以科学计算和事务处理为主，并开始进入工业控制领域。特点是体积缩小、能耗降低、可靠性提高、运算速度提高（一般为每秒数 10 万次，可高达 300 万次）、性能相对于第一代计算机有很大提高。

3. 第三代：集成电路数字机（1964—1970 年）

硬件方面，逻辑元件采用中、小规模集成电路（MSI、SSI），主存储器仍采用磁芯；软件方面出现了分时操作系统以及结构化、规模化程序设计方法。其特点是速度更快（一般为每秒数百万次至数千万次），而且可靠性有了显著提高，价格进一步下降，产品走向了通用化、系列化和标准化等。这一代计算机开始进入文字处理和图形图像处理领域。

4. 第四代：大规模集成电路机（1970 年至今）

硬件方面，逻辑元件采用大规模和超大规模集成电路（LSI 和 VLSI）；软件方面，出现了数据库管理系统、网络管理系统和面向对象语言等。1971 年，世界上第一台微处理器在美国硅谷诞生，开创了微型计算机的新时代。其应用领域从科学计算、事务管理、过程控制逐步走向家庭。

2.5.2　计算机的分类

按照计算机的性能及大小可以分为巨型计算机、大型机、小型计算机、微型计算机、嵌入式计算机。

1. 巨型计算机

巨型计算机又叫超级计算机（Supercomputers），如图 2-18 所示，通常是指由数百数千甚至更多的处理器（机）组成的、能计算普通计算机和服务器不能完成的大型复杂课题的计算机。超级计算机是计算机中功能最强、运算速度最快、存储容量最大的一类计算机，它是国家科技发展水平和综合国力的重要标志。超级计算机拥有最强的并行计算能力，主要用

图 2-18　超级计算机

于科学计算。在气象、军事、能源、航天、探矿等领域承担大规模、高速度的计算任务。在结构上,虽然超级计算机和服务器都可能是多处理器系统,二者并无实质区别,但是现代超级计算机较多采用集群系统,更注重浮点运算的性能,一种专注于科学计算的高性能服务器,而且价格非常昂贵。

2．大型机

大型机(Mainframe)包括大型机和中型机(如图 2-19 所示),价格比较贵,运算速度不如巨型机快,一般只有大、中型企事业单位才有必要配置和管理。大型机以大型主机和其他外部设备为主,并且配备众多的终端,组成一个计算中心,才能充分发挥其作用。美国 IBM 公司生产的 IBM360、IBM370、IBM9000 系列,就是国际上有代表性的大型主机。

作为大型商业服务器,它们一般用于大型事务处理系统,特别是过去完成的且不值得重新编写的数据库应用系统方面,其应用软件通常是硬件本身成本的好几倍,因此大型机仍有一定地位。

図 2-19　大型机

3．小型机

小型计算机(Minicomputer)是相对于大型计算机而言的,小型计算机的软件、硬件系统规模比较小,但价格低、可靠性高、便于维护和使用。一般为中、小企事业单位或者某一部门所用,小型机如图 2-20 所示。

図 2-20　小型机

4. 微型计算机

微型计算机(Micro Computer)又称为个人计算机(Personal Computer),是第四代计算机时出现的一个新机种。1971年,Intel工程师马西安·霍夫(M. E. Hoff)成功地在一个芯片上实现了中央处理器的功能,制成了世界上第一片四位微处理器Intel 4004,组成了世界上第一台四位微型计算机——MCS-4,从此揭开了世界微型计算机大发展的帷幕。微型计算机的种类很多,主要分为以下三类。

(1)台式计算机

台式计算机也叫桌面机,主机、显示器等设备一般都是相对独立的,需要放置在电脑桌或者专门的工作台上(如图2-21所示)。相对于笔记本和上网本,其体积较大,是非常流行的微型计算机,多数人家里和公司用的机器都是台式机。台式机的性能相对较笔记本电脑要强,但台式机的便携性差。

(2)笔记本计算机

笔记本计算机是一种小型、可携带的个人计算机,通常重1~3千克。笔记本计算机除了键盘外,还有触控板(TouchPad)或触控点(Pointing Stick),提供了更好的定位和输入功能。笔记本计算机如图2-22所示。

图2-21　台式计算机

图2-22　笔记本计算机

(3)个人数字助理

个人数字助理(Personal Digital Assistant,PDA)又称为掌上电脑,可以帮助我们完成在移动中工作、学习、娱乐等,是一种运行在嵌入式操作系统和内嵌式应用软件之上的、小巧、轻便、易带、实用、价廉的手持式计算设备。它无论在体积、功能和硬件配备方面都比笔记本计算机简单、轻便。

按使用来分类,可分为工业级PDA和消费品PDA。工业级PDA主要应用在工业领域,常见的有条码扫描器(如图2-23所示)、RFID读写器(如图2-24所示)、POS机、门禁系统(如图2-25所示)等;消费品PDA包括智能手机(如图2-26所示)、平板计算机(如图2-27所示)、手持游戏机(如图2-28所示)等。

图 2-23 条码扫描器

图 2-24 RFID 读写器

图 2-25 门禁系统

图 2-26 智能手机

图 2-27 平板计算机

图 2-28 手持游戏机

5. 嵌入式计算机

嵌入式系统(Embedded Systems)是一种以应用为中心、以微处理器为基础,软硬件可裁剪的,适应应用系统对功能、可靠性、成本、体积、功耗等严格要求的专用计算机系统。它一般由嵌入式微处理器、外围硬件设备、嵌入式操作系统以及用户的应用程序四个部分组成。嵌入式系统几乎应用在生活中所有电器设备中,如掌上 PDA、计算器、电视机顶盒、手机、数字电视、多媒体播放器、汽车、微波炉、数字相机、家庭自动化系统、电梯、空调、安全系统、自动售货机、蜂窝式电话、消费电子设备、工业自动化仪表与医疗仪器等。

2.5.3 未来计算机的发展方向

随着科技的进步,各种计算机技术、网络技术的飞速发展,计算机的发展也已经进入了一个快速而又崭新的时代,计算机已经从功能单一、体积较大发展到功能复杂、体积微小;运行速度也得到了极大的提升,第四代计算机的运算速度已经达到几十亿次每秒;应用也由原来的仅供军事科研使用发展到人人拥有。计算机强大的应用功能,产生了巨大的市场需要,未来计算机性能应向着巨型化、微型化、网络化和人工智能化方向发展。

1. 巨型化

巨型化是指为了适应尖端科学技术的需要,发展高速度、大存储容量和功能强大的超级计算机。随着人们对计算机的依赖性越来越强,特别是在军事和科研教育方面对计算机的存储空间和运行速度等要求会越来越高。

2. 微型化

一方面,随着微型处理器(CPU)的出现,计算机中开始使用微型处理器,使计算机体积缩小了,成本降低了;另一方面,软件行业的飞速发展提高了计算机内部操作系统的便捷度,而计算机外部设备也趋于完善。计算机理论和技术上的不断完善促使微型计算机很快渗透到社会的各行各业,并成为人们生活和学习的必需品。这些年来,计算机的体积不断缩小,台式计算机、笔记本计算机、掌上计算机、平板计算机体积逐步微型化,为人们提供便捷的服务。未来计算机仍会不断趋于微型化,体积将越来越小。

3. 网络化

互联网将世界各地的计算机连接在一起,从此进入了互联网时代。计算机网络化彻底改变了人类世界,人们通过互联网沟通、交流(QQ、微博等),教育资源共享(文献查阅、远程教育等)、信息查阅共享(百度、谷歌)等,特别是无线网络的出现,极大地提高了人们使用网络的便捷性,未来计算机将会进一步向网络化方面发展。

4. 人工智能化

计算机人工智能化是未来发展的必然趋势。现代计算机具有强大的功能和运行速度,但与人脑相比,其智能化和逻辑能力仍有待提高。人类在不断探索如何让计算机更好地反映人类思维,使计算机能够具有人类的逻辑思维判断能力,可以通过思考与人类沟通交流,而抛弃以往的通过编码程序来运行计算机的方法,直接对计算机发出指令。

目前,国内做得比较好的有百度 AI 开放平台、华为 AI 平台。

2.5.4　未来型计算机

1. 分子计算机

分子计算机就是尝试利用分子计算的能力进行信息的处理。分子计算机的运行靠的是分子晶体可以吸收以电荷形式存在的信息,并以更有效的方式进行组织排列。凭借着分子纳米级的尺寸,分子计算机的体积将剧减。此外,分子计算机耗电可大大减少并能更长期地存储大量数据。

1998 年,最先提出计算化学概念的约翰.A.波普尔教授被授予该年度诺贝尔化学奖,美国《福布斯》杂志将此事和美国政府实施的"加速战略计算计划"实现每秒数万亿次的运算能力并称为两个令人瞩目的里程碑。

洛杉矶加州大学和惠普公司研究小组曾在英国《科学》杂志上撰文,称他们能通过把能生成晶体结构的轮烷分子夹在金属电极之间,制作出分子"逻辑门"这种分子电路的基础元件。美国橡树岭国家实验所则采用把菠菜中的一种微小蛋白质分子附着于金箔表面并控制分子排列方向的办法制造出逻辑门。这种蛋白质可在光照几万分之一秒的时间内产生感应电流。据称基于单个分子的芯片体积可比现在的芯片体积大大缩小,而效率大大提高。

2. 量子计算机

量子计算机是利用原子所具有的量子特性进行信息处理的一种全新概念的计算机。量子理论认为,非相互作用下,原子在任一时刻都处于两种状态,称之为量子超态。原子会旋转,即同时沿上、下两个方向自旋,这正好与电子计算机 0 与 1 完全吻合。如果把一群原子聚在一起,它们不会像电子计算机那样进行线性运算,而是同时进行所有可能的运算,例如量子计算机处理数据时不是分步进行而是同时完成。只要 40 个原子一起计算,就相当于今天一台超级计算机的性能。量子计算机以处于量子状态的原子作为中央处理器和内存,其运算速度可能比奔腾 4 芯片快 10 亿倍,就像一枚信息火箭,在一瞬间搜寻整个互联网。

2007 年,加拿大计算机公司 D-Wave 展示了全球首台通用量子计算机 Orion(猎户座),它利用了量子退火效应来实现量子计算。该公司此后在 2011 年推出具有 128 个量子位的 D-Wave One 型量子计算机,并在 2013 年宣称 NASA 与谷歌公司共同预定了一台具有 512 个量子位的 D-Wave Two 量子计算机。

根据爱德华·斯诺登提供的文件,2014 年 1 月 3 日,美国国家安全局(NSA)正在研发一款用于破解加密技术的量子计算机,希望破解几乎所有类型的加密技术。投入巨资 0.8 亿美元进行"渗透硬目标"的研究项目,其中一项就是在美国马里兰州科利奇帕克的一处秘密实验室研发量子计算机,破解加密技术。

2013 年 6 月 8 日,由中国科学技术大学潘建伟院士领衔的量子光学和量子信息团队首次成功实现了用量子计算机求解线性方程组的实验。线性方程组广泛应用于几乎每一个科学和工程领域。日常的气象预报,就需要建立并求解包含百万变量的线性方程组,来实现对大气中温度、气压、湿度等物理参数的模拟和预测。而高准确度的气象预报则需要求解具有海量数据的方程组,假使求解一个亿亿亿级变量的方程组,即便是用现在世界上最快的超级计算机也至少需要几百年。该研究团队发展了世界领先的多光子纠缠操控技术。实验的成功标志着我国在光学量子计算领域保持着国际领先地位。

3. 光子计算机

光子计算机利用光子取代电子进行数据运算、传输和存储。在光子计算机中,不同波长的光代表不同的数据,这远胜于电子计算机中通过电子"0""1"状态变化进行的二进制运算,可以对复杂度高、计算量大的任务实现快速的并行处理。光子计算机将使运算速度在目前基础上呈指数上升。

1990 年年初,美国贝尔实验室研制出世界上第一台光学计算机。它采用砷化镓光学开关,运算速度达每秒 10 亿次。尽管这台光学计算机与理论上的光学计算机还有一定距离,但已显示出强大的生命力。人类利用光缆传输数据已经有 20 多年的历史,用光信号来存储信息的光盘技术也已广泛应用。然而,要想制造真正的光子计算机,需要开发出可以用一条光束来控制另一条光束变化的光学晶体管这一基础元件。一般来说,科学家们虽然可以实现这样的装置,但是所需要的条件(如温度等条件)仍较为苛刻,尚难以进入实用阶段。

目前,美国马萨诸塞州的一家光学技术公司——光导发光元件系统公司正与美国航空航天局马歇尔航天中心合作开发用来制造光学计算机的"光"路板,实现对光子移动的控制,并有望很快取得突破。1999 年 5 月,在美国西北大学工作的新加坡科学家何盛中领导的研究小组利用纳米级的半导体激光器研制出世界上最小的光子定向耦合器,可以在宽度仅为 0.2~0.4 微米的半导体层中对光进行分解和控制。

4. 纳米计算机

纳米计算机是用纳米技术研发的新型高性能计算机。纳米管元件尺寸小,质地坚固,有着极强的导电性,能代替硅芯片制造计算机。"纳米"是一个计量单位,一个纳米等于 10^{-9} 米,大约是氢原子直径的 10 倍。纳米技术是从 20 世纪 80 年代初迅速发展起来的新的前沿科研领域,其最终目标是人类按照自己的意志直接操纵单个原子,制造出具有特定功能的产品。纳米技术正从微电子机械系统起步,把传感器、电动机和各种处理器都放在一个硅芯片上而构成一个系统。纳米计算机不仅几乎不需要耗费任何能源,而且其性能要比目前的计算机强大许多倍。

2013 年 9 月 26 日,斯坦福大学宣布,人类首台基于碳纳米晶体管技术的计算机已成功测试运行。该项实验的成功证明了人类有望在不远的将来摆脱当前硅晶体技术以生产新型电脑设备。英国学术杂志《自然》已在刊物中刊登了斯坦福大学的研究成果。

5. 生物计算机

生物计算机又称仿生计算机,是以生物芯片取代在半导体硅片上集成数以万计的晶体管制成的计算机。它的主要原材料是生物工程技术产生的蛋白质分子,并以此作为生物芯片。生物计算机芯片本身还具有并行处理的功能,其运算速度要比当今最新一代的计算机快 10 万倍,但能量消耗仅相当于普通计算机的十亿分之一,存储信息的空间仅占百亿亿分之一。

20 世纪 80 年代以来,生物工程学家对人脑、神经元和感受器的研究倾注了很大精力,以期研制出可以模拟人脑思维、低耗、高效的第六代计算机——生物计算机。其特点是可以实现分布式联想记忆.并能在一定程度上模拟人和动物的学习功能。它是一种有知识、会学习、能推理的计算机,具有理解自然语言、声音、文字和图像的能力,并且具有说话的能力,使人机能够用自然语言直接对话,它可以利用已有的和不断学习到的知识,进行思维、联想、推理,并得出结论,能解决复杂问题,具有汇集、记忆、检索有关知识的能力。

以色列科学家在《自然》期刊上宣布,他们已经研制出一种由 DNA 分子和酶分子构成的微型"生物计算机",一万亿个这样的计算机仅一滴水那样大。以色列魏茨曼研究所的科学家说,他们使用两种酶为计算机"硬件",DNA 为"软件",输入和输出的"数据"都是 DNA链。把溶有这些成分的溶液恰当地混合,就可以在试管中自动发生反应,进行"运算"。

另据央视国际报道,美国国家核安全管理处 Lawrence Livermore 实验室和国际商用机器公司(IBM)将共同合作开发一款名为"蓝色基因/L"的超级计算机。IBM"蓝色基因/L"的运算速度可达 200 万亿次/秒,比当前最强大的超级计算机运算速度提高 15 倍,相当于现今世界上 500 台顶级超级计算机运算速度的总和。种种迹象表明,计算机开始悄悄超越自己。

目前,生物芯片(如图 2-29 所示)仍处于研制阶段,但在生物元件,特别是在生物传感器的研制方面已取得不少实际成果。这将会促使计算机、电子工程和生物工程这三个学科的

图 2-29 生物芯片

专家通力合作,加快研究开发生物芯片。生物计算机作为即将完善的新一代计算机,其优点十分明显。但它也有自身难以克服的缺点,其中最主要的便是从中提取信息困难。一种生物计算机24小时就完成了人类迄今全部的计算量,但从中提取一个信息却花费了一周。这也是目前生物计算机没有被普及的最主要原因。

6. 神经计算机

神经计算机,又称第六代计算机,是模仿人的大脑判断能力和适应能力,并具有可并行处理多种数据功能的神经网络计算机。与以逻辑处理为主的第五代计算机不同,它本身可以判断对象的性质与状态,并能采取相应的行动,而且它可同时并行处理实时变化的大量数据,并引出结论。以往的信息处理系统只能处理条理清晰、经络分明的数据。而人的大脑却具有能处理支离破碎、含糊不清信息的灵活性,第六代电子计算机将类似人脑的智慧和灵活性。

人脑有约有1 000亿神经元及1 000万亿多神经键,每个神经元都与数千个神经元交叉相连,它的作用相当于一台微型计算机。人脑总体运行速度相当于每秒1 000万亿次的计算机功能。用许多微处理机模仿人脑的神经元结构,采用大量的并行分布式网络就构成了神经计算机。神经计算机除了有许多处理器外,还有类似神经的节点,每个节点与许多点相连。若把每一步运算分配给每台微处理器同时运算,其信息处理速度和智能会大大提高。神经计算机的信息不是存在存储器中,而是存储在神经元之间的联络网中。若有节点断裂,计算机仍有重建资料的能力,还具有联想记忆,视觉和声音识别能力。

日本科学家已开发出神经计算机的大规模集成电路芯片,在1.5厘米正方的硅片上可设备400个神经元和40 000个神经键,这种芯片能实现每秒2亿次的运算速度。1990年,日本理光公司宣布研制出一种具有学习功能的大规模集成电路"神经LST"。这是依照人脑的神经细胞研制成功的一种芯片,它利用生物的神经信息传送方式,在一块芯片上载有一个神经元,然后把所有芯片连接起来,形成神经网络。它处理信息的速度为每秒90亿次。富士通研究所开发的神经电子计算机,每秒更新数据速度近千亿次。日本电气公司推出一种神经网络声音识别系统,能够识别出任何人的声音,正确率达99.8%。

现在,纽约、迈阿密和伦敦的机场已经用神经计算机来检查爆炸物,每小时可查600~700件行李,检出率为95%,误差率为2%。神经计算机将会广泛应用于各个领域。它能识别文字、符号、图形、语言以及声呐和雷达收到的信号进行智能决策和智能指挥等。

2.6 我国计算机的发展

华罗庚是我国计算技术的奠基人和最主要的开拓者之一。早在1947—1948年,华罗庚在美国普林斯顿高级研究院任访问研究员,和冯·诺依曼、哥尔德斯坦等人交往甚密。当时,冯·诺依曼正在设计世界上第一台存储程序的通用电子数字计算机,冯·诺依曼让华罗庚参观他的实验室,并经常和华罗庚讨论相关学术问题。华罗庚于1950年回国,在全国大学院系调整时(1952年),他从清华大学电机系物色了闵乃大、夏培肃和王传英三位科研人员在他任所长的中国科学院数学所内建立了中国第一个电子计算机科研小组,任务就是要设计和研制中国自己的电子计算机。

1956年春,由毛泽东主席提议,在周恩来总理的领导下,国家制定了发展我国科学的12

年远景规划,把开创我国的计算技术事业等项目列为四大紧急措施之一。华罗庚担任计算技术规划组组长。同年8月,成立了由华罗庚教授为主任的科学院计算所筹建委员会,并组织了计算机设计、程序设计和计算机方法专业训练班,首次派出一批科技人员赴苏联实习和考察。

同年,夏培肃完成了第一台电子计算机运算器和控制器的设计工作,同时编写了我国第一本电子计算机原理讲义。1957年和1959年,中国先后自主研制成功国产小型和大型电子管计算机。20世纪60年代中期,中国研制成功一批晶体管计算机,并配制了ALGOL等语言的编译程序和其他系统软件。20世纪60年代后期,中国开始研究集成电路计算机。20世纪70年代,中国已批量生产小型集成电路计算机。20世纪80年代以后,中国开始重点研制微型计算机系统并推广应用;在大型计算机、特别是巨型计算机技术方面也取得了重要进展;建立了计算机服务业,逐步健全了计算机产业结构。在计算机科学与技术的研究方面,中国在有限元计算方法、数学定理的机器证明、汉字信息处理、计算机系统结构和软件等方面都有所建树。在计算机应用方面,中国在科学计算与工程设计领域取得了显著成就。在有关经营管理和过程控制等方面,计算机应用研究和实践也日益活跃。

2.6.1 我国计算机的发展历史

1. 第一代电子管计算机研制(1958—1964年)

我国的计算机制造工业起步于20世纪50年代中期。1957年下半年,中科院计算所正式开始了计算机的研制工作。1958年6月,103型计算机(即DJS-1型)诞生(如图2-30所示),共生产36台。我国第一代电子计算机研制的主要推动力是军事应用,所产在原子弹(104机)和氢弹(119机)研制中发挥了作用。

图2-30 103型计算机

2. 第二代晶体管计算机研制(1965—1972年)

1965年,我国研制的第一台大型晶体管计算机(109乙计算机如图2-31所示)在两弹试验中发挥了重要作用,被誉为"功勋机"。

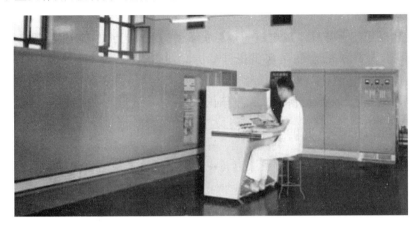

图 2-31　109 乙计算机

3. 第三代基于中小规模集成电路的计算机研制(1973—1983 年)

1973 年,北京大学与北京有线电厂等单位合作研制成功运算速度每秒 100 万次的大型通用计算机。1974 年,清华大学等单位联合设计,研制成功 DJS-130 小型计算机,产量近千台,逐渐形成了我国第一种国产 DJS-100 系列机。1977 年 4 月,我国第一台微型计算机 DJS－050 机研制成功。1983 年 12 月,"银河Ⅰ号"巨型计算机研制成功,运算速度达每秒 1 亿次。该机型共生产 3 台,分别安装在石油、西部计算中心和高校计算机研究所。

图 2-32　银河Ⅰ号

这一时期的两件事对我国计算机应用起到了关键的作用,即 7301 会议和 748 工程。1973 年 1 月,第四机械工业部在北京召开了"电子计算机首次专业会议"(即 7301 会议),总结了 20 世纪 60 年代我国计算机研制都是为特定工程任务(主要是国防)服务,不能形成批量生产的教训,决定放弃单纯追求提高运算速度的技术政策,确定了发展系列机的方针,提出联合研制小、中、大三个系列计算机的任务,以中小型机为主,着力普及和运用。

1974 年 8 月,第四机械工业部召开了计算机工作会议,提出"关于研制汉字信息处理工程"的"748 工程",整个工程包括汉字通信、汉字情报检索和汉字精密照排。"748 工程"小组成功研制了精密型汉字印刷照排系统——方正系统和华光系统。这项具有革命性的新技术被中国计算机界称为是"中国告别铅与火的技术革命","748 工程"小组也成功研制了微型机汉字操作系统、汉字数据库系统、汉字工具软件、汉字全文检索系统以及汉字输入、输出设备,形成了汉字信息处理产业。

4. 第四代基于超大规模集成电路的计算机研制(自 20 世纪 80 年代中期至今)

我国第四代计算机的研制是从微机开始的。1983 年 12 月,电子部六所研制成功与 IBM PC 机兼容的 DJS-0520 微机。多年来,我国微机产业走过了一段不平凡道路,现在以联想微机为代表的国产微机已占领一大半国内市场。

2.6.2 我国超级计算机的发展

处于信息技术前沿的超级计算机一直是一个国家的重要战略资源,对国家安全、经济和社会发展具有举足轻重的意义。在国防领域可用于模拟核试验、飞行器设计、监听对方通信系统、反导弹武器系统等。

我国的超级计算机研制起步于 20 世纪 60 年代。到目前为止,大体经历了三个阶段:第一阶段,自 20 世纪 60 年代末到 20 世纪 70 年代末,主要从事大型机的并行处理技术研究;第二阶段,自 20 世纪 70 年代末至 20 世纪 80 年代末,主要从事向量机及并行处理系统的研制;第三阶段,自 20 世纪 80 年代末至今,主要从事大规模并行处理系统及工作站集群系统的研制。

经过几十年不懈地努力,我国的高端计算机系统研制已取得了丰硕成果,"银河""曙光""神威""深腾"等一批国产高端计算机系统的出现,使我国成为继美国、日本之后,第三个具备研制高端计算机系统能力的国家。

在超级计算机领域,美国占绝对领先地位,中国、日本、欧盟、俄罗斯紧随其后,其他国家居于第三梯队。

1. "银河"系列超级计算机

研制"银河"超级计算机的难度不是一般人能想象的:当时国家百废待兴,我国气象部门急需巨型机做中长期天气预报,航空航天部门急需超级计算机以减少昂贵的风洞实验经费,石油勘探部门急需超级计算机进行三维地震数据处理;研制新一代导弹核武器,必须进行大量的数值计算和模拟来计算核武器的杀伤效能等数据,"手摇计算机+人海战"已经行不通了。有一个部门租用了外国一台中型计算机,却要被外方控制使用,算什么题目都要交给对方,并且中国人不得进入主控室。

1975 年 10 月和 1977 年秋,时任国防科工委主任的张爱萍先后两次指示国防科技大学计算机研究所对巨型机研制进行调研。基于此,国防科工委于 1977 年 11 月 14 日向党中央和中央军委呈交了"关于研制巨型机"的请示报告,11 月 26 日,党中央和中央军委就批准了该报告。1978 年 3 月,时任中央军委主席邓小平同志专门听取了关于计算机发展情况的汇报,明确由国防科工委系统承担亿次机研制任务,张爱萍将该机命名为"银河"。

1983 年 12 月 4 日,我国自行研究与设计的第一台亿次巨型计算机提前一年研制成功。"银河"系列超级计算机如今广泛应用于天气预报、空气动力实验、工程物理、石油勘探、地震数据处理等领域,产生了巨大的社会效益和经济效益。国家气象中心将"银河"超级计算机用于中期数值天气预报系统,使我国成为世界上少数几个能发布 5~7 天中期数值天气预报的国家之一。

2."深腾"系列超级计算机

20世纪90年代末,以生产个人电脑和服务器著称的联想集团也加入了研制高端计算机系统的行列。2002年,由该集团研制的运算速度超过每秒万亿次浮点运算的"深腾1800"高端计算机系统在北京中关村诞生。这是我国第一台由企业研制开发的万亿次级计算机产品,标志着国内大型IT企业开始进入高性能计算领域的研究开发。于同年11月公布的全球高性能计算机TOP 500排行榜中,"深腾1800"以每秒1.046万亿次浮点运算的实测性能排在第43位,这也是我国企业生产的高端计算机系统首次入围TOP 500。

3."神威"系列超级计算机

1996年,为加强我国高端并行计算机系统的研制,国家并行计算机工程技术中心正式挂牌成立,开始了神威系列大规模并行计算机系统的研制。1999年,神威系列机的第一代产品——神威Ⅰ型巨型机落户北京国家气象局,系统峰值为3 840亿次浮点运算。与此同时,国家并行计算机工程技术中心同步开展了神威"新世纪"集群系统的研制。

气象预报是超级计算机最重要的应用领域之一。在神威Ⅰ型机上运行的"集合天气预报系统"采用了32套原始数据,输入计算机进行运算,得出32个结果,然后运用气象学的知识和统计的规律,在这个结果群里找出可能性最大的未来天气的情况。以往10天的天气数值预报,在百亿次机上运算大约需要640小时,等预报结果出来时,就已经不是"预报"了。利用"神威"机进行运算,则只需要8小时。

"神威"机的另一项重要的应用就是石油勘探。要开采石油,必须钻井。打一口井耗资巨大,如果选择的钻井地点有偏差,那么投入的人力、财力、物力就会全部浪费,损失巨大。因此,提前的精确测算格外重要。在认为可能的地方进行人工爆破,然后搜集爆破后的反应,记录它的反射弧,把这些数据传送到计算机上进行处理,地质专家再根据得出的结论分析石油的分布。应用"神威"机后,可以明显提高分析面积和准确程度。

"神威"机在石油领域的另一个重要应用是"油藏模拟系统"。类似大庆这样的老油田,油采出来还要注水以平衡压力。地下还剩下多少油,也是需要大量的计算。用普通的工作站,可能要算一个月才有结果,而为了提高准确度,一套程序要算好几遍。一次就要一个月,显然达不到要求。用了"神威"机之后,由一个月变成了一个星期,现在则变成了几个小时。

4.曙光系列

曙光公司是以国家"863"计划重大科研成果为基础组建的高新技术企业。2003—2009年,美国AMD半导体公司和曙光公司共同取得了辉煌的成就,从推进64位计算时代开始,一直到推出4核、6核产品,无一不推动整个服务器产业的发展。此外,曙光公司与美国AMD半导体公司深入合作,除了在64位计算和多核心的企业级服务器领域之外,还研发出了每秒运算11万亿次的超级计算机曙光4000A,从而使中国成为继美国和日本之后,第三个能研制10万亿次高性能计算机的国家。之后的曙光5000A(如图2-33所示)更是将双方的合作推向了全新的高度。

2008年6月,曙光公司研制推出的"曙光5000A"采用了美国AMD公司的处理器,以峰值速度233.47万亿次、Linpack值180.6万亿次的成绩跻身2008年的世界超级计算机前10名,这也使中国成为继美国之后第二个能研制百万亿次超级计算机的国家。曙光5000A被命名为"魔方",目前在上海超级计算中心提供服务,已有200多位客户。

综观60多年来我国高性能通用计算机的研制历程,从103机到"神威机"("神威-Ⅱ"如

图 2-34 所示),走过了一段不平凡的历程。总的来说,除了动乱时期外,我们的研制水平与国外的差距在逐步缩小。在计算机研制方面我国与发达国家的差距主要体现在以下两点。

图 2-33 曙光 5000A

① 原始创新少,我国推出的计算机绝大多数都是参照国外机器做一些改进,几乎还没有一种被用户广泛接受的体系结构由我们自己创新出来。

② 研制成果的商品化、产业化程度落后于发达国家。除了微机取得了令人自豪的产业化业绩外(但自主知识产权不多),工作站以上的高性能计算机的产业化道路还在摸索之中。

图 2-34 神威-Ⅱ

5. 我国超级计算机谱系表

我国超级计算机谱系表如表 2-1、表 2-2、表 2-3 和表 2-4 所示。

表 2-1 国防科技大学计算机研究所——"银河"系列

型号	发明年份	性能
银河-Ⅰ	1983 年	运算速度每秒 1 亿次
银河-Ⅱ	1994 年	运算速度每秒 10 亿次
银河-Ⅲ	1997 年	运算速度每秒 130 亿次
银河-Ⅳ	2000 年	运算速度每秒 1 万亿次
天河一号	2010 年	运算速度每秒 2 566 万亿次
(2010 年世界超级计算机排名世界第一)		
天河二号	2013 年	运算速度每秒 3.39 亿亿次
(2013—2015 年连续六次排名世界第一)		

表 2-2　中科院计算技术研究所——"曙光"系列

型号	发明年份	性能
曙光一号	1992 年	运算速度每秒 6.4 亿次
(曙光一号诞生后仅 3 天,西方国家便宣布解除 10 亿次计算机对中国的禁运)		
曙光-1000	1995 年	运算速度每秒 25 亿次
曙光-1000A	1996 年	运算速度每秒 40 亿次
曙光-2000Ⅰ	1998 年	运算速度每秒 200 亿次
曙光-2000Ⅱ	1999 年	运算速度每秒 1 117 亿次
曙光-3000	2000 年	运算速度每秒 4 032 亿次
曙光-4000L	2003 年	运算速度每秒 4.2 万亿次
曙光-4000A	2004 年	运算速度每秒 11 万亿次
曙光-5000A	2008 年	运算速度每秒 230 万亿次
曙光-星云	2010 年	运算速度每秒 1 271 万亿次
(世界第三台达到千万亿次的超级计算机)		
曙光 7000	在研	运算速度每秒十亿亿亿次

表 2-3　国家并行计算机工程技术中心——"神威"系列

型号	发明年份	性能
神威-Ⅰ	1999 年	运算速度每秒 3840 亿次
神威 3000A	2007 年	运算速度每秒 18 万亿次
神威蓝光	2010 年	运算速度每秒 1100 万亿次
(我国第一台全部采用国产 CPU 的超级计算机)		
神威-太湖之光	2016 年	运算速度每秒 9.3 亿亿次/秒

表 2-4　联想集团——"深腾"系列

型号	发明年份	性能
深腾 1800	2002 年	运算速度每秒 1 万亿次
深腾 6800	2003 年	运算速度每秒 5.3 万亿次
深腾 7000	2008 年	运算速度每秒 106.5 万亿次
深腾 X9000V	2019 年	运算速度每秒 1 000 万亿次

2.7 信息表示

2.7.1 计算机的数制

1. 数制的特点

数制也称为"计数制",是用一组固定的符号和统一的规则来表示数值的方法。例如,生活中我们使用的数字一般常用十进制表示,由 0、1、2、3、4、5、6、7、8、9 这 10 个数码组成。另外,还有二进制、八进制、十六进制等。不论哪一种数制,它们都有共同的计数和运算的规律。其共同的规律和特点如下。

(1) 逢 n 进一

n 是指数制中所需要的数字字符的总个数,称为基数。

(2) 位权表示法

位权是指一个数字在某个固定位置上所代表的值,处在不同位置上的数字符号所代表的值是不同的,每个数字的位置决定了它的值或者位权。

2. 计算机中常用的数制

计算机中通常采用二进制,因为电子元器件最容易实现的是电路的通断、电位的高低、电极的正负,逻辑学中也常常用到二值逻辑,用二进制非常容易描述。另外,两状态的系统也具有稳定性(非此即彼),以及抗干扰性等特性。

(1) 十进制数

十进制数按"逢十进一"的原则进行计数,即每位满 10 时向高位进 1。符号为 D,例如 56D,或者 $(56)_{10}$。

(2) 二进制数

在二进制数中,由 0 和 1 两个数码组成。按"逢二进一"的原则计数,即满 2 时向高位进 1。符号为 B,例如 0101B 或者可写为 $(0101)_2$ 的值(十进制)为 5。

(3) 八进制数

在八进制数中,用数码 0、1、2、3、4、5、6、7 表示。计数时"逢八进一",符号为 Q,例如 0101Q 的值为 65D。

(4) 十六进制数

十六进制数所用的 16 个数字符号是 0～9 以及 A、B、C、D、E、F,其中符号 A、B、C、D、E、F 分别代表十进制数 10、11、12、13、14、15。其计数特点是"逢十六进一",符号为 H,例如 0101H 的值为 257D。

3. 常用数制对照表

常用数制对照表如表 2-5 所示。

表 2-5 部分十进制数、二进制数、八进制数、十六进制数的对照表

十进制	二进制	八进制	十六进制
0	0000	0	0
1	0001	1	1
2	0010	2	2
3	0011	3	3
4	0100	4	4
5	0101	5	5
6	0110	6	6
7	0111	7	7
8	1000	10	8
9	1001	11	9

十进制	二进制	八进制	十六进制
10	1010	12	A
11	1011	13	B
12	1100	14	C
13	1101	15	D
14	1110	16	E
15	1111	17	F

2.7.2 不同数制间的转换

数制间的转换就是将数从一种数制转换成另一种数制。由于计算机采用二进制,但用计算机解决实际问题时,对数值的输入、输出通常使用十进制数,人们输入计算机的十进制被转换成二进制进行计算,计算后的结果又由二进制转换成十进制,这都由操作系统自动完成。

1. 二、八、十六进制数转换为十进制数

把二进制数、八进制数、十六进制数转换为十进制数,通常采用按权展开相加的方法,即把二进制数(或八进制数、十六进制数)写成 2(或 8、16)的各次幂之和的形式,然后按十进制计算结果。

【例 2-1】 把二进制数 $(1011.101)_2$ 转换成十进制数。

解析:
$$(1011.101)_2 = 1 \times 2^3 + 0 \times 2^2 + 1 \times 2^1 + 1 \times 2^0 + 1 \times 2^{-1} + 0 \times 2^{-2} + 1 \times 2^{-3}$$
$$= 8 + 0 + 2 + 1 + 0.5 + 0 + 0.125$$
$$= (11.625)_{10}$$

【例 2-2】 把八进制数 $(123.45)_8$ 转换成十进制数。

解析: $(123.45)_8 = 1 \times 8^2 + 2 \times 8^1 + 3 \times 8^0 + 4 \times 8^{-1} + 5 \times 8^{-2} = (83.578\,125)_{10}$

【例 2-3】 把十六进制数 $(3AF.4C)_{16}$ 转换成十进制数。

解析: $(3AF.4C)_{16} = 3 \times 16^2 + 10 \times 16^1 + 15 \times 16^0 + 4 \times 16^{-1} + 12 \times 16^{-2} = (943.296\,875)_{10}$

2. 十进制数转换成二进制数

(1) 十进制整数转换成二进制整数

十进制整数转换成二进制整数采用"除 2 取余"法。具体方法为:首先,将十进制数除以 2,得到一个商数和一个余数;然后,将商数除以 2,又得到一个商数和一个余数,继续该过程,直到商数等于零为止。每次得到的余数(必定是 0 或 1)从下往上一次排列就是对应的二进制数的各位数字。

【例 2-4】 将十进制数 69 转换成二进制数。

解析: 将十进制数 69 转换成二进制数的过程如下:

```
2 | 69
2 | 34      余数为1                    ↑ (低位)
2 | 17      余数为0
2 | 8       余数为1
2 | 4       余数为0
2 | 2       余数为0
2 | 1       余数为0
    0       余数为1,商为0,结束          (高位)
```

因此,$(69)_{10}=(1000101)_2$。

（2）十进制小数转换成二进制小数

十进制小数转换成二进制小数采用"乘 2 取整"法。具体方法为：首先，用 2 乘以十进制小数，得到一个整数部分和一个小数部分；然后，用 2 乘以小数部分，又得到一个整数部分和一个小数部分，继续该过程，直到余下的小数部分为 0 或满足精度要求为止；最后，将每次得到的整数部分（必定是 0 或 1）从上到下排列，即得到所对应的二进制小数。

【例 2-5】 将十进制小数 0.6875 转换成二进制小数。

解析：将十进制小数 0.6875 转换成二进制小数的过程如下：

```
          0.6875
    ×         2
          1.3750        整数部分为1              (高位)
          0.3750        余下的小数部分
    ×         2
          0.7500        整数部分为0
          0.7500        余下的小数部分
    ×         2
          1.5000        整数部分为1
          0.5000        余下的小数部分
    ×         2
          1.0000        整数部分为1              ↓ (低位)
```

因此,$(0.6875)_{10}=(0.1011)_2$。

（3）一般十进制数转换成二进制数

为了将一个既有整数部分又有小数部分的十进制数转换成二进制数，可以将其整数部分和小数部分分别转换，然后组合起来。例如：

$(69)_{10}=(1000101)_2$

$(0.6875)_{10}=(0.1011)_2$

则有$(69.6875)_{10}=(1000101.1011)_2$

3. 二进制数与八进制数、十六进制之间的转换

每 1 位八进制数最大是$(7)_{10}$，相当于 3 位二进制数，即$(7)_{10}=(111)_2$，即八进制 1 位对应二进制 3 位。

八进制数转换成二进制数法则是"1 位拆 3 位"，即把 1 位八进制数写成对应的 3 位二进制数，然后按权连接。例如，将$(2754.41)_8$转换成二进制数。

$$2 \quad 7 \quad 5 \quad 4 \quad . \quad 4 \quad 1$$
$$\downarrow \quad \downarrow \quad \downarrow \quad \downarrow \quad \downarrow \quad \downarrow$$
$$010 \quad 111 \quad 101 \quad 100 \quad . \quad 100 \quad 001$$

$(2754.41)_8 = (10111101100.100001)_2$

二进制数转换成八进制数法则是"3位并1位",即以小数点为基准,整数部分从右至左每3位一组,最高位不足3位时在前面添0以补足3位;小数部分从左至右,每3位一组,最低位不足3位时在尾后添0补足3位,然后将各组的3位二进制数按2^2、2^1、2^0权展开后相加,得到八进制数。例如,将$(1010111011.0010111)_2$转换为八进制数。

$$001 \quad 010 \quad 111 \quad 011 \quad . \quad 001 \quad 011 \quad 100$$
$$\downarrow \quad \downarrow \quad \downarrow \quad \downarrow \quad \downarrow \quad \downarrow \quad \downarrow$$
$$1 \quad 2 \quad 7 \quad 3 \quad . \quad 1 \quad 3 \quad 4$$

$(1010111011.0010111)_2 = (1273.134)_8$

二进制与十六进制的转换同理,每1位十六进制数4位二进制数。

2.7.3 信息编码

计算机除了用于数值计算外,还要处理大量的文字、图像、声音、视频等非数值数据,而我们知道计算机只能处理"0""1"组成的二进制代码,那这些非数值数据在计算机中是如何表示的,并让计算机怎么识别的呢?这就需要对各种信息进行编码,将它们按照约定的规则转换成二进制数字串,才能存储在计算机中并进行处理。

1. 西文字符

文本类数据包括西文字符(如字母、数字和各种符号等)和中文字符,对于西文字符国际上使用最广泛的是的美国标准信息交换码(American Standard Code for Information Interchange, ASCII),通用的 ASCII 码有128个元素,包含0~9共10个数字、52个英文大小写字母、32个各种标点符号和运算符号、34个通用控制码,如表2-6所示。

计算机在存储使用时,一个 ASCII 码字符用8个二进制位表示(一个字节),最高位为0,低7位用0或1的组合来表示不同的字符或控制码。例如,字母 A 和 a 的 ASCII 码分别为:A 为 01000001 a 为 01100001。

表 2-6 ASCII 码表

高四位 低四位	0000	0001	0010	0011	0100	0101	0110	0111
0000	NUL	DLE	SP	0	@	P	`	P
0001	SOH	DC1	!	1	A	Q	a	q
0010	STX	DC2	"	2	B	R	b	r
0011	ETX	DC3	#	3	C	S	c	s
0100	EOT	DC4	$	4	D	T	d	t
0101	ENQ	NAK	%	5	E	U	e	u
0110	ACK	SYN	&	6	F	V	f	v

续 表

低四位 \ 高四位	0000	0001	0010	0011	0100	0101	0110	0111
0111	BEL	ETB	'	7	G	W	g	w
1000	BS	CAN	(	8	H	X	h	x
1001	HT	EM	)	9	I	Y	i	y
1010	LF	SUB	*	:	J	Z	j	z
1011	VT	ESC	+	;	K	[	k	{
1100	FF	FS	,	<	L	\	l	|
1101	CR	GS	—	=	M	]	m	}
1110	SO	RS	.	>	N	`	n	~
1111	SI	US	/	?	O	_	o	Del

2. 中文编码

（1）国标码

中文字符在计算机内部也是以二进制方式存放，由于汉字数量多，用一个字节的 128 种状态不能全部表示出来，因此，在 1980 年我国颁布的《信息交换用汉字编码字符集——基本集》，即国家标准 GB 2312—80 方案中规定用两个字节的十六位二进制表示一个汉字，每个字节都只使用低 7 位，最高位为 0（与 ASCII 码相同），每个汉字或图形符号分别用区码（行码）和位码（列码）表示，不足的地方补 0，组合起来就是区位码。把区位码组成的二进制代码叫作汉字信息交换码，简称国标码。国标码共有汉字 6 763 个（一级汉字，是最常用的汉字，按汉语拼音字母顺序排列，共 3 755 个；二级汉字，属于次常用汉字，按偏旁部首的笔画顺序排列，共 3 008 个），数字、字母、符号等 682 个，共 7 445 个。例如，"大"的国标码为"0011 0100 0111 0011"。GB18030-2005 是目前最新的汉字字符集，共收入汉字 70 244 个。

（2）汉字内码

由于国标码不能直接存储在计算机内，为方便计算机内部处理和存储汉字，又区别于 ASCII 码，将国标码中的每个字节在最高位改设为 1，这样就形成了在计算机内部用来进行汉字的存储、运算的编码叫机内码（汉字内码或内码）。内码既与国标码有简单的对应关系，易于转换，又与 ASCII 码有明显的区别，且有统一的标准（内码是唯一的）。

（3）汉字输入码

无论是区位码或国标码都不利于输入汉字，为方便汉字的输入而制定的汉字编码，称为汉字输入码。汉字输入码属于外码。不同的输入方法形成了不同的汉字外码。常见的输入法有以下几类：①按汉字的排列顺序形成的编码（流水码），如区位码；②按汉字的读音形成的编码（音码），如全拼、简拼、双拼等；③按汉字的字形形成的编码（形码），如五笔字型、郑码等；④按汉字的音、形结合形成的编码（音形码），如自然码、智能 ABC。输入码在计算机中必须转换成机内码，才能进行存储和处理。

（4）汉字字形码

为了将汉字在显示器或打印机上输出，需要将汉字内码转换成可读的方块汉字。全部汉字字码的集合叫汉字字库。汉字库可分为软字库和硬字库。软字库以文件的形式存放在硬盘上，现多用这种方式，硬字库则将字库固化在一个单独的存储芯片中，然后和其他必要的器件组成接口卡,插接在计算机上,通常称为汉卡。用于显示的字库叫显示字库。显示一个汉字一般采用 16×16 点阵或 24×24 点阵或 48×48 点阵。用于打印的字库叫打印字库,其中的汉字比显示字库多,而且工作时也不像显示字库需调入内存。

可以这样理解,为在计算机内表示汉字而统一的编码方式形成汉字编码叫内码(如国标码),内码是唯一的。为方便汉字输入而形成的汉字编码为输入码,属于汉字的外码,输入码因编码方式不同而不同,是多种多样的。为显示和打印输出汉字而形成的汉字编码为字形码,计算机通过汉字内码在字模库中找出汉字的字形码,实现其转换。

3. 图像编码

图像通常采用位图的表示形式,与点阵字形类似,图像则是一些像素的点阵矩阵,要显示什么图形,就按要求在相应的位置显示出所要求的颜色。当然,还包含一些文件头信息,这种编码的图像文件占用空间很大,所以在满足一定保真度的情况下,对图像数据的进行变换、编码和压缩,去除多余数据减少表示数字图像时需要的数据量,以便于图像的存储和传输。常用的文件格式有 GIF、JPEG、SVG、PNG 等。

4. 音频编码

对于声音,一般要经过周期采样、量化、编码将其转换为数字信号,根据编码方式的不同,音频编码技术分为波形编码、参数编码和混合编码三种。常用的有 WAV、MP3 等格式。

本 章 小 结

学完本章后,应掌握的基本知识如下。
(1)掌握计算机系统的组成。
(2)掌握计算机的硬件结构。
(3)了解 CPU 的性能指标,了解常用的 CPU 品牌以及我国 CPU 的发展情况。
(4)了解常见的存储器及其作用。
(5)了解常见的输入设备和输出设备。
(6)了解当前计算机的主要硬件配置。
(7)掌握计算机的软件系统组成。
(8)掌握操作系统的概念与作用,以及常用的操作系统。并了解我国操作系统的发展情况。
(9)列举自己常用的应用软件,其中哪些是国产的?
(10)掌握计算机的发展时代(根据所采用的元器件划分)。
(11)了解我国计算机的发展。
(12)了解我国超级计算机的发展。
(13)掌握进制的概念,学会不同进制间的转换。
(14)掌握西文字符、中文字符、图像、音频、视频等各类信息的编码规则。

思 政 小 结

通过学习我国计算机的发展史,引出目前我国在超级计算机领域的杰出成就以及在半导体领域和操作系统领域的不足,引导学生认识到作为未来接班人,一定要有理想、有担当,肩负起中华民族伟大复兴的责任,培养学生的民族自豪感与爱国主义情怀。

第3章 计算机操作系统

3.1 概　　述

操作系统(Operating System,OS),是电子计算机系统中负责支撑应用程序运行环境以及用户操作环境的系统软件,同时也是计算机系统的核心与基石。操作系统是控制和管理计算机软硬件资源、合理组织计算机工作流程,以及方便用户操作的程序集合。它的职责常包括对硬件的直接监管、对各种计算资源(如内存、处理器时间等)的管理,以及提供诸如作业管理之类的面向应用程序的服务等。

操作系统是一个庞大的管理控制程序,大致包括五个方面的管理功能:进程与处理机管理、作业管理、存储管理、设备管理和文件管理。目前,微机上常见的操作系统有 DOS、OS/2、NIX、XENIX、LINUX、Windows、Netware 等,所有的操作系统都具有并发性、共享性、虚拟性和不确定性四个基本特征。

操作系统的形态非常多样,不同机器安装的 OS 可以从简单到复杂,可从手机的嵌入式系统到超级计算机的大型操作系统。许多操作系统制造者对 OS 的定义也不一致,例如有些 OS 集成了图形化使用者界面,而有些 OS 仅使用文本接口,将图形界面视为一种非必要的应用程序。操作系统理论在计算机科学中为历史悠久而又活跃的分支,而操作系统的设计与实现则是软件工业的基础与内核。

3.1.1　操作系统定义

操作系统是一组控制和管理计算机软硬件资源,为用户提供便捷使用计算机的程序的集合。它是配置在计算机硬件上的第一层软件,是对硬件功能的扩充。操作系统在计算机中具有极其重要的地位,它不仅是硬件与其他软件的接口,也是用户与计算机之间进行"交流"的界面。

操作系统在计算机系统中特别重要,汇编程序、编译程序、数据库管理系统等系统软件,以及大量的应用软件,都依赖于操作系统的支持。操作系统已成为现代计算机系统中必须配置的软件。没有安装软件的计算机称为裸机,而裸机无法进行任何工作——它不能从键盘、鼠标接收信息和操作命令,也不能在显示器屏幕上显示信息,更不能运行可以实现各种操作的应用程序。操作系统与计算机软件、硬件的层次关系如图 3-1 所示。

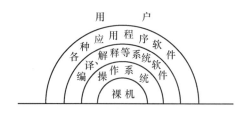

图 3-1 操作系统与计算机软件和硬件的层次关系

3.1.2 操作系统的功能

操作系统通过内部极其复杂的综合处理,为用户提供友好、便捷的操作界面,以便用户无须了解计算机硬件或系统软件的有关细节就能方便地使用计算机。

操作系统的主要任务是有效管理系统资源,提供友好、便捷的用户接口。为实现其主要任务,操作系统具有以下五大功能:处理机管理、存储器管理、设备管理、文件系统管理和接口管理。

1. 处理机管理

在多道程序系统中,由于存在多个程序共享系统资源,就必然会引发对处理机(CPU)的争夺。如何有效地利用处理机资源,如何在多个请求处理机的进程中选择取舍,就是进程调度要解决的问题。处理机是计算机中宝贵的资源,能否提高处理机的利用率,改善系统性能,在很大程度上取决于调度算法的好坏。因此,进程调度成为操作系统的核心。在操作系统中负责进程调度的程序称为进程调度程序。

2. 存储器管理

存储器(内存)管理的主要工作是:为每个用户程序分配内存,以保证系统及各用户程序的存储区互不冲突;内存中有多个系统或用户程序在运行,但要保证这些程序的运行不会有意或无意地破坏别的程序的运行;当某个用户程序的运行导致系统提供的内存不足时,如何把内存与外存结合起来使用、管理,给用户提供一个比实际内存大得多的虚拟内存,而使程序能顺利地执行,这便是内存扩充要完成的任务。为此,存储的管理应包括内存分配、地址映射、内存保护和扩充。

3. 设备管理

每台计算机都配置了很多外部设备,它们的性能和操作方式都不一样,操作系统的设备管理就是负责对设备进行有效的管理。设备管理的主要任务是方便用户使用外部设备,提高 CPU 和设备的利用率。

4. 文件系统管理

在操作系统中,负责管理和存取文件信息的部分称为文件系统或信息管理系统。在文件系统的管理下,用户可以按照文件名访问文件,而不必考虑各种外存储器的差异,不必了解文件在外存储器上的具体物理位置以及如何存放。文件系统为用户提供了一个简单、统一的访问文件的方法,因此它也被称为用户与外存储器的接口。

5. 接口管理

为了方便用户使用操作系统,操作系统又向用户提供了"用户与操作系统的接口"。该接口通常是以命令或系统调用的形式呈现在用户面前的,前者提供给用户在键盘终端上使用,后者提供给用户在编程时使用。

3.1.3 操作系统的分类

对操作系统进行严格的分类是困难的。早期的操作系统按用户使用的操作环境和功能特征的不同,可分为三种基本类型:批处理操作系统、分时操作系统和实时操作系统。随着计算机体系结构的发展,又出现了嵌入式操作系统、分布式操作系统和网络操作系统。

1. 批处理操作系统

批处理操作系统的突出特征是"批量"处理,它把提高系统处理能力作为主要设计目标。它的主要特点是用户脱机使用计算机,操作方便;成批处理,提高了 CPU 利用率。它的缺点是无交互性,即用户一旦将程序提交给系统后就失去了对它的控制能力,使用户感到不方便。例如,VAX/VMS 是一种多用户、实时、分时和批处理的多道程序操作系统。目前,这种早期的操作系统已经被淘汰。

2. 分时操作系统

分时操作系统是指多用户通过终端共享一台主机 CPU 的工作方式。为使一个 CPU 为多道程序服务,将 CPU 划分为很小的时间片,采用循环轮转方式将这些 CPU 时间片分配给队列中等待处理的每个程序,由于时间片划分得很短,循环执行得很快,使得每个程序都能得到 CPU 的响应。分时操作系统的主要特点是允许多个用户同时运行多个程序;每个程序都是独立操作、独立运行、互不干涉。现代通用操作系统中都采用了分时处理技术。

3. 实时操作系统

实时操作系统是指当外界事件或数据产生时,能够快速接收并以足够快的速度予以处理,处理结果能在规定时间之内完成,并且控制所有实时设备和实时任务,协调一致地运行的操作系统。实时操作系统通常是具有特殊用途的专用系统。实时控制系统实质上是过程控制系统,例如,通过计算机对飞行器、导弹发射过程的自动控制,计算机应及时将测量系统测得的数据进行加工并输出结果,对目标进行跟踪或向操作人员显示运行情况。在工业控制领域,早期常用的实时操作系统主要有 VxWorks,QNX 等,目前的操作系统(如 Linux,Windows 等)经过一定改变后(定制),都可以改造成实时操作系统。

4. 嵌入式操作系统

近年来,各种掌上型数码产品(如数码相机、智能手机、平板微机等)成为一种日常应用潮流。除以上电子产品外,还有更多的嵌入式系统"隐身"在不为人知的角落,从家庭用品的电子钟表、电子体温计、电子翻译词典、电冰箱、电视机等,到办公自动化的复印机、打印机、空调、门禁系统等,甚至是公路上的红绿灯控制器、飞机中的飞行控制系统、卫星自动定位和导航设备、汽车燃油控制系统、医院中的医疗器材、工厂中的自动化机械等,嵌入式系统已经成为我们日常生活中不可缺少的一部分。

根据 IEEE(国际电气和电子工程师协会)的定义,嵌入式系统是"控制、监视或者辅助装置、机器和设备运行的装置",从中可看出嵌入式系统是软件和硬件的综合体,与应用结合紧密,具有很强的专用性。常见嵌入式操作系统工作界面如图 3-2 所示。

绝大部分智能电子产品都必须安装嵌入式操作系统。嵌入式操作系统运行在嵌入式环境中,它对电子设备的各种软、硬件资源进行统一协调、调度和控制。嵌入式操作系统从应用角度可分为通用型和专用型。常用的通用型嵌入式操作系统有 Linux,VxWorks,

(a) Android操作系统 (b) Symbian操作系统　　　　　　(c) VxWorks操作系统

图 3-2　常见嵌入式操作系统工作界面

Windows CE,QNX,Nucleus Plus 等;常用的专用型嵌入式操作系统有 Android(安卓),Symbian(塞班)等。嵌入式操作系统具有以下特点:

① 系统内核小。嵌入式操作系统一般应用于小型电子设备,系统资源相对有限,所以系统内核比其他操作系统要小得多。例如,Enea 公司的 OSE 嵌入式操作系统内核只有5 KB。

② 专用性强。嵌入式操作系统与硬件的结合非常紧密,一般要针对硬件进行系统移植,即使在同一品牌、同一系列的产品中,也需要根据硬件的变化对系统进行修改。

③ 系统精简。嵌入式系统一般没有系统软件和应用软件的明显区分,要求功能设计简单,实现上不要过于复杂,这样一方面利于控制成本,同时也利于实现系统安全。

④ 高实时性。嵌入式系统的软件一般采用固态存储(集成电路芯片),以提高运行速度。

5. 分布式操作系统

分布式操作系统是指通过网络将大量计算机连接在一起,以获取极高的运算能力、广泛的数据共享以及实现分散资源管理等功能为目的的一种操作系统。

目前,还没有一个成功的商业化分布式操作系统软件,学术研究的分布式操作系统有Amoeba,Mach,Chorus 和 DCE 等。Amoeba 是一个高性能的微内核分布式操作系统,可在因特网上免费下载,它可以用于教学和研究。

分布式操作系统具有以下特点:

① 数据共享。允许多个用户访问一个公共数据库。

② 设备共享。允许多个用户共享昂贵的计算机设备。

③ 通信。计算机之间通信更加容易。

④ 灵活性。用最有效的方式将工作分配到可用的机器中。

分布式操作系统也存在以下缺点:

① 目前为分布式操作系统而开发的软件还极少。

② 分布式操作系统的大量数据需要通过网络进行传输,这会导致网络可能因为饱和而引起拥塞。

③ 分布式操作系统容易造成对保密数据的访问。

6. 网络操作系统

网络操作系统是基于不教计算机网络的操作系统,它的功能包括网络管理、通信、安全、资源共享和各种网络应用。网络操作系统的目标是:用户可以突破地理条件的限制,方便地使用远程计算机资源实现网络环境下计算机之间的通信和资源共享。例如,Windows Server,Linux,FreeBSD 等,都是一种网络操作系统。

3.1.4 常见操作系统

1. UNIX

UNIX 是一个强大的多用户、多任务操作系统,支持多种处理器架构,按照操作系统的分类,属于分时操作系统。UNIX 最早由 Ken Thompson 和 Dennis Ritchie 于 1969 年在美国 AT&T 的贝尔实验室开发。

2. Linux

基于 Linux 的操作系统是 1991 年推出的一个多用户、多任务的操作系统,所以它与 UNIX 完全兼容。Linux 操作系统最初是由芬兰赫尔辛基大学计算机系学生 Linus Torvalds 在 UNIX 操作系统基础上开发的一个操作系统的内核程序,Linux 的设计是为了在 Intel 微处理器上更有效的运用。其后,在理查德•斯托曼的建议下以 GNU 通用公共许可证发布,成为自由软件 UNIX 变种,其最大特点在于它是一个源代码公开的自由及开放源码的操作系统,其内核源代码可以自由传播。经历多年的发展完善,自由开源的 Linux 操作系统逐渐蚕食以往专利软件的专业领域。Linux 发行版作为个人计算机操作系统或服务器操作系统,在服务器上已成为主流的操作系统。

3. macOS

macOS 是一套运行于苹果 Macintosh 系列计算机上的操作系统。macOS 是首个在商用领域成功的图形用户界面。

4. Windows

Windows 是由微软公司成功开发的操作系统。Windows 是一个多任务的操作系统,它采用图形窗口界面,用户对计算机的各种复杂操作只需要通过点击鼠标就可以实现。

5. iOS

iOS 操作系统是由苹果公司开发的手持设备操作系统。iOS 与苹果的 macOS 操作系统一样,也是以 Darwin 为基础的,因此同样属于类 UNIX 的商业操作系统。原本这个系统名为 iPhone OS,直到 2010 年 6 月 7 日,WWDC 大会上宣布改名为 iOS。截至 2011 年 11 月,根据 Canalys 的数据显示,iOS 已经占据了全球智能手机系统市场份额的 30%,在美国的市场占有率为 43%。

6. Android

Android 是一种以 Linux 为基础的开放源代码操作系统,主要使用于便携设备。Android 操作系统最初由 Andy Rubin 开发,主要用户支持手机。2005 年,由 Google 收购注资,并组建开放手机联盟开发改良,逐渐扩展到平板计算机及其他领域上。2011 年第一季度,Android 操作系统在全球的市场份额首次超过塞班系统,跃居全球第一。2012 年 11 月,数据显示 Android 操作系统占据全球智能手机操作系统市场 76% 的份额,中国市场占有率为 90%。

7. WP

WindowsPhone(简称"WP")是微软发布的一款手机操作系统,它将微软旗下的 Xbox Live 游戏、Xbox Music 音乐与独特的视频体验集成至手机中。

8. Chrome OS

Chrome OS 是由谷歌开发的一款基于 Linux 的操作系统,发展出与互联网紧密结合的云操作系统,工作时运行 Web 应用程序。谷歌在 2009 年 7 月 7 日发布该操作系统,并在 2009 年 11 月 19 日以 Chromium OS 之名推出相应的开源项目,并将 Chromium OS 代码开源。

3.1.5　国产操作系统

国产操作系统多为以 Linux 为基础二次开发的操作系统。2014 年 4 月 8 日起,美国微软公司停止了对 Windows XP SP3 操作系统提供服务支持,这引起了社会和广大用户的广泛关注和对信息安全的担忧。而 2020 年,微软公司对 Windows 7 服务支持的终止再一次推动了国产系统的发展。

1. 红旗 Linux

红旗 linux 操作系统是中国较大、较成熟的 Linux 发行版之一,也是国产较出名的操作系统,其与日本、韩国的 Linux 厂商共同推出了 AsianuxServer,并且拥有完善的教育系统和认证系统。

2. 中兴新支点

中兴新支点操作系统基于 Linux 稳定内核,分为嵌入式操作系统(NewStart CGEL)、服务器操作系统(NewStart CGSL)和桌面操作系统(NewStart NSDL)。

3. 深度(Deepin)

Deepin 是一份致力于为全球用户提供美观、易用、安全、免费的使用环境的 Linux 发行版。它不仅对全球优秀开源产品进行的集成和配置,还开发了基于 Qt5 技术的深度桌面环境、基于 Qt5 技术的自主 UI 库 DTK、系统设置中心,以及音乐播放器、视频播放器、软件中心等一系列面向普通用户的应用程序。

4. 普华 Linux(i-soft)

普华 Linux 是由普华基础软件股份有限公司开发的一系列 Linux 发行版,包括桌面版、服务器版、国产 CPU 系列版本,IBM Power 服务器版、HA 和虚拟化系列等产品。

5. 威科乐恩 Linux

WiOS 是由威科乐恩(北京)科技有限公司开发的一种服务器操作系统,旨在帮助企业无缝地过渡到包含虚拟化和云计算的新兴数据中心模式。

6. 银河麒麟

银河麒麟是由国防科技大学、中软公司、联想公司、浪潮集团和民族恒星公司合作研制的闭源服务器操作系统。此操作系统是"863"计划重大攻关科研项目,目标是打破国外操作系统的垄断,银河麒麟研发了一套中国自主知识产权的服务器操作系统。银河麒麟完全版共包括实时版、安全版、服务器版三个版本,简化版是基于服务器版简化而成的。

7. 中标麒麟 Linux

中标麒麟 Linux(原中标普华 Linux)桌面软件是上海中标软件有限公司发布的面向桌

面应用的操作系统产品。

8. StartOS

StartOS 是由东莞瓦力网络科技有限公司发行的开源操作系统,其前身是由广东雨林木风计算机科技有限公司 YLMF OS 开发组所研发的 YLMF OS。该操作系统符合国人的使用习惯,预装常用的精品软件,具有运行速度快、安全稳定、界面美观、操作简洁明快等特点。

9. 凝思磐石

凝思磐石安全操作系统是由北京凝思科技有限公司开发,凝思磐石安全操作系统遵循国内外安全操作系统 GB 17859、GB/T 18336、GJB 4936、GJB 4937、GB/T 20272 以及 POSIX、凝思磐石安全操作系统 TCSEC、ISO15408 等标准进行设计和实现。

10. 一铭

一铭操作系统(YMOS)是一铭软件股份有限公司在龙鑫操作系统基础上推出的系统软件,是 2013、2014、2015 年度中央机关政府协议供应产品,列入全国各级省市的政府采购目录。产品基于国家 Linux 标准开发,贴合国人的使用习惯,在系统安装、用户界面、中文支持和安全防御等方面进行了优化和升级,该操作系统集成了常用的办公软件、应用软件和配置管理工具,支持部分 Windows 平台应用软件直接使用。

11. 共创 Linux

共创 Linux 桌面操作系统是由北京共创开源软件有限公司(简称共创开源)采用国际最新的内核 Kernel2.6.16 版本开发的一款 Linux 桌面操作系统。共创 Linux 桌面操作系统可以部分地替代现有常用的 Windows 桌面操作系统,它采用类似于 Windows XP 风格的图形用户界面,符合 Windows XP 的操作习惯。

其实,开发一款操作系统难度并不大,难就难在没有丰富的应用和对应的生态环境。而国内多数以 Linux 内核为主,Linux 系统是芬兰计算机专家发明的,他们将源代码和开发文档发布到网上,让所有对 Linux 感兴趣的人共同参与开发,当时我国也有近 30 人参与了 Linux 系统的开发。所以,为了促进我国操作系统的进一步发展,希望大家多使用国产软件,逐步改善我国应用软件的生态环境,为我国操作系统和软件的发展做出自己应有的贡献。

3.2　认识 Windows 10 操作系统

Windows 是由 Microsoft 公司开发的一种具有图形用户界面的操作系统,是目前世界上最为成熟和流行的操作系统之一。Windows 有很多版本,其中比较成熟和常用的有 Windows XP、Windows 7 和 Windows 10。Windows 10 是微软公司新一代操作系统,可以运行在手机、平板电脑、台式机、服务器以及 Xbox One 等设备中,芯片类型涵盖 X86 和 ARM,该系统拥有相同的操作界面和同一个应用商店,能够跨设备进行搜索、购买和升级。

本节将介绍 Windows 10 的常用的基本功能和实用性的简单操作。

3.2.1　Windows 10 的版本

Windows 10 共分为 7 个版本,如图 3-3 所示。

01 Windows 10家庭版（Windows 10 Home）

02 Windows 10专业版（Windows 10 Pro）

03 Windows 10企业版（Windows 10 Enterprise）

04 Windows 10教育版（Windows 10 Education）

05 Windows 10移动版（Windows 10 Mobile）

06 Windows 10企业移动版（Windows 10 Mobile Enterprise）

07 Windows 10物联网核心版（Windows 10 IoT Core）

图 3-3　Windows 10 的版本

1．Windows 10 家庭版

Windows 10 家庭版（Windows 10 Home）是普通用户用得最多的版本，该版本拥有 Windows 全部核心功能，例如 Edge 浏览器、Cortana 娜娜语音助手、虚拟桌面以及微软 Windows Hello 等。该版本支持 PC、平板、笔记本计算机、二合一计算机等各种设备。

2．Windows 10 专业版

Windows 10 专业版（Windows 10 Pro）主要面向计算机技术爱好者和企业技术人员，除了拥有 Windows 10 家庭版所包含的应用商店、Edge 浏览器、Cortana 娜娜语音助手以及 Windows Hello 等之外，还新增加了一些安全类和办公类功能。例如，允许用户管理设备及应用、保护敏感企业数据、云技术支持等。

除此之外，Windows 10 专业版还内置了一系列 Windows 10 增强的技术，主要包括组策略、Bitlocker 驱动器加密、远程访问服务以及域名连接。

3．Windows 10 企业版

Windows 10 企业版（Windows 10 Enterprise）在提供全部专业版商务功能的基础上，还新增了特别为大型企业设计的强大功能。包括无须 VPN 即可连接的 DirectAccess、通过点对点连接与其他 PC 共享下载与更新的 BranchCache、支持应用白名单的 AppLocker 以及基于组策略控制的开始屏幕。

Windows 10 企业版除了具备 Windows Update for Business 功能外，还新增了一种名为 LongTerm Servicing Branches 的服务，可以让企业拒绝功能性升级而仅获得安全相关的升级。

4．Windows 10 教育版

在 Windows 10 之前，微软公司还从未推出过教育版操作系统，而 Windwos 10 教育版（Windows 10 Education）是针对大型的学术机构设计的版本，具备企业版中的安全、管理和连接功能。此外，除了更新选项方面的差异之外，教育版基本上与企业版相同。

5．Windows 10 移动版

Windows 10 的移动版（Windows 10 Mobile）主要面向尺寸较小、配置触控屏的移动设备，例如智能手机和小尺寸平板计算机。

Windows 10 移动版是 Windows 10 的关键组成部分，向用户提供了全新的 Edge 浏览器以及针对触控操作优化的 Office 和 Outlook 办公软件。搭载移动版的智能手机或平板计算机可以连接显示器,向用户呈现 Continuum 界面。

6. Windows 10 企业移动版

Windows 10 企业移动版本(Windows 10 Mobile Enterprise)是针对大规模企业用户推出的移动版,采用了与企业版类似的批量授权许可模式,它将提供给批量许可用户使用,增添了企业管理更新,以及及时获得更新和安全补丁软件的方式。

7. Windows 10 物联网核心版

Windows 10 物联网核心版(IoT Core)是为专用嵌入式设备构建的 Windows 10 操作系统版本,支持树莓派 Pi2 与 Intel MinnowBoard Max 开发板。和电脑版系统相比,这一版本在系统功能、代码方面进行了大量的精简和优化,主要面向小体积的物联网设备。

3.2.2 Windows 10 的启动/退出

1. 启动

对于安装好 Windows 操作系统的计算机,用户只需要打开电源,系统将首先运行 BIOS 中的自检程序,自检通过后启动 Windows 操作系统。如果系统启动正常,将进入系统登录界面。用户可使用预设的账户登录系统,只有在系统中预设的用户账户才能登录系统。

2. 退出

关闭系统中所有正在运行的应用程序,单击"开始"→"电源"→"关机"选项,系统将关闭计算机。

如果计算机在使用过程中死机(计算机停止工作,键盘和鼠标操作无反应),此时无法采用正常操作关机。可按住机箱上的电源按钮 5 秒后松开,计算机自动关机。

3. 安全模式

Windows 的安全模式是为了在操作系统出现异常的时候,登录到这种模式后进行故障排查和修复。在这种模式下,系统只会启动底层服务,其他应用都不会启动,用户可以很容易地排查系统问题。Windows 10 安全模式的进入有以下两种方法。

方法一:开机时按 F8 键。当用户重启或开机时,在进入 Windows 系统启动画面之前按下 F8 键,会出现系统多操作启动菜单,有三个版本的安全模式可以选择,按回车键就直接进入安全模式。按 F8 键的安全模式启动界面如图 3-4 所示。

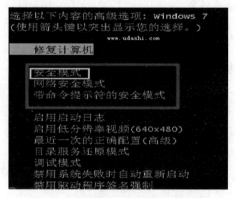

图 3-4　按 F8 键安全模式启动界面

方法二:开机时按 Ctrl 键。当用户重启电脑时,按住 Ctrl 键不放,会出现系统多操作启动菜单,这个时候用户只需要选择"安全模式",就可以直接进入安全模式了。按 Ctrl 键的安全模式启动界面如图 3-5 所示。

图 3-5　按 Ctrl 键后安全模式启动界面

4. 睡眠

"睡眠"是操作系统的一种节能状态,是将运行中的数据保存在内存中并将计算机置于低功耗状态,可以用 Wake UP 键唤醒。该命令和"重新启动"命令同在一个命令菜单中,睡眠时若设置过登录密码,重新进入系统还需要输入密码。

3.2.3　Windows 10 桌面

"桌面"就是用户启动计算机登录到系统后看到的整个屏幕界面,它是用户和计算机交流的窗口,可以放置用户经常用到的应用程序和文件夹图标,用户可以根据自己的需要在桌面上添加各种快捷图标,在使用时双击图标就能够快速启动相应的程序和文件。以 Windows 10 桌面为起点,用户可以有效地管理自己的计算机。Windows 10 桌面如图 3-6 所示。

图 3-6　Windows 10 桌面

从 Windows 7 系统升级到 Windows 10 系统后,很多人都有些不适应,下面我们介绍一下 Windows 10 的基本使用方法。

用户刚装完 Windows 10 系统后,桌面上只有回收站。在桌面任意地方右击,选择"个性化",点击"主题"后找到并点击"桌面图标设置",然后就可以把常用的图标设置在桌面上了。桌面图标设置如图 3-7 所示。

图 3-7　桌面图标设置

1. 开始菜单的使用

打开"开始"菜单(通常在屏幕的左下角),在"开始"菜单中,用户可以找到 Windows 10 中所需要的大部分内容,包括应用程序、设置和文件(如图 3-8 所示)。

(1) 查找程序

Windows 10 提供了多种查找用户要的应用程序的方法:

- 在最右边的面板上,用户会看到五颜六色的瓷贴。有些互动程序只是打开应用程序的链接,而另一些则显示实时更新。

图 3-8　Windows 10 开始菜单

- 右键单击平铺以打开其编辑菜单。在这里,用户可以更改磁贴的大小,选择将其固定到任务栏(在屏幕底部),或从菜单中删除(取消固定)。如图 3-9 所示。

图 3-9　磁贴设置

- 用户可以随意排列这些瓷砖,只需要单击并将平铺拖动到所需要的位置。如图 3-10所示。

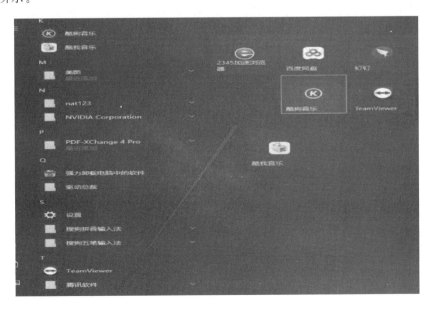

图 3-10　桌面上创建磁贴

- 单击所有应用以查看所有已安装应用的列表,在菜单左下角附近,这里将按字母顺序显示应用程序列表。
- 用户可能不必单击所有应用程序即可在所有计算机上查看自己的应用程序列表。如果用户没有此选项,则表示用户的应用程序列表已设置为在"开始"菜单中默认显示。
- 若要从所有应用程序中的某个应用程序创建磁贴,只需要将其拖动到右侧面板并将其放置在所需要的位置。
- 右击任何应用程序,查看它是否有其他可从"开始"菜单控制的选项。
- 在菜单左下角的搜索栏中键入应用程序的名称以搜索应用程序。用户可以用这种方式搜索任何内容,包括要下载的应用程序和 Internet 上的项目。

（2）调整菜单的大小

用户可以根据自己的喜好把"开始"菜单变大或变小。要调整大小,请将鼠标光标放在菜单的右上角,直到其变成两个箭头,然后向外（使其变大）或向内（使其变小）单击并拖动。如图 3-11 所示。

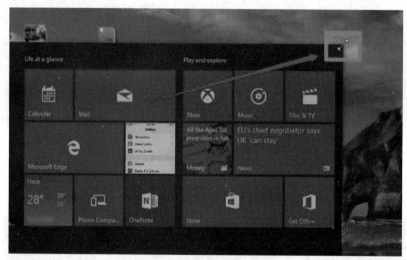

图 3-11　改变菜单大小

（3）设置计算机

单击"开始"菜单左上角的扩展探针,看到菜单左侧的选项（在左下角可以找到）,包括网络设置、个性化设置、设备和系统信息。如图 3-12 所示。

（4）桌面个性化设置

可以在这里更改 Windows 的颜色、字体和其他视觉元素。如图 3-13 所示。

对 Windows 10 系统进行个性化设置的方法为:在系统桌面上的空白区域右击,在弹出的快捷菜单中选择"个性化"命令,进入个性化设置界面,单击相应的按钮便可进行个性化设置。

单击"背景"按钮:在背景界面中可以更改图片,选择图片契合度,设置纯色或者幻灯片放映等参数。

单击"颜色"按钮:在颜色界面中,可以为 Windows 系统选择不同的颜色,也可以单击

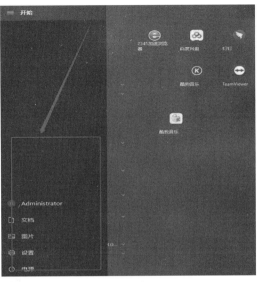

图 3-12　设置计算机

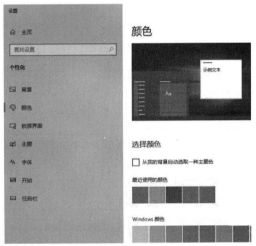

图 3-13　桌面个性化设置

"自定义颜色"按钮,在打开的对话框中自定义自己喜欢的主题颜色。

单击"锁屏界面"按钮:在锁屏界面中,可以选择系统默认的图片,也可以单击"浏览"按钮,将本地图片设置为锁屏界面。

单击"主题"按钮:在主题界面中,可以自定义主题的背景、颜色、声音以及鼠标指针样式等项目,最后保存主题。

单击"开始"按钮:在开始界面中,可以设置"开始"菜单栏选择显示的应用。

单击"任务栏"按钮:设置任务栏中屏幕上的显示位置和显示内容等。

(5)"开始"菜单的个性化设置

单击"开始",选择"设置"→"开始",可以对"开始"菜单进行个性化设置。如图 3-14所示。

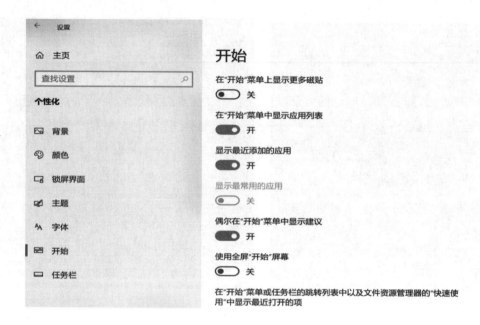

图 3-14 开始菜单个性化设置

2. 内置应用程序

（1）网页浏览

使用 Microsoft Edge 浏览网页。Edge 是微软公司开发的 Internet Explorer 的替代品，要使用 Edge,请单击"开始"菜单,在"所有应用程序"中,选择"Microsoft Edge"。用户也可以在搜索栏中键入"Edge"并选择应用程序。如图 3-15 所示。

图 3-15 Edge 浏览器

（2）图片管理

使用照片应用程序管理和编辑照片。保存到计算机图片目录的所有照片都将添加到照片应用程序中。这使得查找和编辑照片变得容易,而不必担心照片存储在哪里。

若要打开应用程序,请单击"开始"菜单,单击"所有应用程序",然后选择"照片"或在搜索栏中键入"照片"并选择该应用程序。如图 3-16 所示。

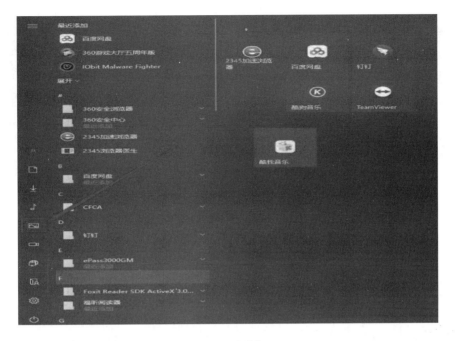

图 3-16 图片管理

（3）游戏盒子

使用 Xbox 应用程序。可以在 Xbox 应用程序中找到所有游戏历史记录、成就、朋友、活动和消息，用户可以在"所有应用程序"文件夹中找到这些信息。如图 3-17 所示。

图 3-17 游戏盒子

（4）地图

使用地图应用程序。有了新的地图应用程序，用户可以在 3D 中浏览街道级别、下载地图、打印方向、查看交通和寻找目的地。如图 3-18 所示。

（5）笔记

使用 OneNote 整理笔记。OneNote 现在已预先安装在运行 Windows 10 的所有计算机上。用户可以使用 OneNote 创建有助于保持组织的虚拟笔记本。与其他应用程序一样，用户可以在"开始"菜单的"所有应用程序"区域中找到它。如图 3-19 所示。

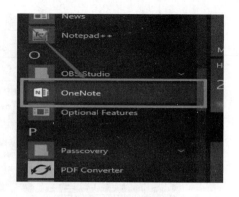

图 3-18　地图　　　　　　　　　　　　　　　　　图 3-19　笔记

3. 应用程序的安装

在 Windows 应用商店中,Windows 10 推荐直接从"应用商店"下载应用程序。这使得安装应用程序更加容易,并确保用户只下载最合法(或最新)的版本。如图 3-20 所示。

图 3-20　应用商店

4. 多任务管理

检查任务栏以查看打开的内容。Windows 在任务栏上显示所有正在运行的程序,任务栏是沿屏幕底部运行的长条形图(位于"开始"菜单和时钟之间)。如果用户打开了一个应用程序,其名称和或图标将显示在任务栏上。如图 3-21 所示。

图 3-21　任务栏

5. 使用 Windows Search 和 Cortana

可以直接在搜索框输入用户想要搜索的内容,或者直接与"小娜"语音互动,实现语音控制和搜索。如图 3-22 所示。

图 3-22　语音互动

3.2.4　Windows 10 的窗口操作

顾名思义，Windows 操作系统是由一个个窗口所组成的操作系统。每当打开程序、文件或文件夹时，它都会在屏幕上称为"窗口"的框或框架中显示，所以对窗口的操作也是 Windows 系统中最频繁的操作。

1. Windows 10 的窗口组成

双击桌面上的"此电脑"图标，将打开"此电脑"窗口，这是一个典型的 Windows 10 窗口，各个组成部分的作用如图 3-23 所示。

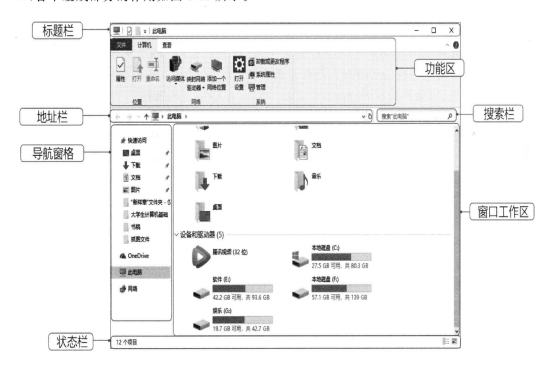

图 3-23　Windows 10 的窗口组成

标题栏：位于窗口顶部，通过该工具栏可以快速实现设置所选项目属性和新建文件夹等操作，最右侧是窗口最小化、窗口最大化和关闭窗口的按钮。

功能区：功能区是以选项卡的方式显示的，其中存放了各种操作命令，要执行功能区中的操作命令，只需单击对应的操作名称即可。

地址栏：显示当前窗口文件在系统中的位置。

搜索栏：用于快速搜索计算机中的文件。

导航窗格：单击可快速切换或打开其他窗口。

窗口工作区：用于显示当前窗口中存放的文件和文件夹内容。

状态栏：用于显示当前窗口所包含项目的个数和项目的排列方式。

2. 打开窗口及窗口中的对象

在 Windows 10 中，每当用户启动一个程序、打开一个文件或文件夹时都将打开一个窗口，而一个窗口中包括多个对象，打开某个对象又可能打开相应的窗口，该窗口中可能又包括其他不同的对象。

3. 最大化或最小化窗口

最大化窗口可以将当前窗口放大到整个屏幕显示，这样可以显示更多的窗口内容，而最小化后的窗口将以图标按钮形式缩放到任务栏的程序按钮区。

打开任意窗口，单击窗口标题栏右侧的"最大化"按钮 ，此时窗口将铺满整个显示屏幕，同时"最大化"按钮 变成"还原"按钮 。

单击"还原"即可将最大化窗口还原成原始大小。

单击窗口右上角的"最小化"按钮，此时该窗口将隐藏显示，并在任务栏的程序区域中显示一个图标，单击该图标，窗口将还原到屏幕显示状态。

4. 排列窗口

在使用计算机的过程中常常需要打开多个窗口，如既要用 Word 编辑文档，又要打开 Microsoft Edge 浏览器查询资料等。当打开多个窗口后，为了使桌面更加整洁，可以对打开的窗口进行层叠、堆叠和并排等操作。

5. 移动和调整窗口大小

打开窗口后，有些窗口会遮盖屏幕上的其他窗口内容，为了查看到被遮盖的部分，需要适当移动窗口的位置或调整窗口大小。

6. 切换窗口

通过任务栏中的按钮切换：将鼠标指针移至任务栏左侧按钮区中的某个任务图标上，此时将展开所有打开的该类型文件的缩略图，单击某个缩略图即可切换到该窗口，在切换时其他同时打开的窗口将自动变为透明效果。

按"Alt＋Tab"组合键切换：按"Alt＋Tab"组合键后，屏幕上将出现任务切换栏，系统当前打开的窗口都以缩略图的形式在任务切换栏中排列出来，此时按住 Alt 键不放，然后反复按 Tab 键，将显示一个白色方框，并在所有图标之间轮流切换，当方框移动到需要的窗口图标上后释放 Alt 键，即可切换到该窗口。

按"Win＋Tab"组合键切换：按"Win＋Tab"组合键后，屏幕上将出现操作记录时间线，系统当前和稍早前的操作记录都以缩略图的形式在时间线中排列出来，若想打开某一个窗口，可将鼠标指针定位至要打开的窗口中，当窗口呈现白色边框后单击鼠标即可打开该窗口。

7. 关闭窗口

单击窗口标题栏右上角的"关闭"按钮 。

在窗口的标题栏上单击鼠标右键，在弹出的快捷菜单中选择"关闭"命令。

将鼠标指针移动到任务栏中某个任务缩略图上，单击其右上角的按钮。

将鼠标指针移动到任务栏中需要关闭窗口的任务图标上，单击鼠标右键，在弹出的快捷菜单中选择"关闭窗口"命令或"关闭所有窗口"命令。

按"Alt＋F4"组合键。

3.2.5 鼠标键盘的使用

1. 鼠标的使用

① 单击左键。将鼠标指针指向要操作的对象,单击鼠标左键,立即释放鼠标键。单击左键是选定鼠标指针所指内容。一般情况下若无特殊说明,单击操作均指单击左键。

② 单击右键。将鼠标指针指向要操作的对象,单击鼠标右键,会打开鼠标指针所指内容的快捷菜单。

③ 双击左键。将鼠标指针指向要操作的对象,快速单击鼠标左键两次。双击操作一般用于启动一个应用程序、打开一个文件及文件夹、打开一个窗口等操作。单击左键选定鼠标指针下面的内容,然后按回车键的操作与双击左键的作用一样。若双击鼠标左键之后没有反应,说明两次单击的速度不够迅速。

④ 移动。不按鼠标的任何键移动鼠标,鼠标指针在屏幕上相应移动。

⑤ 拖动(拖曳)。鼠标指针指向要操作的对象,按住鼠标左键同时移动鼠标至目的位置,然后释放鼠标左键。

⑥ 与键盘组合。鼠标左键与 Ctrl 键组合,常用于选定不连续的多个文件或文件夹。操作方法是:单击一个要选择的对象,按住 Ctrl 键,然后用鼠标单击其他要选择的对象。鼠标左键与 Shift 键组合,常用于选定连续的多个文件或文件夹。操作方法是:单击第一个要选择的对象,鼠标指针移动到要选择的最后一个对象上,按住 Shift 键,然后单击左键。

2. 键盘的使用

键盘是计算机使用者向计算机输入数据或命令的最基本的设备。常用的键盘上有 101个键或 103 个键,分别排列在四个主要部分:打字键区、功能键区、编辑键区、数字键区(小键盘区),如图 3-24 所示。现将键盘的分区以及一些常用键的操作说明如下。

图 3-24　键盘分区示意图

① 功能键区。包括 ESC 键、F1～F12 键、Print Screen 键、Scroll Lock 键和 Pause Break 键。

ESC 键:取消键或退出键。在操作系统和应用程序中,该键经常用来退出某一操作或正在执行的命令。

F1～F12 键：在计算机系统中，这些键的功能由操作系统或应用程序所定义，在每种软件中，功能可能不一样。下面列举是功能键中一些常见的功能。

F1：帮助。

F2：文件夹重命名。

F3：搜索文件夹 。

F4：打开地址栏列表。

F5：刷新。

F6：定位地址栏。

F7：在 Windows 中没有任何作用，不过在 DOS 窗口中，它是有作用的。

F8：调出启动顺序。

F9：在 Windows 中同样没有任何作用，但在 Windows Media Player(播放器)中可以用来快速降低音量。

F10：用来激活 Windows 或程序中的菜单，按下"Shift＋F10"组合键会出现右键快捷菜单。而在 Windows Media Player 中，它的功能是提高音量。

F11：全屏显示。

F12：另存为。

Print Screen：打印屏幕键。用来捕捉屏幕，按了之后当前屏幕的显示内容就保存在剪贴板里面了，还可以打印屏幕上的内容。

Scroll Lock：屏幕滚动锁定，可以将滚动条锁定。在 Windows 中，Scroll Lock 键的作用越来越小，不过在 Excel 中它还是有点用处：如果在 Scroll Lock 关闭的状态下使用翻页键（如 Page Up 和 Page Down)时，单元格选定区域会随之发生移动；反之，若要在滚动时不改变选定的单元格，那只要按下 Scroll Lock 即可。

Pause Break：暂停键。将某一动作或程序暂停，例如将打印暂停。可中止某些程式的执行，特别是 DOS 程序。在还没进入操作系统之前的 DOS 界面的自检显示的内容，按 Pause Break，会暂停信息翻滚，之后按任意键可以继续。在 Windows 下按" ＋Pause/Break"键可以弹出系统属性窗口。

② 打字健区（主键盘区）。它是键盘的主要组成部分，它的键位排列与标准英文打字机的键位排列一样。该键区包括了数字键、字母键、常用运算符以及标点符号键，除此之外，还有几个必要的控制键，其中常用的控制键如下。

Back Space：退格键，删除光标左边的内容。

Caps Lock：大写锁定键。用于输入较多的大写英文字符。它是一个循环键，再按一下就又恢复为小写。当启动到大写状态时，键盘上的 Caps lock 指示灯会亮着。需要注意的是，当处于大写的状态时，中文输入法无效。

Shift：转换键。用以转换大小写或上符键，还可以配合其他的键共同起作用。例如，要输入电子邮件的@，在英文状态下按"Shift＋2"组合键就可以了。

Ctrl：控制键。需要配合其他键或鼠标使用。例如我们在 Windows 状态下配合鼠标使用可以选定多个不连续的对象。

Alt：可选键。此键需要和其他键配合使用来达到某一操作目的。例如，要将计算机热启动可以同时按住"Ctrl＋Alt＋Del"组合键完成。

Enter:回车键。是用得最多的键之一,因而在键盘上设计成面积较大的键,便于用小指击键。此键主要作用是执行某一命令,在文字处理软件中是换行的作用。

Tab:表格键。在电脑中的应用主要是在文字处理软件里(如 Word)起到等距离移动的作用。例如,在处理表格时,用户不需要用空格键来一格一格地移动,只要按一下这个键就可以等距离地移动了。

Enter:回车键。英文是"输入"的意思。是用得最多的键之一,因而在键盘上设计成面积较大的键,便于用小指击键。主要作用是执行某一命令,在文字处理软件中是换行的作用。

③ 小键盘区。它主要是为大量的数据输入提供方便。该区位于键盘的最右侧。在小键盘区上,大多数键都是上、下档键(即键面上标有两种符号的键),它们一般具有双重功能:一是代表数字键,二是代表编辑键。小键盘的转换开关键是 Num Lock 键(数字锁定键),开机后"Num Lock"指示灯亮,这时按每个数字键,均可显示数字;当"Num Lock"指示灯熄灭时,小键盘上的 2、4、6、8 等键变成了控制光标移动的键。

④ 编辑键区。

Insert:插入键。在文字编辑中主要用于插入字符。这是一个循环键,再按一下就变成改写状态。

Delete:和 Del 键相同,删除键。用于删除光标右边的内容。主要在 Windows 中或文字编辑软件中删除选定的文件或内容。

Home:原位键。在文字编辑软件中,定位于本行的起始位置。和 Ctrl 键一起使用可以定位到文章的开头位置。

End:结尾键。在文字编辑软件中,定位于本行的末尾位置。和 Ctrl 键一起使用可以定位到文章的结尾位置。

Page Up:向上翻页键。

Page Down:向下翻页键。

3. 键盘操作的正确姿势

在初学键盘操作时,必须十分注意打字的姿势。如果打字姿势不正确,就不能准确快速地输入,也容易疲劳。正确的姿势应做到以下四点:

(1)坐姿要端正,腰要挺直,肩部放松,两脚自然平放于地面。

(2)手腕平直,两肘微垂,轻轻贴于腋下,手指弯曲自然适度,轻放在基本键上。

(3)原稿放在键盘左侧,显示器放在打字键的正后方,视线要投注在显示器上,不可常看键盘,以免视线一往一返,增加眼睛的疲劳。

(4)座椅的高低应调至适应的位置,便于手指击键。

4. 基本指法

键盘指法是指如何运用十个手指击键的方法,即规定每个手指负责击打的键位,以充分调动十个手指的作用,并实现不看键盘地输入(盲打),从而提高击键的速度。键位图如图 3-25 所示。

(1)键位及手指分工。打字键区是用户平时最为常用的键区,通过该键区可实现各种文字和控制信息的录入。打字键区的正中央有八个基本键,即左边的"A、S、D、F"键,右边的"J、K、L、;"键,其中的"F、J"两个键上都有一个凸起的小横杠,以便于盲打时手指能通过触觉定位。

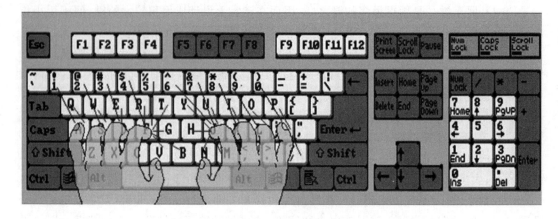

图 3-25   键位图

开始打字前,左手小指、无名指、中指和食指应分别虚放在"A、S、D、F"键上,右手的食指、中指、无名指和小指应分别虚放在"J、K、L、;"键上,两个大拇指则虚放在空格键上。基本键是打字时手指所处的基准位置,击打其他任何键,手指都是从这里出发,而且打完后又应立即退回到对应基本键位。键位指法分区图如图 3-26 所示。

图 3-26   键位指法分区图

其他键的手指分工是左手食指负责的键位有"4、5、R、T、F、G、V、B"八个键,中指负责"3、E、D、C"四个键,无名指负责"2、W、S、X"四个键,小指负责"1、Q、A、Z"及其左边的所有键位。右、左手食指负责"6、7、Y、U、H、J、N、M"八个键,中指负责"8、I、K、,"四个键,无名指负责"9、O、L、."四个键,小指负责"0、P、;、/"及其右边的所有键位。

(2)正确的击键方法。首先要注意打字的姿势,打字时,全身要自然放松,胸部挺起略为前倾,双臂自然靠近身体两侧,两手位于键盘的上方,且于键盘横向垂直,手腕抬起,十指略向内弯曲,自然的虚放在对应的键位上面。

另外,打字时不要看键盘,特别是不能边看键盘边打字,而要学会盲打,很多初学者因记不住键位,往往忍不住要看着键盘打字,一定要避免这种情况,实在记不起,可先看一下,然后移开眼睛,再按指法要求键入。只有这样,才能逐渐做到凭手感而不是凭记忆去体会每一个键的准确位置。

要严格按规范运指,既然各个手指已分工明确,就得各司其职,不要越权代劳,一旦敲错了键,或是用错了手指,一定要用右手小指击打退格键,重新输入正确的字符。

掌握了正确的操作姿势,还要有正确的击键方法。初学者要做到:

① 平时各手指要放在基本键上,打字时,每个手指只负责相应的几个键,不可混淆。

② 打字时,一手击键,另一手必须在基本键上处于预备状态。

③ 手腕平直,手指弯曲自然,击键只限于手指指关节,身体其他部分不得接触工作台或键盘。

④ 击键时,手抬起,只有要击键的手指才可伸出击键,不可压键或按键。击键之后,手指要立刻回到基本键上,不可停留在已击的键上。

⑤ 击键速度要均匀,用力要轻,有节奏感,不可用力过猛。

⑥ 初学打字时,要讲求击键准确,其次再求速度,开始时可用每秒钟打一下的速度。

(3) 训练方法。打字是一种技术,只有通过大量的打字训练实践才可能熟记各键的位置,从而实现盲打(不看键盘的输入)。经过大量实践,发现以下方法是有效的:

① 步进式练习。首先针对基本键"A、S、D、F"及"J、K、L、;"键做一批练习;然后加上"E、I"键做一批练习;补齐基本行的"G、H"键再做一批练习;最后依次加上"R、T、U、Y"键→" .、、,、>、<"键→"W、Q、M、N"键→" C、X、Z、?"键进行练习。

② 重复式练习。练习中可选择一些英文词句或短文,反复练习,并记录自己完成的时间。

③ 强化式练习。对一些弱指负责的键要进行针对性的练习,如小指、无名指等。

④ 坚持训练盲打。在训练打字过程中,应先讲求准确地击键,而不要贪图速度。一开始,键位记不准,可稍看键盘,但不可总是偷看键盘。经过一定时间的训练,应达到不看键盘也能准确击键的程度。

以上训练方法,可借用金山打字等软件辅助进行。

3.2.6　32 位和 64 位 Windows 10[①]

对于大多数人来说,购买计算机时,根本不了解运行 32 位或 64 位版本 Windows 10 的计算机之间有何区别,实际上,他们选择哪个版本并没有太大的不同。

使用 64 位版本 Windows 10 的计算机将占用更多内存,4 GB 字节或更多;而使用 32 位版本 Windows 10 的计算机则仅占用 3.5 GB 或更少的内存。即使某台计算机已安装 4 GB 或更多内存,但 32 位版本的 Windows 10 仍然仅占用其中的 3.5 GB 内存。内存越多,可以同时打开的文件和程序越多,而且不会降低电脑的运行速度。但是,除非用户确实同时打开许多文件和程序,否则拥有 3.5 GB 以上的内存通常没有太大意义。

使用 64 位处理器的计算机既可很好地运行 32 位版本,又可很好地运行 64 位版本的 Windows 10。因此,在使用 64 位处理器的计算机中安装何种版本的 Windows 没有太大的区别。

1. 如何知道自己的计算机运行的是 32 位还是 64 位版本的 Windows 10?

要查看电脑中 Windows 运行的是 32 位还是 64 位版本的 Windows 10,请执行以下操作:单击"开始"按钮、右击"计算机",然后单击"属性",打开"系统"。在"系统"下,可以查看

---

① "32 位"和"64 位"是指计算机的处理器(也称为"CPU")处理信息的方式。64 位版本的 Windows 可处理大量的随机存取内存(RAM),其效率远远高于 32 位的系统。

系统类型。

2. 用户应安装哪个版本的 Windows 10：32 位版本还是 64 位版本？

想要安装 64 位版本的 Windows10，计算机的 CPU 得要能够运行 64 位版本的 Windows 10 才行。当计算机里安装有大量的随机存取内存(RAM)(通常为 4 GB 的 RAM 或更多)时，使用 64 位操作系统的优势最为显著。因为在这种情况下，64 位操作系统较 32 位操作系统而言能够更加高效地处理大容量的内存，所以当有多个程序同时运行且需要频繁切换时，64 位操作系统的响应速度更快。

3.2.7 Windows 10 常用基本操作

1. 快捷键

在 Windows 10 操作系统中通过不同的按键组合，达到快速执行某个命令或者启动某个软件的方式称之为快捷键，又叫快速键或热键。

很多快捷键往往与 Ctrl 键、Shift 键、Alt 键、Fn 键以及 Windows 平台下的 Windows 键和 Mac 机上的 Meta 键等配合使用。利用快捷键可以代替鼠标做一些工作，可以利用键盘快捷键打开、关闭和导航"开始"菜单、桌面、菜单、对话框以及网页。下面列出部分常用快捷键。

(1) 常用快捷键。

F1：显示帮助。

F2：重命名选定项目。

F3：搜索文件或文件夹。

F4：在 Windows 资源管理器中显示地址栏列表。

F5：刷新活动窗口。

F6：在窗口中或桌面上循环切换屏幕元素。

F10：激活活动程序中的菜单栏，向右键打开右侧的下一个菜单或者打开子菜单，向左键打开左侧的下一个菜单或者关闭子菜单。

Ctrl+C：复制选择的项目。

Ctrl+X：剪切选择的项目。

Ctrl+V：粘贴选择的项目。

Ctrl+Z：撤销操作。

Ctrl+Y：重新执行某项操作。

Ctrl+Esc：打开"开始"菜单。

Ctrl+Shift+Esc：打开任务管理器。

Ctrl+任意箭头键+空格键：选择窗口中或桌面上的多个单个项目。

Ctrl+A：选择文档或窗口中的所有项目。

Ctrl+F4：关闭活动文档(在允许同时打开多个文档的程序中)。

Ctrl+Alt+Tab：使用箭头键在打开的项目之间切换。

Ctrl+鼠标滚轮：更改桌面上的图标大小。

Delete：删除所选项目并将其移动到"回收站"。

Shift+Delete：不先将所选项目移动到"回收站"而直接将其删除。

Alt＋Enter：显示所选项的属性。

Alt＋F4：关闭活动项目或者退出活动程序。

Alt＋下划线的字母：显示相应的菜单。

Alt＋空格键：为活动窗口打开快捷方式菜单。

Alt＋Tab：在打开的项目之间切换。

Alt＋Esc：以项目打开的顺序循环切换项目。

Alt＋下划线的字母：执行菜单命令（或其他有下划线的命令）。

Shift＋任意箭头键：在窗口中或桌面上选择多个项目，或者在文档中选择文本。

Shift＋F10：显示选定项目的快捷菜单。

Esc：取消当前任务。

（2）Windows 徽标键相关的快捷键,Windows 徽标键就是显示为 Windows 旗帜,或标有文字 Win 或 Windows 的按键,以下简称"Win 键"。

Win：打开或关闭开始菜单。

Win＋M：最小化所有窗口。

Win＋Pause：显示系统属性对话框。

Win＋D：显示桌面 。

Win＋Shift＋M：还原最小化窗口到桌面上。

Win＋E：打开资源管理器。

Ctrl＋Win＋F：搜索计算机（如果用户在网络上）。

Win＋F：搜索文件或文件夹。

Win＋L：锁定用户的计算机或切换用户。

Win＋R：打开运行对话框。

Win＋空格：预览桌面。

Win＋↑：最大化窗口。

Win＋←：最大化到窗口左侧的屏幕上。

Win＋↓：最小化窗口。

Win＋P：选择一个演示文稿显示模式。

Win＋G：循环切换侧边栏的小工具。

Win＋U：打开轻松访问中心。

Win＋x：打开 Windows 移动中心。

Win＋→：最大化窗口到右侧的屏幕上。

Win＋Home：最小化所有窗口,除了当前激活窗口。

Win＋Shift＋↑：拉伸窗口到屏幕的顶部和底部。

Win＋Shift＋→/←：移动一个窗口,从一个显示器到另一个。

Win＋T：切换任务栏上的程序（和"Alt＋ESC"组合键一样）。

Win＋Tab：循环切换任务栏上的程序并使用的 Aero 三维效果。

Ctrl＋Win＋Tab：使用方向键来循环切换任务栏上的程序,并使用的 Aero 三维效果。

Ctrl＋Win＋B：切换到在通知区域中显示信息的程序。

Win＋空格键"Space",透明化所有窗口,快速查看桌面（并不切换）。

Win+D:最小化所有窗口,并切换到桌面,再次按重新打开刚才的所有窗口。

Win+Tab:3D 桌面展示效果。

Win+Ctrl+Tab:3D 桌面浏览并锁定(可截屏)。

Win+数字键:针对固定在快速启动栏中的程序,按照数字排序打开相应程序。

2. 单选与多选操作

在对图标、文件或文件夹等(统称为对象)进行操作之前,需要首先选中对象。

(1)单选(选择单个对象):鼠标直接单击要选的对象图标。

(2)多选(选择多个对象)。框选:选择连续多个对象;Shift 键配合鼠标:选择连续多个对象;Ctrl 键配合鼠标:不连续的对象选择。

3. 快捷方式

快捷方式是 Windows 提供的一种快速启动程序、打开文件或文件夹的方法。它是一个很小的文件,其扩展名为".lnk",文件中存放的是一个实际对象(程序、文件或文件夹)的地址。快捷方式图标的左下角都有一个非常小的箭头。

4. 剪贴板

剪贴板(ClipBoard)是内存中的一块区域,用于临时存储被剪切或复制的信息。

剪切或复制时,信息保存到剪贴板;粘贴时,粘贴的是剪贴板上的信息。

剪贴板是 Windows 内置的一个非常有用的工具,通过剪贴板可在各种应用程序之间传递和共享信息。剪贴或复制一次,可以粘贴多次。

3.2.8 中文输入法

1. 打开/关闭输入法

在 Windows 系统中单击任务栏右侧的输入法图标 En,在弹出的输入法选择菜单中选择一种中文输入法即可(如图 3-27 所示)。也可以使用快捷切换,"Ctrl+空格键"可打开关闭中文输入法;"Ctrl+Shift"键可在各种中文输入法之间切换。

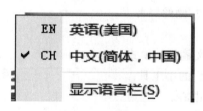

图 3-27　任务栏选择输入法

2. 拼音输入法介绍

拼音输入法利用汉字的拼音字母为汉字代码。除了用 V 键代替韵母"ü"以外,没有特殊规定,只需要按照汉语拼音输入即可。例如,要输入"尚"字,只需键入"shang",在弹出的候选框中选择即可;如发现候选框中无"尚"字,可按键盘上的+键或用鼠标单击候选框右上角的箭头继续查找,直到发现"尚"字,这时按键盘上的数字键(即所发现"尚"字前的数字)。有的输入法有记忆功能,这次选择了"尚"字,下次输入"shang"就会把"尚"字排在第一。

词组录入:可以全拼录用如"尚武"可以输入"shangwu",也可以简拼录入,如"尚武"可以输入"sw"即"尚武"前两个字的第一个字母。有的输入法有记忆功能,这次输入"su"后选择了"尚武"两个字,下次输入"su"就会把"尚武"这个词排在第一。

常见的拼音输入法有智能 ABC 输入法、搜狗拼音、紫光拼音、百度拼音、微软拼音、全拼、双拼等。

图 3-28 输入方式

3. 软键盘的使用

以搜狗输入法(7.9 正式版)为例,各种输入法以及每种输入法的不同版本有所差别。

(1) 打开软键盘。鼠标左键单击输入法状态框上的输入方式按钮(如图 3-28 所示),然后选择软键盘按钮,可以打开软键盘,如图 3-29 所示。

图 3-29 软键盘

(2) 软键盘的分布目录。鼠标右键单击输入法状态框上的软键盘按钮,弹出 13 种键盘分布情况,如图 3-30 所示。单击其中的一种,软键盘的内容就会变成相应的符号。如选择中文数字,显示如图 3-31 所示的软键盘。

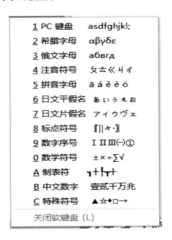

图 3-30 键盘分布情况

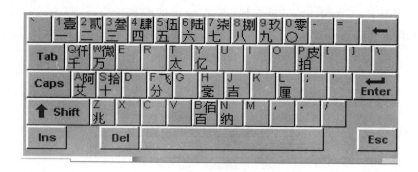

图 3-31　中文数字软键盘

4. 中英文符号

要注意区分字母、数字和符号的全角和半角,因为在汉字输入状态下,ASCII 码表中的所有字母、数字和符号均可有全角和半角两种形式,前者全角实际是国标汉字字符集中的符号子集,其性质同汉字,存储内码占 2 字节,其显示也较宽同样占一个汉字位置。输入时可点击当前输入法栏中的"中英文标点符号"按钮切换。

另外,要注意中西文标点符号的正确使用。有些标点中西文皆有且形状相同,例如逗号、分号、叹号、圆括号,其情形与上边全角和半角相同;有些标点中西文皆有但形状不相同,例如句号、单双引号;有些标点中文有西文无,例如顿号、书名号、省略号。情况相当复杂,同一个符号甚至有标准 ASCII 西文字符(半角)、对应的全角 ASCII 字符、中文标点符号三种,例如单双引号和句号就是如此。

5. 搜狗拼音输入法

(1)全拼。全拼输入是拼音输入法中最基本的输入方式。用户只要用"Ctrl＋Shift"组合键切换到搜狗输入法,在输入窗口输入拼音即可,然后依次选择需要的字或词即可。可以用默认的翻页键是逗号",",句号"。"。全拼模式如图 3-32 所示。

图 3-32　全拼

(2)简拼。简拼是输入声母或声母的首字母来进行输入的一种方式,有效的利用简拼,可以大大提高输入的效率。搜狗输入法简拼现在支持的是声母简拼和声母的首字母简拼。例如:想输入"张军霞",只要输入"zhjx"或者"zjx"都可以输入"张军霞"。同时,搜狗输入法支持简拼全拼的混合输入,例如:输入"srf""sruf""shrfa"都是可以得到"输入法"的。简拼两种模式如图 3-33 和图 3-34 所示。

【注意】　这里的声母的首字母简拼的作用和模糊音中的"z,s,c"相同。但是,这是两码事,即使用户没有选择设置里的模糊音,同样可以用"zly"可以输入"张靓颖"。有效的用声母的首字母简拼可以提高输入效率,减少误打,例如输入"指示精神"这四个字,如果用户输入传统的声母简拼,只能输入"zhshjsh",需要输入得多而且多个"h"容易造成误打,而输入声母的首字母简拼,"zsjs"能很快得到想要的词。

简拼模式 1:

图 3-33 简拼模式 1

简拼模式 2:

图 3-34 简拼模式 2

还有,简拼由于候选词过多,可以采用简拼和全拼混用的模式,这样能够兼顾最少输入字母和输入效率。例如,用户想输入"指示精神",输入"zhishijs""zsjingshen""zsjingsh""zsjingsh""zsjings"都是可以的。打字熟练的人会经常使用全拼和简拼混用的方式。

(3)英文的输入。输入法默认是按下 Shift 键就切换到英文输入状态,然后按一下 Shift 键就会返回中文状态。用鼠标点击状态栏上面的中字图标也可以切换。

除了 Shift 键切换以外,搜狗输入法也支持回车输入英文,和 V 模式输入英文。在输入较短的英文时使用能省去切换到英文状态下的麻烦,具体使用方法如下。

回车键输入英文:输入英文,直接按回车键即可。

V 模式输入英文:先输入"V",然后输入想要输入的英文,可以包含"@""＋""＊""/""－"等符号,然后按空格键即可。

(4)模糊音。模糊音是专为对某些音节容易混淆的用户设计的。当启用了模糊音后,例如 sh↔s,输入"si"也可以出来"十",输入"shi"也可以出来"四"。

搜狗支持的模糊音有:

声母模糊音:s↔sh,c↔ch,z↔zh,l↔n,f↔h,r↔l,

韵母模糊音:an↔ang,en↔eng,in↔ing,ian↔iang,uan↔uang。

(5)U 模式笔画输入。U 模式是专门为输入不会读的字所设计的。在输入 U 键后,然后依次输入一个字的笔顺,笔顺为:h 横、s 竖、p 撇、n 捺、z 折,就可以得到该字,同时小键盘上的 1、2、3、4、5 也代表 h、s、p、n、z。这里的笔顺规则与普通手机上的五笔画输入是完全一样的。其中,点也可以用 d 来输入。由于双拼占用了 U 键,智能 ABC 的笔画规则不是五笔画,所以双拼和智能 ABC 下都没有 U 键模式。

例如输入"你"字,如图 3-35 所示。

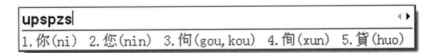

图 3-35 笔画输入

3.3 文件管理

已安装的操作系统、各种应用程序以及编排的信息和数据等都是以文件形式保存在计算机中的。文件与文件夹的管理是学习计算机时必须掌握的基础操作。

3.3.1 文件管理概述

在操作系统中,负责管理和存取文件的部分称为文件系统。在文件系统的管理下,用户可以按照文件名查找文件和访问文件(打开、执行、删除等),而不必考虑文件如何保存(在Windows 系统中,大于 4 KB 的文件必须分块存储),硬盘中哪个物理空间可以存放文件,文件目录如何建立,文件如何调入内存等。文件系统为用户提供了一个简单、统一的访问文件的方法。

1. 文件

文件是用户赋予了名字并存储在某种外部存储介质(如磁盘、光盘、磁带等)上的一组相关信息的集合,文件可以是文本文档、图片、视频、程序等。

在计算机中,每个文件都有一个文件名,文件名分为文件主名和扩展名两个部分,操作系统通过文件名对文件进行存取和执行。

2. 文件名

文件名由程序设计员或用户自己命名,文件的主名一般用有意义的英文、中文词汇或数字命名,以便识别。例如,Windows 中的 Internet 浏览器的文件名为 explore. exe。

在文件或文件夹的名字中,最多可使用 255 个字符。用汉字命名,最多可以有 127 个汉字,组成文件名或文件夹的字符可以是空格,但不能使用下列字符:＋、＊、\、/、?、"、<、>、|,在同一文件夹中不能有同名文件。

文件名通常是由主文件名和扩展名组成,主文件名和扩展名之间用"."分隔,如果文件名中出现多个"."分隔符,以最后一个"."后的字符作为扩展名。

不同操作系统的文件名命名规则有所不同。例如,Windows 操作系统不区分文件名的大小写,所有文件名的字符在操作系统执行时都会转换为大写字符,如 test. txt,TEST. TXT,Test. TxT,在 Windows 操作系统中都被视为同一个文件。而有些操作系统是区分文件名大小写的,如在 Linux 操作系统中,test. txt,TEST. TXT,Test. TxT 被认为是三个不同文件。

3. 扩展名

在绝大多数操作系统中,文件的扩展名表示文件的类型。不同类型的文件处理方法是不同的。用户不能随意更改文件扩展名,否则将导致文件不能执行或打开。在不同操作系统中,表示文件类型的扩展名并不相同。在 Windows 系统中,虽然允许文件扩展名为多个英文字符,但是大部分文件扩展名习惯采用三个英文字符。Windows 中常见的文件扩展名及表示的意义如表 3-1 所示。

表 3-1　Windows 常用扩展名

类型	含义	类型	含义
.txt	纯文本文件	.tiff	标记图像文件格式的图片文件
.doc	Word 2003 文档	.bmp	位图格式的图片文件
.xls	Excel 2003 工作簿	.ico	Windows 图标文件
.ppt	PowerPoint 2003 演示文稿	.wav	声音文件
.docx	Word 2010 文档	.mp3	压缩的音乐文件
.xlsx	Excel 2010 工作簿	.bak	备份文件
.pptx	PowerPoint 2010 演示文稿	.exe	可执行文件
.pps	Powerpoint 2003 幻灯片放映	.bat	批处理文件
.ppsx	Powerpoint 2003 幻灯片放映	.bin	二进制文件
.htm、.html	超文本文档	.bas	Basic 语言源程序文件
.png	便携网络图形格式的图片文件	.c	C 语言源程序文件
.gif	图形交换格式的图片文件	.cpp	C++语言源程序
.jpg	联合图片专家组(JPEG)格式图片文件	.dbf	数据库文件

4. 文件夹

为了有序地存放文件,操作系统把文件组织在若干目录中,也称文件夹。文件夹是文件分类存储的“抽屉”,它可以分门别类地管理文件。

文件夹也可用图标显示,包含不同内容的文件夹,在显示时的图标是不太一样的。Windows 7 中的文件、文件夹的组织结构是树状结构,即一个文件夹中可以包含多个文件和文件夹,但一个文件或文件夹只能属于一个文件夹。

文件夹一般采用多层次结构(树状结构),在这种结构中每一个磁盘有一个根文件夹,它包含若干文件和文件夹。文件夹不仅可以包含文件,而且可包含下一级文件夹,这样类推下去形成多级文件夹结构,既帮助用户将不同类型和功能的文件分类储存,又方便文件查找,还允许不同文件夹中文件拥有同样的文件名。

5. 路径

文件路径是指文件存储的位置。例如:“E:\work\市场资料\市场计划.doc”就是一个文件路径,它指的是:一个 Word 文件“市场计划”,存储在 E 盘下的“work”文件夹内的“市场计划”文件夹内。若要打开这个文件,按照文件路径一级一级找到此文件,即可进行相应的操作。

绝对路径:是从盘符开始的路径,例如“C:\windows\system32\cmd.exe”。

相对路径:是从当前路径开始的路径,例如如果当前路径为“C:\windows”,那么要描述上述路径,只需输入“system32\cmd.exe”。

6. 驱动器、盘符

驱动器是通过某种文件系统格式化并带有一个标志名的存储区域。存储区域可以是移动磁盘、光盘、硬盘等。驱动器的名字是用单个英文字母表示的，当有多个硬盘或将一个硬盘划分成多个分区时，通常按字母顺序依次标志为 C、D、E 等。

7. 通配符

"＊"通配符代表所在位置的多个字符。例如：＊.＊代表所有的文件夹和文件；＊.TXT代表文件名任意，扩展名是 TXT 的所有文件；A＊.＊，代表文件名中第一个字符是"A"的所有文件。

"？"通配符代表所在位置的一个任意字符。例如：ABC?.DOC，表示以 ABC 开头，第四个字符任意，扩展名是 DOC 的所有文件。

8. 文件属性

文件除了文件名外，还有文件大小、占用存储空间、建立时间、存放位置等信息，这些信息称为文件属性。

3.3.2 文件管理窗口

文件管理主要是在资源管理器窗口中实现的。资源管理器是指"此电脑"窗口左侧的导航窗格，它将计算机资源分为快速访问、OneDrive、此电脑、网络四个类别，可以方便用户更好、更快地组织、管理及应用资源。

打开资源管理器：双击桌面上的"此电脑"图标或单击任务栏上的"文件资源管理器"按钮。打开"文件资源管理器"对话框，单击导航窗格中各类别图标左侧的图标，可依次按层级展开文件夹，选择某个需要的文件夹后，其右侧将显示相应的文件内容，如图 3-36 所示。

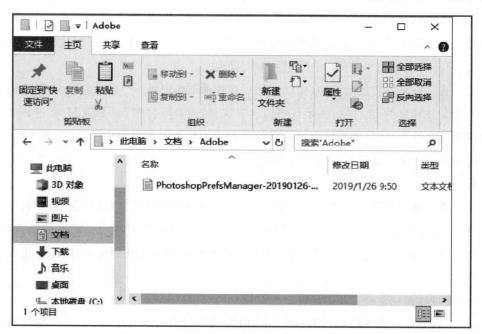

图 3-36　资源管理器

3.3.3　文件/文件夹操作

1. 选择文件和文件夹

选择单个文件或文件夹：使用鼠标直接单击文件或文件夹图标即可将其选择，被选择的文件或文件夹的周围将呈蓝色透明状显示。

选择多个相邻的文件或文件夹：在窗口空白处按住鼠标左键不放，并拖动鼠标框选需要选择的多个对象，然后释放鼠标即可。

选择多个连续的文件或文件夹：用鼠标选择第一个选择对象，按住 Shift 键不放，然后单击最后一个选择对象，可选择两个对象中间的所有对象。

选择多个不连续的文件或文件夹：按住 Ctrl 键不放，然后依次单击所要选择的文件或文件夹，可选择多个不连续的文件或文件夹。

选择所有文件或文件夹：直接按"Ctrl＋A"组合键，或选择"编辑"→"全选"命令，可以选择当前窗口中的所有文件或文件夹。

2. 新建文件和文件夹

新建文件是指根据计算机中已安装的程序类别，新建一个相应类型的空白文件，新建后可以双击打开该文件并编辑文件内容。如果需要将一些文件分类整理在一个文件夹中以便日后管理，就需要新建文件夹。

3. 移动、复制、重命名文件和文件夹

移动文件是将文件或文件夹移动到另一个文件夹中；复制文件相当于为文件做一个备份，原文件夹下的文件或文件夹仍然存在；重命名文件即为文件更换一个新的名称。

4. 删除和还原文件或文件夹

删除文件或文件夹，可以减少磁盘上的多余文件，释放磁盘空间，同时也便于管理。删除的文件或文件夹实际上是移动到"回收站"中，若误删除文件，还可以通过还原操作将其还原。

5. 搜索文件或文件夹

如果用户不知道文件或文件夹在磁盘中的位置，可以使用 Windows 7 的搜索功能来查找。

3.3.4　库的使用

在 Windows 10 操作系统中，库的功能类似于文件夹，但它只是提供管理文件的索引，即用户可以通过库来直接访问，而不需要通过保存文件的位置去查找，所以文件并没有真正地被存放在库中。Windows 10 系统中自带了视频、图片、音乐和文档等多个库，用户可将这类常用文件资源添加到库中，根据需要也可以新建库文件夹。

3.3.5　分区管理

1. 创建简单卷

双击桌面上的"此电脑"图标，打开"此电脑"窗口，在"计算机"选项卡的"系统"组中单击"管理"按钮，打开"计算机管理"窗口，然后选择"磁盘管理"选项，即可打开"磁盘管理"窗口。如图 3-37 所示。

图 3-37　创建简单卷

单击要创建简单卷的动态磁盘上的可用空间，一般显示为绿色，然后选择"操作"→"所有任务"→"新建简单卷"命令，或在要创建简单卷的动态磁盘的可分配空间上单击鼠标右键，在弹出的快捷菜单中选择"新建简单卷"命令，也可打开"新建简单卷向导"对话框。在该对话框中指定卷的大小，并单击"下一步"按钮。如图 3-38 所示。

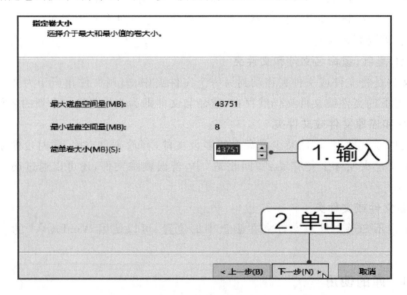

图 3-38　指定卷大小

分配驱动器号和路径后，继续单击"下一步"按钮（如图 3-39 所示）。

设置所需参数，格式化新建分区后，继续单击"下一步"按钮（如图 3-40 所示）。

显示设定的参数，单击"完成"按钮，完成"创建新建卷"的操作。

2. 删除简单卷

打开"磁盘管理"窗口，在需要删除的简单卷上单击鼠标右键，在弹出的快捷菜单中选择"删除卷"命令，或选择"操作"→"所有任务"→"删除卷"命令，系统将打开提示对话框，单击"是"按钮完成卷的删除，删除后原区域显示为可用空间。如图 3-41 所示。

3. 扩展磁盘分区

打开"磁盘管理"窗口，在要扩展的卷上单击鼠标右键，在弹出的快捷菜单中选择"扩展

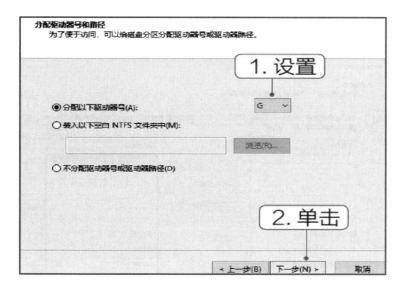

图 3-39　分配驱动器号和路径

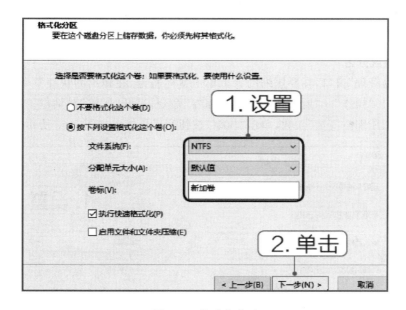

图 3-40　格式化分区

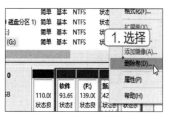

图 3-41　删除简单卷

卷"命令,或选择"操作"→"所有任务"→"扩展卷"命令,打开"扩展卷向导"对话框,单击"下一步"按钮,指定选择磁盘的"空间量"参数,单击"下一步"按钮,单击"完成"按钮,退出扩展卷向导。如图 3-42 所示。

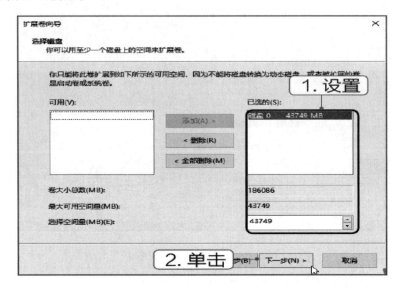

图 3-42　扩展磁盘分区

4. 压缩磁盘分区

打开"磁盘管理"窗口,在要压缩的卷上单击鼠标右键,在弹出的快捷菜单中选择"压缩卷"命令,或选择"操作"→"所有任务"→"压缩卷"命令,打开"压缩"对话框。在"压缩"对话框中指定"输入压缩空间量"参数,单击"压缩"按钮完成压缩。如图 3-43 所示。

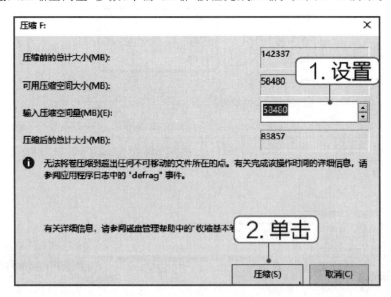

图 3-43　压缩磁盘分区

5. 更改驱动器号和路径

打开"磁盘管理"窗口,在要更改的驱动器号的卷上单击鼠标右键,在弹出的快捷菜单中选择"更改驱动器号和路径"命令,或选择"操作"→"所有任务"→"更改驱动器号和路径"命令,打开"更改驱动器号和路径"对话框,然后单击"更改"按钮。从右侧的下拉列表中选择新分配的驱动器号,然后单击"确定"按钮。如图 3-44 所示。

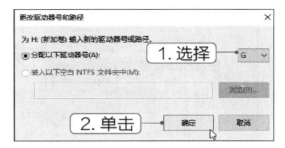

图 3-44 更改驱动器号和路径

打开"磁盘管理"提示对话框,单击"是"按钮,完成驱动器号的更改。

3.3.6 格式化磁盘

1. 通过"资源管理器"窗口

在"资源管理器"窗口中选择需要格式化的磁盘,单击鼠标右键,在弹出的快捷菜单中选择"格式化"命令,打开格式化对话框,进行格式化设置后单击"开始"按钮即可。如图 3-45 所示。

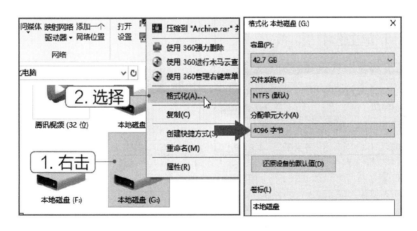

图 3-45 通过"资源管理器"窗口格式化磁盘

2. 通过"磁盘管理"工具

打开"磁盘管理"窗口,在要格式化的磁盘上单击鼠标右键,在弹出的快捷菜单中选择"格式化"命令,或选择"操作"→"所有任务"→"格式化"命令,打开"格式化"对话框,在对话框中设置格式化限制和参数,然后单击"确定"按钮,完成格式化操作。如图 3-46 所示。

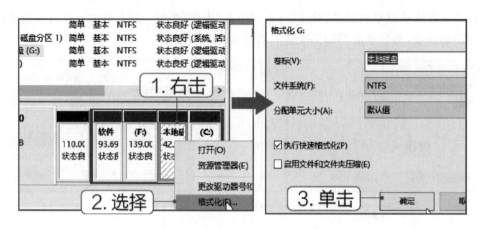

图 3-46　通过"磁盘管理"工具格式化磁盘

3.3.7　清理磁盘

用户在使用计算机进行读写与安装操作时,会留下大量的临时文件和没用的文件,不仅占用磁盘空间,还会降低系统的处理速度,因此需要定期进行磁盘清理,以释放磁盘空间。

选择"开始"→"所有程序"→"Windows 管理工具"→"磁盘管理命令",打开"磁盘清理:驱动器选择"对话框。

在对话框中选择需要进行清理的 C 盘,单击"确定"按钮,系统计算可以释放的空间后打开"磁盘清理"对话框,在对话框中"要删除的文件"列表框中单击选中"已下载的程序文件"和"Internet 临时文件"复选框,然后单击"确定"按钮。如图 3-47 所示。

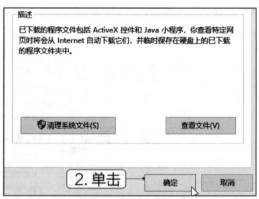

图 3-47　清理磁盘

3.3.8　整理磁盘碎片

选择"开始"→"所有程序"→"Windows 管理工具"→"碎片整理和优化驱动器"命令,打开"优化驱动器"对话框。

选择要整理的 C 盘,单击"分析"按钮开始对所选的磁盘进行分析。当分析结束后,单击"优化"按钮,开始对所选的磁盘进行碎片整理,在"优化驱动器"对话框中,还可以同时选择多个磁盘进行分析和优化。如图 3-48 所示。

图 3-48　整理磁盘碎片

3.3.9　备份 Windows 10 操作系统

打开"控制面板"窗口,单击"系统和安全"超链接,在打开的界面中单击"备份和还原"超链接。如图 3-49 所示。

图 3-49　备份操作系统

在打开的窗口中提供了多种备份文件保存的位置,可以是本机计算机磁盘,也可以是 DVD 光盘,甚至可以将备份保存到 U 盘等设备中,这里选择本机计算机磁盘。如图 3-50 所示。依次单击"下一步"按钮,确认备份信息无误后,单击"保存设置并运行备份"按钮。

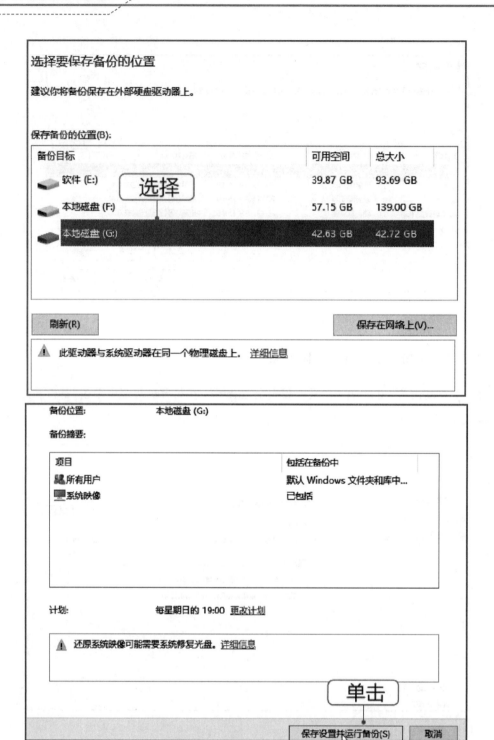

图 3-50 备份到计算机磁盘

稍后，系统将开始执行备份操作，待 Windows 备份完成后，将自动弹出提示对话框，单击"关闭"按钮完成备份操作。如图 3-51 所示。

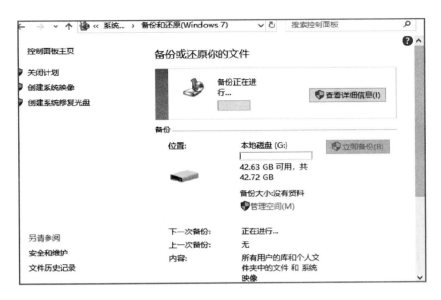

图 3-51　系统执行备份操作

3.3.10　还原 Windows 10 操作系统

在"控制面板"窗口中单击"系统和安全"超链接,在打开的界面中单击"从备份还原"超链接。

在打开的界面中单击"还原我的文件"按钮,打开"还原文件"对话框,单击"浏览文件夹"按钮,在打开的"浏览文件夹或驱动器的备份"对话框中选择已保存的 C 盘备份,然后单击"添加文件夹"按钮。如图 3-52 所示。

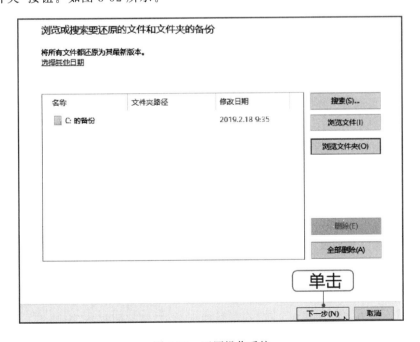

图 3-52　还原操作系统

返回"还原文件"对话框,其中显示了要还原的文件夹,单击"下一步"按钮。

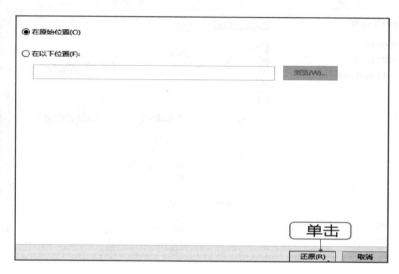

图 3-53　还原文件

在打开的窗口中选择还原文件的保存位置后,单击"还原"按钮(如图 3-53 所示)。稍后,系统将开始执行还原操作,并显示成功还原文件的信息,最后单击"完成"按钮。

3.3.11　管理回收站

回收站用于临时保存用户从磁盘中删除的各类文件和文件夹。当用户对文件和文件夹进行删除操作后,它们并没有从计算机中直接被删除,而是保存在回收站中。对于误删的文件和文件夹,可以随时通过回收站恢复;对于确认无用的文件,再从回收站删除。

(1)恢复删除的文件与文件夹

从计算机上删除文件时,文件实际上只是移动到并暂时存储在回收站中,直至回收站被清空。在此之前,用户可以恢复意外删除的文件,将它们还原到其原始位置。具体操作如下:

① 单击回收站图标打开"回收站"窗口。

② 若要还原所有文件,单击工具栏上"还原所有项目"按钮;否则,先选中要还原的文件(一个或多个),然后单击工具栏上"还原选定的项目"按钮,文件将还原到它们在计算机上的原始位置。

(2)彻底删除文件与文件夹

将回收站中的文件与文件夹彻底删除的具体操作如下:

① 打开"回收站"窗口,选中要删除的特定文件或文件夹,打开右键快捷菜单,然后选择"删除"菜单项。或者不选择任何文件,在工具栏上单击"清空回收站"按钮。

② 在弹出的"删除文件"提示框中单击"是"按钮,即可完成删除操作。

3.4 系 统 管 理

3.4.1 任务管理器

1. 进程

进程是程序在计算机上的一次执行活动,是操作系统进行资源分配的单位。当用户运行一个程序,就启动了一个进程。显然,程序是"死"的(静态的),进程是"活"的(动态的)。进程可以分为系统进程和用户进程。凡是用于完成操作系统的各种功能的进程就是系统进程,它们就是处于运行状态下的操作系统本身;用户进程就是所有由用户启动的进程。

2. 任务管理器

Windows 任务管理器提供了有关计算机性能的信息,并显示了计算机上所运行的程序和进程的详细信息;如果连接到网络,那么还可以查看网络状态并迅速了解网络是如何工作的。它的用户界面提供了文件、选项、查看、窗口、帮助五大菜单项,其下还有应用程序、进程、服务、性能、联网、用户六个标签页,窗口底部则是状态栏,从这里可以查看到当前系统的进程数、CPU 使用比率、更改的内存、容量等数据。默认设置下,系统每隔两秒对数据进行一次自动更新,也可以点击"查看"→"更新速度"菜单重新设置。任务管理启动方法如下。

方法一:默认情况下,使用"Ctrl+Shift+Esc"组合键调出。

方法二:用鼠标右键点击任务栏选择"任务管理器"。

方法三:使用"Ctrl+Alt+Delete"组合键也可以打开,只不过要先回到锁定界面,然后选择"任务管理器"。

方法四:为 c:\Windows\System32\taskmgr.exe 文件在桌面上建立一个快捷方式,然后为此快捷方式设置一个热键,以后就可以一键打开任务管理器了。

方法五:使用"运行"对话框打开任务管理器。使用"Win+R"组合键打开运行对话框,然后输入 taskmgr(或 taskmgr.exe),单击运行,即打开"任务管理器"。如图 3-54 所示。

图 3-54 "运行"对话框

3. 任务管理器的作用

(1) 使用"任务管理器"打开、关闭应用程序

打开"任务管理器",选择"应用程序"选项卡,这里只显示当前已打开窗口的应用程序,选中应用程序(比如"未命名—画图",单击"结束任务"按钮可直接关闭这个应用程序);如果需要同时结束多个任务,可以按住 Ctrl 键复选。

单击"新任务"按钮,可以直接打开相应的程序、文件夹、文档或 Internet 资源(如打开 C:\Program Files\javagirl.exe),可以直接在文本框中输入应用程序名,也可以单击"浏览"按钮进行搜索。如图 3-55 所示。

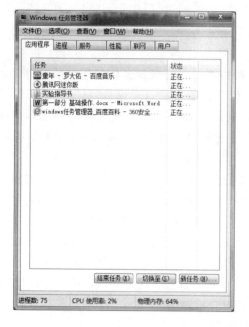

图 3-55 "任务管理器"对话框

图 3-56 "任务管理器"进程页面

(2) 使用"任务管理器"关闭当前正在运行的进程

切换到"进程"选项卡,这里显示了所有当前正在运行的进程,包括应用程序、后台服务等,隐藏在系统底层深处运行的病毒程序或木马程序都可以在这里找到(前提是要知道它的名称)。

单击需要结束的进程名称(如 WINWORD.EXE),然后单击"结束进程"按钮,就可以强行终止所选进程。不过这种方式将丢失未保存的数据,而且如果结束的是系统服务,则系统的某些功能可能无法正常使用。如图 3-56 所示。

(3) 通过"任务管理器"的"性能"选项卡了解计算机的各种性能

CPU 使用:表明处理器工作时间百分比的图表,该计数器是处理器活动的主要指示器,查看该图表可以知道当前使用的处理时间是多少。

CPU 使用记录:显示处理器的使用程序随时间变化情况的图表,图表中显示的采样情况取决于"查看"菜单中所选择的"更新速度"设置值,"高"表示每秒 2 次,"正常"表示每两秒 1 次,"低"表示每 4 秒 1 次,"暂停"表示不自动更新。

PF 使用率:正被系统使用的页面文件的量。

页面文件使用记录:显示页面文件的量随时间的变化情况的图表,图表中显示的采样情况取决于"查看"菜单中所选择的"更新速度"设置值。

总数:显示计算机上正在运行的句柄、线程、进程的总数。

认可用量:分配给程序和操作系统的内存,由于虚拟内存的存在,"峰值"可以超过最大物理内存,"总数"值则与"页面文件使用记录"图表中显示的值相同。

物理内存：计算机上安装的总物理内存，也称 RAM，"可用数"表示可供使用的内存容量，"系统缓存"显示当前用于映射打开文件的页面的物理内存。

核心内存：操作系统内核和设备驱动程序所使用的内存，"分页数"是可以复制到页面文件中的内存，由此可以释放物理内存。"未分页"是保留在物理内存中的内存，不会被复制到页面文件中。

"任务管理器"性能页面如图 3-57 所示。

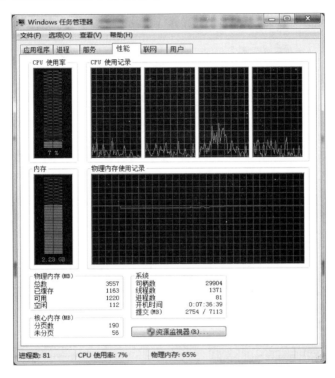

图 3-57 "任务管理器"性能页面

3.4.2 控制面板的使用

控制面板（Control Panel）集中了用来配置系统的全部应用程序，它允许用户查看并进行计算机系统软、硬件的设置和控制。因此，对系统环境进行调整和设置时，一般都要通过"控制面板"进行，如添加硬件、添加/删除软件、控制用户账户、外观和个性化设置等。如图 3-58 所示。

1. 查看"系统"设置

单击控制面板中的"系统"图标（或者在桌面选中"计算机"图标，右击选择"属性"），出现"系统属性"窗口，如图 3-59 所示。可以在该窗口查看并更改基本的系统设置，例如显示用户计算机的常规信息、编辑位于工作组中的计算机名、管理并配置硬件设备、启用自动更新。

2. 账户管理

Windows 支持多用户管理，多个用户可以共享一台计算机，并且可以为每一个用户创建一个用户账户以及为每个用户配置独立的用户文件，从而使得每个用户登录计算机时，都可以进行个性化的环境设置。

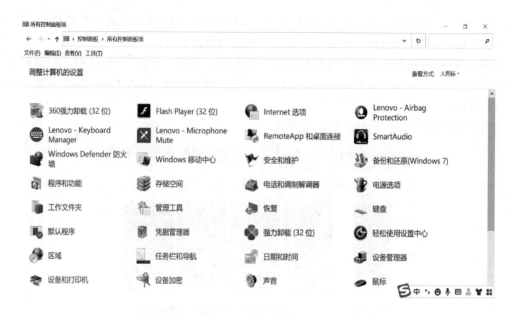

图 3-58　控制面板

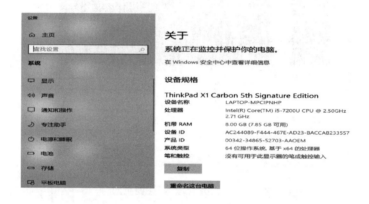

图 3-59　系统属性

Windows 有三种类型的账户,每种类型为用户提供不同的计算机控制级别。

用户创建的账户:亦称为标准账户,适用于日常计算机使用,默认运行在标准权限下。标准账户在尝试执行系统关键设置的操作时,会受到用户账户控制机制的阻拦,以避免管理员权限被恶意程序所利用,同时也避免了初级用户对系统的错误操作。

Administrator(管理员)账户:管理员账户可以对计算机进行最高级别的控制。

Guest(来宾):来宾账户主要针对需要临时使用计算机的用户,其用户权限比标准类型的账户受到更多的限制,只能使用常规的应用程序,而无法对系统设置进行更改。

在控制面板中,单击"用户账户和家庭安全",打开相应的窗口,可以实现用户账户、家长控制等管理功能。在"用户账户"中,可以更改当前账户的密码和图片、管理其他账户,也可以添加或删除用户账户。

(1)设置"用户账户"

在控制面板窗口中选择"用户账户",进入"用户账户"窗口,如图 3-60 所示。

图 3-60　"用户账户"窗口

可以为当前账户创建密码,下次登录时密码启用;也可以单击"管理其他账户",选择"创建一个新账户",创建完成后,可以给该账户设置密码,也可以改名。

(2) 删除账户

方法一:首先选择需要删除的账户,然后打开更改账户窗口,选择"删除账户"即可,但不能删除第一个创建的计算机管理员账户。

方法二:选择控制面板中的"管理工具",然后选择"计算机管理",打开"计算机管理"窗口,展开左窗格的"本地用户和组",选择"用户",右窗格中显示所有的账户信息,选择要删除的账户,在右键菜单中选择"删除"命令即可,如图 3-61 所示。

图 3-61　"计算机管理"窗口

3. 设置"日期和时间"

单击控制面板中的"日期和时间"图标,(或双击桌面最右下角的时间),进入"日期和时间属性"窗口,如图 3-62 所示,单击图中的"更改日期和时间"按钮,出现如图 3-63 所示的"日期和时间设置"对话框,用户可以在此调整系统日期和时间。

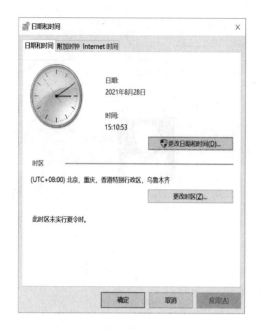
图 3-62 日期和时间属性

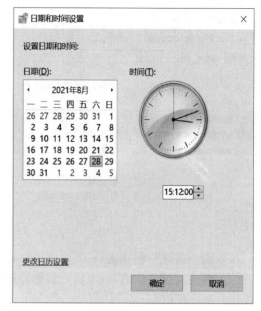
图 3-63 日期和时间设置

4. 设备管理

设备管理包括添加或删除打印机和其他硬件设备、更改系统声音、自动播放 CD、节省电源、更新设备驱动程序等功能,是管理查看计算机内部和外部硬件设备的系统管理工具。

使用设备管理器,可以查看和更新计算机上安装的设备驱动程序,查看硬件是否正常工作以及修改硬件设置。可以连接到网络或计算机上的任何设备,包括打印机、键盘、外置磁盘驱动器或其他外围设备,但要在 Windows 下正常工作,需要专门的软件(设备驱动程序)。

打开"控制面板"窗口,单击"设备管理器"选项打开相应窗口,窗口中列出了本机的所有硬件设备,通过菜单上的功能菜单可以对其进行相应的管理。如图 3-64 所示。

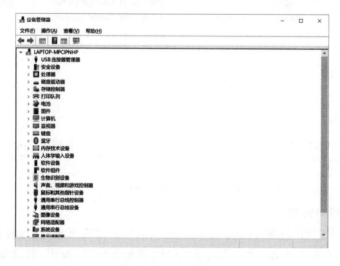
图 3-64 设备管理器

3.5 计算机的日常维护

3.5.1 数据、文件的分类管理

1. 养成备份的习惯

数据备份的重要性无须多言,无论防范措施做得多么严密,也无法完全防止意外情况出现。所以,无论用户采取了多么严密的防范措施,也不要忘了随时备份重要数据,做到"有备无患"。

(1)本机备份

将重要资料复制到本机的其他磁盘下,通常是在电脑最后一个磁盘。建立一个备份文件的目录,专门用于文件备份。

(2)移动存储设备

专门准备一个 U 盘、移动硬盘等移动设备用来备份,也可以将重要资料刻录成光盘保存。

2. 文件的分类管理

很多用户计算机的文件存放有很大的随意性,结果时间长了想找文件,却发现比较困难;再者,重装系统时容易丢失以往的数据和文件。所以养成良好的个人文件管理习惯是非常有必要的。首先,不要在 C 盘上存放重要的个人文件;其次,可以建立 Software、Music、Movie 等目录存放其他文件,但这些文件都不要存在用户个人文件目录下。

3.5.2 优化加速

1. 关闭系统搜索索引服务

此方法非常适用于有良好文件管理习惯的用户,因为自己非常清楚每一份所需的文件存放在何处,需要使用时可以很快找到。那么,Windows 10 的这项服务对此类用户来说就是多余,关掉该服务对于节省系统资源是大有帮助的。在开始菜单的搜索栏中输入"services"立即打开程序,在本地服务中寻找到"Windows Search"这一项,然后右击选择"停止此服务"就可以了。

当然,对于丢三落四的用户来说,还是直接跳过这项优化措施吧,因为 Windows 10 的这项服务提高了搜索索引的效率,可以节省搜索文件的大量时间。

2. 优化系统启动项

相信很多计算机用户在之前的 Windows 系统中都使用过这项操作,利用各种系统优化工具来清理启动项的多余程序以达到优化系统启动速度的目的。用户在使用过程中不断安装各种应用程序,而其中的一些程序就会默认加入系统启动项中,但这对于用户来说也许并非必要,反而造成开机缓慢的问题。

在开始菜单的搜索栏中键入"msconfig",打开系统配置窗口可以看到"启动"选项,在这里用户可以选择一些无用的启动项目禁用,从而加快 Windows 10 启动速度。

需要注意的是,禁用的应用程序最好都是用户认识的,像杀毒软件或是系统自身的服务软件就不要乱动。

3. 关闭所有不必要的 Windows 服务

Windows 10 中提供的大量服务虽然占据了许多系统内存,但是其中很多服务也完全用不上,我们可以调出 Windows 服务项管理窗口逐项检查,关闭其中一些从来不用的服务以提高系统性能。

右击"我的电脑",单击"管理"选项,打开"服务"对话框,可以在对话框中查找不需要的服务项,并将其关闭。

本 章 小 结

(1) 通过讲解操作系统的基本概念、基本功能以及分类,让学生掌握计算机操作系统的相关知识。

(2) 通过讲解 Windows 10 的文件管理、任务管理、系统管理,以及 Windows 10 中的其他工具,让学生掌握 Windows 10 操作系统的使用方法。

(3) 通过讲解国产操作系统及其应用现状,鼓励学生多使用国产软件,激发其爱国热情和民族情怀。

(4) 通过演示、讲解具体的操作方法,并让学生上机操作,培养其动手能力及提高其操作技能。

思 政 小 结

1. 通过讲解国产软件,鼓励学生有意识地多使用国产软件,为我国软件生态环境的改善和软件行业的良性发展做出自己应有的贡献。

2. 通过讲解"路径"一节,引申出人生道路选择的重要性,一个人的理想和人生目标只有和国家的命运、民族的复兴结合起来,才能走出一条精彩的人生之路。

3. 通过讲解中文输入法,指出计算机中的汉字处理是凭借中国人的智慧自主完成的,以此提升学生的民族自豪感。

课 后 练 习

一、选择题

(1) 关于 Windows 10 窗口的表述中,错误的是(   )。

A. 每当用户启动一个程序、打开一个文件或文件夹时都将打开一个窗口

B. 在窗口标题栏上按住鼠标左键不放,拖动窗口,将窗口向上拖动到屏幕顶部时,窗口会以半屏状态显示

C. 按"Alt＋F4"组合键可以关闭当前窗口

D. 在 Windows 10 中可以对多个窗口进行层叠、堆叠和并排等操作

(2) 在 Windows 10 中,下列叙述错误的是(   )。

A. 可支持鼠标操作 　　　　　　　　B. 可同时运行多个程序

C. 不支持即插即用 　　　　　　　　D. 桌面上可同时容纳多个窗口

（3）在 Windows 10 中,选择多个连续的文件或文件夹,应首先选择第一个文件或文件夹,然后按(　　)键不放,再单击最后一个文件或文件夹。

A. Tab　　　　　　B. Alt　　　　　　C. Shift　　　　　　D. Ctrl

二、操作题

（1）从网上下载搜狗拼音输入法的安装程序,然后安装到计算机中。

（2）管理文件和文件夹,具体要求如下:

- 在 D 盘上建立一个文件夹"课程思政教学案例",然后在这个文件夹下建立两个子文件夹"计算机基础课程思政教学案例"和"现代汉语课程思政教学案例"。
- 在"计算机基础课程思政教学案例"文件夹下建立一个文件"szal.txt",并将此文件复制到"现代汉语课程思政教学案例"文件夹中。
- 将"计算机基础课程思政教学案例"文件夹下的文件"szal.txt"删除。

（3）将当前系统日期更改为"2021 年 10 月 1 日"。

第4章　计算机网络及其应用

计算机网络是计算机技术和通信技术紧密结合的产物,它的诞生与发展极大地推动了人类社会的科技的进步。从 20 世纪 60 年代末到今天,伴随着计算机网络技术的迅猛发展,计算机网络的应用越来越普及,已经深入社会的各个领域,从根本上改变了人们获取信息的方式,改变了经济运行的模式和人们的生活方式,成了人们日常生活和工作中不可缺少的重要组成部分。

共享单车、扫码支付、网络购物……这些日常的操作都和网络的发展息息相关。随着科学技术的进一步发展,相信还会有更多的产品涌现,人们的生活方式还会继续发生新的变化。

但同时,网络的快速发展也带来了一些负面影响,例如网络暴力、网络诈骗等,所以需要正确认识计算机网络和互联网,培养自己正确的人生观、价值观,以适应当前高速发展的信息社会。

本章主要介绍计算机网络的基础知识,以及和计算机网络相关的各种应用。

4.1　计算机网络概述

4.1.1　计算机网络的定义

计算机网络是计算机技术和现代通信技术结合的产物。计算机网络是指将地理位置不同的、具有独立功能的多台计算机及其外部设备,通过通信线路和设备连接起来,在网络操作系统、网络管理软件及网络通信协议的管理和协调下,实现资源共享和信息传递的计算机系统。计算机网络的主要功能是网络通信和资源共享。

4.1.2　计算机网络的形成与发展

任何一种新技术的出现都必须具备两个条件,一是强烈的社会需求,二是前期技术的成熟。计算机网络技术的形成与发展也遵循这样的技术发展轨迹。

20 世纪 50 年代初,出于军事目的,美国半自动地面防空系统(SAGE)的开发开辟了计算机技术与通信技术相结合的道路。SAGE 系统需要将远程雷达与其他测量设施连接起来,使得观测到的防空信息可以通过总长度达 241 万千米的通信线路与一台 IBM 计算机连接,实现分布的防空信息能够集中处理与控制。

要实现这样的目的,首先要完成数据通信技术的基础研究。1954 年,一种叫"收发器"的终端研制成功,人们用它首次实现了将穿孔卡片上的数据从电话线路上发送到远端的计算机,此后电传打字机也作为远程终端和计算机相连。计算机的信号是数字脉冲,为使它能在电话线路上传输,须增加一个调制解调器,以实现数字信号和模拟信号的转变。用户可在远端的电传打字机上输入自己的程序,而计算机算出的结果又可从计算机传送到电传打字机打印出来。计算机与通信的结合由此开始。

1. 第一代计算机远程终端联机阶段

20 世纪 60 年代中期之前的第一代计算机网络是以单个计算机为中心的远程联机系统。典型应用是由一台计算机和全美范围内 2 000 多个终端组成的飞机订票系统。终端是一台计算机的外部设备包括显示器和键盘,无 CPU 和内存。随着远程终端的增多,在主机前增加了前端机(FEP)。这样的通信系统已具备网络的雏形。这一阶段研究的典型代表有美国飞机订票系统 SABER、美国半自动防空系统 SAGE、美国通用电气公司的信息服务网(GE Information Services Network)。

2. 第二代计算机网络阶段

20 世纪 60、70 年代是第二代计算机网络阶段。这个时期的网络是以多个主机通过通信线路互联起来,为用户提供服务,典型代表是美国国防部高级研究计划局协助开发的ARPANET。其主机之间不是直接用线路相连,而是由接口报文处理机(IMP)转接后互联的。IMP 和它们之间互联的通信线路一起负责主机间的通信任务,构成了通信子网。通信子网互联的主机负责运行程序,提供资源共享,组成资源子网。这个时期,网络概念为"以能够相互共享资源为目的互联起来的具有独立功能的计算机之集合体",形成了计算机网络的基本概念。这个时代的 ARPANET 就是现在互联网的前身。

3. 第三代计算机网络互联阶段

20 世纪 70 年代末至 90 年代的第三代计算机网络是具有统一的网络体系结构并遵守国际标准的开放式和标准化的网络。ARPANET 兴起后,计算机网络发展迅猛,各大计算机公司相继推出自己的网络体系结构及实现这些结构的软硬件产品。由于没有统一的标准,不同厂商的产品之间互联很困难,人们迫切需要一种开放性的标准化实用网络环境,这样应运而生了两种国际通用的最重要的体系结构,即 TCP/IP 体系结构和国际标准化组织的 OSI 体系结构。这个时期,局域网(LAN)得到了快速发展,已经作为一种新型的计算机体系结构进入产业部门。典型代表有加州大学的 NEWHALL 环网、美国 XEROR 公司的ETHERNET 网、英国剑桥大学的 CAMBRIDGE RING 环网。

4. 第四代国际互联网与信息高速公路阶段

20 世纪 90 年代至今的第四代计算机网络,由于局域网技术发展成熟,出现光纤及高速网络技术、多媒体网络和智能网络,整个网络就像一个对用户透明的大的计算机系统,发展为以 Internet 为代表的互联网。计算机网络化协同计算能力发展以及全球 Internet 的盛行,计算机的发展已经完全与网络融为一体,体现出了"网络就是计算机的"口号。目前,计算机网络已经真正进入了社会的各行各业,走进了普通民众的生活中。

"科学技术是第一生产力",邓小平同志的这一论断体现了马克思主义的生产理论和科学观。这既是现代科学技术发展的重要特点,也是科学技术发展的必然结果。正是由于科学技术的不断发展,我们的工作方式及生活方式才有了翻天覆地的变化。科技强大,才可以使国家更强大。

4.1.3　计算机网络的分类

计算机网络有多种不同的类型,所以分类的方法也很多。最常用的是按拓扑结构和地理范围进行分类。

1. 按拓扑结构分类

计算机网络拓扑结构是引用拓扑学研究与大小、形状无关的点、线关系的方法。可以把网络中的计算机和通信设备抽象为一个点,把传输介质抽象为一条线。计算机网络的拓扑结构是指一个网络的通信链路和结点的几何排列或物理布局图形。链路是网络中相邻两个结点之间的物理通路,结点指计算机和有关的网络设备,甚至指一个网络。网络拓扑结构反映出网中各实体的结构关系,是建设计算机网络的第一步,是实现各种网络协议的基础。按拓扑结构,计算机网络可分为以下五类。

(1)总线形网络

由一条高速公用总线连接若干个结点所形成的网络即为总线形网络,拓扑结构如图 4-1 所示。

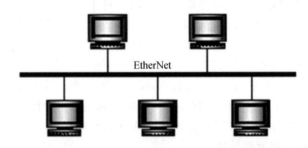

图 4-1　总线形拓扑结构

总线形网络的特点主要是结构简单灵活,便于扩充,是一种很容易建造的网络。由于多个结点共用一条传输信道,故信道利用率高,但容易产生访问冲突;传输速率高,可达 1～100 Mbit/s;但总线形网常因一个结点出现故障(如接头接触不良等)而导致整个网络不通,因此可靠性不高。

(2)环形网络

环形网中各结点通过环路接口连在一条首尾相连的闭合环形通信线路中,拓扑结构如图 4-2 所示,环上任何结点均可请求发送信息。

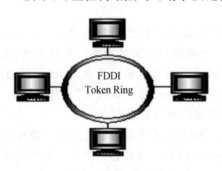

图 4-2　环形拓扑结构

环形网络的主要特点是信息在网络中沿固定方向流动,两个结点间仅有唯一的通路,大大简化了路径选择的控制;某个结点发生故障时,可以自动旁路,可靠性较高;由于信息是串行穿过多个结点环路接口,当结点过多时,使网络响应时间变长。但当网络确定时,其延时固定,实时性强。

(3)星形网络

星形拓扑是由中央结点为中心与各结点连接组成的,多结点与中央结点通过点到点的方式连接。拓扑结构如图 4-3 所示,中央结点执行集中式控制策略,因此中央结点相当复杂,负担比其他各结点重得多。

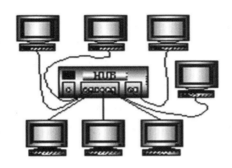

图 4-3　星形拓扑结构

星形网络的特点是:网络结构简单,便于管理;控制简单,建网容易;网络延迟时间较短,误码率较低;网络共享能力较差;通信线路利用率不高;中央结点负荷太重。

（4）树形网络

在实际建造一个大型网络时,往往采用多级星形网络,将多级星形网络按层次方式排列即形成树形网络,所以树形拓扑结构实际上是星形拓扑结构的一种变形。其拓扑结构如图 4-4 所示。因特网(Internet)从整体上看也是采用树形结构。图 4-5 所示为某大学校园网结构示意图,其为典型的树形网络。

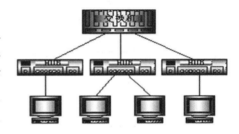

图 4-4　树形拓扑结构

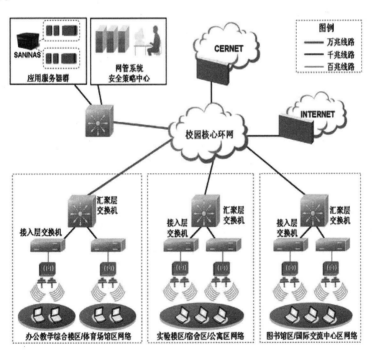

图 4-5　某大学校园网结构示意图

树形结构与星形结构相比降低了成本,但需要增加交换机设备成本,也增加了网络层次,给网络管理带来了一定的复杂性。在树形网络中,任意两个结点之间不产生回路,每个链路都支持双向传输。网络中结点扩充方便灵活,寻找链路路经比较方便。但在这种网络系统中,除叶结点及其相连的链路外,任何一个结点或链路产生的故障都会影响整个网络。

（5）网状形网络

网状形网络,又称作无规则结构。如图 4-6 所示,其为分组交换网示意图。图种虚线以内部分为通信子网,每个结点上的计算机称为结点交换机。图中虚线以外的计算机（Host）和终端设备统称为数据处理子网或资源子网。

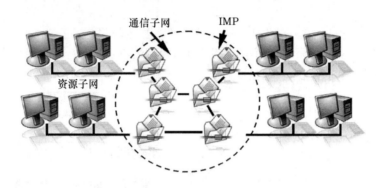

图 4-6　网状形网络拓扑结构

网状形网是广域网中最常采用的一种网络形式,是典型的点到点结构。网状形网的主要特点:系统可靠性高,一般通信子网任意两个结点交换机之间,存在着两条或两条以上的通信路径。这样,当一条路径发生故障时,还可以通过另一条路径把信息送至结点交换机。另外,可扩充性好,该网络无论是增加新功能,还是要将另一台新的计算机入网,以形成更大或更新的网络时,都比较方便;网络可建成各种形状,采用多种通信信道,多种传输速率。缺点:结构复杂,每一结点都与多点进行连接,因此必须采用流量控制和路由算法。目前,大部分广域网基本采用的都是网状拓扑结构。

以上介绍了五种基本的网络拓扑结构,事实上以此为基础,还可构造出一些复合型的网络拓扑结构。比如星形拓扑结构和总线型拓扑结构的网融合在一起,既解决了星形拓扑结构的传输上的距离问题,又避免了总线型拓扑结构在用户数量上的限制。总之,复合型拓扑结构在实际的网络架构中显得更为流行。

2. 按地理范围大小分类

根据网络覆盖的地理范围,可分为局域网（Local Area Network，LAN）、城域网（Metropolitan Area Network，MAN）和广域网（Wide Area Network，WAN）三类。

（1）局域网

局域网是指在某一区域内由多台计算机互联成的计算机组。局域网覆盖的地理范围比较小,一般在几米到几千米之间,它常用于组建一个办公室、一栋楼、一个楼群或一个校园的计算机网络。局域网可以实现文件管理、应用软件共享、打印机共享、工作组内的日程安排、电子邮件和传真通信服务等功能。

（2）城域网

城域网是在一个城市范围内所建立的计算机通信网,简称 MAN,属于宽带局域网。由于采用具有源交换元件的局域网技术,网中传输时延较小,它的传输媒介主要采用光缆,传输速率在100 Mbit/s以上。城域网是一种大型的局域网,它的覆盖范围介于局域网和广域网之间,也就是说一般覆盖在一个城市之内,是城市内实现信息交换和共享的有效途径。典型的应用就是城市电子政府。

（3）广域网

广域网也称远程网（Long Haul Network ）,广域网可以在一个比较广阔的地理范围内进行数据、语音、图像等信息的传输网络,广域网可以覆盖广阔的地理范围,其通信线路往往需要租用公用通信的网络,其传输速率较低,但可以实现远距离计算机之间的数据传输。广域网可以覆盖一个城市,一个国家或者整个地球。广域网所覆盖的范围从几十千米到几千千米,它能连接多个城市或国家,或横跨几个洲并能提供远距离通信,形成国际性的远程网络。

4.1.4　网络的传输介质

信息从一台计算机到另一台计算机,从一个结点到另一个结点,信息的传输都要通过传输介质才可以完成。网络传输介质是网络中发送方与接收方之间的物理通路,它对网络的数据通信具有一定的影响。不同的传输介质其物理特性也不尽相同,这也体现在带宽、延迟、成本等各方面的差异。常用的传输介质有：双绞线、同轴电缆、光纤、无线传输媒介。数据通信网络一般都是以有线传输为主,无线传输介质为辅。

1. 有线传输介质

有线传输介质是指在两个通信设备之间实现的物理连接部分,它能将信号从一方传输到另一方,有线传输介质主要有双绞线、同轴电缆和光纤。双绞线和同轴电缆传输电信号,光纤传输光信号。

（1）双绞线

双绞线是很早就开始使用的传输介质,由两根具有绝缘保护层的铜线组成,这两条铜线拧在一起,就可以降低邻近线对电气的干扰。双绞线既能用于传输模拟信号,也能用于传输数字信号,其带宽决定于铜线的直径和传输距离。电话系统使用的也是双绞线,但通信距离受到一定的限制,几千米范围内的传输速率可以达到数兆比特/秒。由于其性能较好且价格便宜,双绞线得到广泛应用,双绞线共有六类,其传输速率在4~1 000 Mbit/s。双绞线如图4-7所示。

图 4-7　双绞线

（2）同轴电缆

同轴电缆是另外一种常见的传输介质,它比双绞线的屏蔽性更好,因此在更高速度上可以传输得更远。它以硬铜线为芯(导体),外包一层绝缘材料(绝缘层),这层绝缘材料再用密织的网状导体环绕构成屏蔽,其外又覆盖一层保护性材料(护套)。同轴电缆的这种结构使它具有更高的带宽和极好的噪声抑制特性。1 千米的同轴电缆可以达到 1～2 Gbit/s 的数据传输速率。同轴电缆如图 4-8 所示。

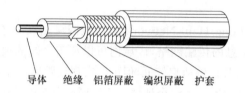

导体　绝缘　铝箔屏蔽　编织屏蔽　护套

图 4-8　同轴电缆

(3) 光纤

随着数据通信技术的飞速发展,光纤为通信发展带来了巨大的潜力。光纤是由纯石英玻璃制成的。纤芯外面包围着一层折射率比芯纤低的包层,包层外是一塑料护套。光纤通常被扎成束,外面有外壳保护。光纤的传输速率可达 100 Gbit/s。现代的生产工艺可以制造出超低损耗的光纤,光信号在传输过程中能量损耗几乎为零,有效地保证了远距离的光纤通信。由于现在光纤的成本也在日益降低,所以远距离传输基本都使用了光纤。光纤如图 4-9 所示。

图 4-9　光纤

2. 无线传输介质

除了有线性质的传输介质,更为方便的是无线传输介质。比如人们在乘坐火车、飞机时仍需要进行数据通信,那有线传输介质就无法满足这样的要求了。但利用无线通信,我们就可以满足这种需求。早在 1887 年,德国物理学家赫兹发现电磁波以后,无线技术就得到了广泛应用。我们利用无线电波在自由空间的传播可以实现多种无线通信。在自由空间传输的电磁波根据频谱可将其分为无线电波、微波、红外线、激光等,信息被加载在电磁波上进行传输。无线传输的介质有:无线电波、红外线、微波、卫星和激光。在局域网中,通常只使用无线电波和红外线作为传输介质。无线传输介质更多的是用于广域互联网的广域链路的连接。无线传输的优点是显而易见的,其安装、移动以及变更都较容易,不会受到环境的限制。缺点是信号在传输过程中容易受到干扰和被窃取,且初期的安装费用较高。

(1) 微波传输

微波是频率在 10^8～10^{10} Hz 之间的电磁波。在 100 MHz 以上,微波就可以沿直线传播,传播距离会受到障碍物的影响,相邻站点之间必须能够在空间形成无障碍的直线传播,所以经常采用高架天线塔进行传播。所以如果微波塔相距太远,地表就会挡住去路。因此,隔一段距离就需要一个中继站,微波塔越高,传的距离越远。微波通信被广泛用于长途电话通信、监察电话、电视传播和其他方面的应用。

（2）红外线

红外线是频率在 $10^{12} \sim 10^{14}$ Hz 之间的电磁波。无导向的红外线被广泛用于短距离通信。电视、空调等家用电器使用的遥控器都利用了红外线装置。红外线的主要缺点:不能穿透坚实的物体。但正是由于这个原因,一间房屋里的红外系统不会对其他房间里的系统产生串扰,所以红外系统防窃听的安全性要比无线电系统好。所以应用红外系统不需要得到政府的许可。

（3）激光传输

激光是一种方向性极好的单色相干光,利用激光可以有效的传送信息,叫作激光通信。激光是一种新型光源,具有亮度高、方向性强、单色性好、相干性强等特征。按传输媒质的不同,可分为大气激光通信和光纤通信。大气激光通信是利用大气作为传输媒质的激光通信。光纤通信是利用光纤传输光信号的通信方式。

激光通信的主要应用在以下方面:①地面间短距离通信;②短距离内传送传真和电视;③由于激光通信容量大,可作导弹靶场的数据传输和地面间的多路通信;④通过卫星全反射的全球通信和星际通信,以及水下潜艇间的通信。

我国在无线传输上的成就主要是以华为为中心的 5G 移动通信网络中的卓越表现,华为作为一家民营企业,直接引领了全球 5G 建设的标准。2020 年,华为研发投入高达 1 418 亿元,在全球企业研发投入最新排名第三的位置,这也是华为能够在全球强势崛起的原因之一。2020 年华为的科研人员占比 53.4%,截至 2020 年年底,华为全球共持有有效授权专利超 10 万件,超 90% 为发明专利。对于高科技公司而言,重兵投入研势在必行,只有研发领先,掌握技术话语权,才不会处处受制于人。

4.2　我国计算机网络的发展及应用现状

计算机网络的快速发展及其他带来的巨大变化,使我们深深感受到没有先进的科学技术就没法追赶发达国家。我国计算机网络的发展于 20 世纪 80 年代。1989 年 11 月,第一个公用分组交换网建成运行。1993 年,建成新公用分组交换网 CHINANET。20 世纪 80 年代后期,相继建成了各行业的专用广域网。1994 年 4 月,NCFC(中国国家计算机与网络设施)率先与美国 NSFNET 直接互联实现了中国与 Internet 的全功能网络连接,标志着我国已经加入了国际互联网。1994 年 5 月,设立第一个 WWW 服务器。1994 年 9 月,中国公用计算机互联网启动。目前,已建成 9 个全国公用计算机网络。

中国互联网络信息中心(CNNIC)发布的第 47 次《中国互联网络发展状况统计报告》(以下简称《报告》)显示,截至 2020 年 12 月,我国网民规模达 9.89 亿,较 2020 年 3 月增长 8 540 万,手机网民规模达 9.86 亿,互联网普及率达 70.4%。其中,40 岁以下网民超过 50%,学生网民最多,占比为 21.0%,农村网民规模为 3.09 亿,较 2020 年 3 月增长 5 471 万;农村地区互联网普及率为 55.9%,较 2020 年 3 月提升 9.7 个百分点。如今,网络就像水和空气一样,与我们密不可分——即时通信用户规模达 9.81 亿,网络购物用户规模达 7.82 亿,短视频用户规模达 8.73 亿……2020 年,我国互联网行业在抵御新冠肺炎疫情和疫情常态化防控等方面发挥了积极作用,为我国成为全球唯一实现经济正增长的主要经济体、国内生产总值(GDP)首度突破百万亿,圆满完成脱贫攻坚任务作出了重要贡献。

截至 2020 年 12 月,我国国际出口带宽数为 11 511 397 Mbit/s,较 2019 年年底增长 30.4%。其中,中国电信、中国联通、中国移动共计 11 243 109 Mbit/s,中国科技网 114 688 Mbit/s,中国教育和科研计算机网 153 600 Mbit/s。

目前,我国由各大运营商、教育部、国家科学技术委员会等部门建设了多个全国范围的广域网,这些网络在国内几个大城市节点互联,各自通过国际光缆与 Internet 连接,属于 Internet 的一个部分。

互联网在当今社会起到非常重要的作用,具体体现在以下方面。

(1)"健康码"助 9 亿人通畅出行,互联网为抗疫赋能赋智

2020 年,面对突如其来的新冠肺炎疫情,互联网显示出强大力量,对打赢疫情防控阻击战起到关键作用。疫情期间,全国一体化政务服务平台推出"防疫健康码",累计申领近 9 亿人,使用次数超过 400 亿人次,支撑全国绝大部分地区实现"一码通行",大数据在疫情防控和复工复产中作用凸显。同时,各大在线教育平台面向学生群体推出各类免费直播课程,方便学生居家学习,用户规模迅速增长。受疫情影响,网民对在线医疗的需求量不断增长,进一步推动我国医疗行业的数字化转型。截至 2020 年 12 月,我国在线教育、在线医疗用户规模都有了极大的增长,分别为 3.42 亿和 2.15 亿,占网民整体的 34.6%、21.7%。未来,互联网将在促进经济复苏、保障社会运行、推动国际抗疫合作等方面进一步发挥重要作用。

(2)网民规模接近 10 亿,网络扶贫成效显著

近年来,网络扶贫行动向纵深发展取得实质性进展,并带动边远贫困地区非网民加速转化。在网络覆盖方面,贫困地区通信"最后一公里"被打通,截至 2020 年 11 月,贫困村通光纤比例达 98%。在农村电商方面,电子商务进农村实现对 832 个贫困县全覆盖,支持贫困地区发展"互联网+"新业态新模式,增强贫困地区的造血功能。在网络扶智方面,学校联网加快、在线教育加速推广,全国中小学(含教学点)互联网接入率达 99.7%,持续激发贫困群众自我发展的内生动力。在信息服务方面,远程医疗实现国家级贫困县县级医院全覆盖,全国行政村基础金融服务覆盖率达 99.2%,网络扶贫信息服务体系基本建立。

(3)网络零售连续八年全球第一,有力推动消费"双循环"

自 2013 年起,我国已连续八年成为全球最大的网络零售市场。2020 年,我国网上零售额达 11.76 万亿元,较 2019 年增长 10.9%。截至 2020 年 12 月,我国网络购物用户规模达 7.82 亿,较 2020 年 3 月增长 7215 万,占网民整体的 79.1%。随着以国内大循环为主体、国内国际双循环的发展格局加快形成,网络零售不断培育消费市场新动能,通过助力消费,消费品质和消费数量都得到了很大的提升。直播电商成为广受用户喜爱的购物方式,66.2%的直播电商用户购买过直播商品。

(4)网络支付使用率近九成,数字货币试点进程全球领先

截至 2020 年 12 月,我国网络支付用户规模达 8.54 亿,较 2020 年 3 月增长 8 636 万,占网民整体的 86.4%。网络支付通过聚合供应链服务,辅助商户精准推送信息,助力我国中小企业数字化转型,推动数字经济发展;移动支付与普惠金融深度融合,通过普及化应用缩

小我国东西部和城乡差距,促使数字红利普惠大众,提升金融服务可得性。2020 年,央行数字货币已在深圳、苏州等多个试点城市开展数字人民币红包测试,取得阶段性成果。未来,数字货币将进一步优化功能,覆盖更多消费场景,为网民提供更多数字化生活便利。

（5）数字政府建设扎实推进,在线服务水平全球领先

2020 年,党中央、国务院大力推进数字政府建设,切实提升群众与企业的满意度、幸福感和获得感,为扎实做好"六稳"工作,全面落实"六保"任务提供服务支撑。截至 2020 年 12 月,我国互联网政务服务用户规模达 8.43 亿,较 2020 年 3 月增长 1.50 亿,占网民整体的 85.3％。数据显示,我国电子政务发展指数为 0.7948,排名从 2018 年的第 65 位提升至第 45 位,取得历史新高,达到全球电子政务发展"非常高"的水平。各类政府机构积极推进政务服务线上化,服务种类及人次均有显著提升;各地区各级政府"一网通办""异地可办""跨区通办"渐成趋势,"掌上办""指尖办"逐步成为政务服务标配,营商环境不断优化。

4.3　计算机网络体系结构

计算机网络体系结构从整体角度抽象定义了计算机网络的构成及各个网络部件之间的逻辑关系和功能,给出了协调工作的方法和计算机网络必须遵守的规则。

计算机网络的工作方式充分体现了分层的概念,即我们在解决问题的时候要遵循一定的规则,将复杂的问题进行分解,当把分解后的小问题解决了,大问题也自然而然地解决了。

4.3.1　计算机网络体系结构的基本概念

1. 网络协议

在计算机网络中用于规定信息的格式以及如何发送和接收信息的一套规则、标准或约定称为网络协议,简称协议。

例如,网络中一个微机用户要和一个大型主机的操作员进行通信,由于这两个数据终端所用字符集不同,因此操作员所输入的命令彼此互不认识。这样就无法进行通信。为了能进行通信,那么就规定一种标准字符集,规定每个终端都要将各自字符集中的字符先变换为标准字符集的字符后,才进入网络进行传送。到达目的终端之后,再变换为该终端字符集的字符。当然,对于不相容终端,除了需变换字符集字符外还需转换其他特性,如显示格式、行长、行数等也需作相应的变换。

网络协议是由以下三个要素组成。

① 语义:解释、控制信息每个部分的意义。不同类型的协议元素规定了通信双方所要表达的不同内容。它规定了需要发出何种控制信息,以及完成的动作与做出什么样的响应。

② 语法:用户数据与控制信息的数据结构与格式,以及数据出现的顺序。

③ 时序:指时间的执行顺序。

我们可以形象地把这三个要素描述为:语义表示要做什么,语法表示要怎么做,时序表示做的顺序。

2. 网络协议的分层

网络协议是网络中不可缺少的组成部分。对于非常复杂的计算机网络协议,其结构采用了自顶向下逐步求精的方法。网络分层就是将网络节点所要完成的数据的发送或转发、

打包或拆包,控制信息的加载或拆出等工作,分别由不同的硬件和软件模块去完成。这样可以将往来通信和网络互连这一复杂的问题变得较为简单。

为了理解协议分层的概念,我们用图 4-10 所示的例子来说明。假设公司 A 有货物要发给公司 B,公司 A 按照公司之间发货的规章,给货物加了一个说明以识别该货物,然后公司 A 把加了说明的货物交到火车站货运处;火车站货运处按照火车站的规章,发现货物太大,于是将货物分成了多个小包裹,并按照规章给每个包裹加上标签,并决定将它们交由哪次列车运送(可能不是一次列车),并将其交给了车站搬运处;车站搬运处将每个包裹分别装进了车厢,堆放在列车规定的位置;然后货物通过铁路运到目的地火车站。

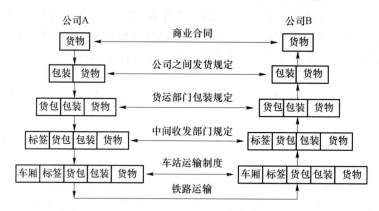

图 4-10 公司 A 发货给公司 B 示意图

到达目的地火车站后,按照上述过程的逆过程一层一层去掉封装,每向上传递一层,该层的包装就被剥掉,绝对不会出现把下层的包装交给上层的情况,直到公司 B 拿到货物。

网络系统采用层次化的结构有以下优点。

① 各层之间相互独立,高层不必关心低层的实现细节,可以做到各司其职。

② 灵活性好。任何一个网络层次的内部变化不会对其他层次产生影响,因此每个网络层次的软件或设备可单独升级或改造,利于网络的维护和管理。

③ 结构上可以分开。分层结构提供了标准接口,使开发商易于提供网络软件和网络设备。

④ 分层结构的适应性强,只要服务和接口不变,层内的实现方法可灵活改变。

3. 网络体系结构

计算机网络层次模型和各层协议的集合定义为网络体系结构。国际上,计算机网络理论研究学者和网络工程专家们提出了很多种方案,出于各种目的,他们制定和公布了各自的网络体系结构。其中,有些得到了理论界的推崇而被不断地补充和完善,有些网络体系结构在工程中得到了广泛的应用,还有些网络协议被国际标准化组织(ISO)采纳,成为计算机网络的国际标准。

1974 年,美国 IBM 公司提出了世界上第一个网络体系结构 SNA,其他计算机网络体系结构有 OSI/RM、TCP/IP 等。

4.3.2 网络互联设备

不论是局域网、城域网还是广域网,在物理上通常都是由中继器、网桥、路由器、网关、防火墙、交换机、网卡、网线、RJ45 接头等网络连接设备和传输介质组成的。

1. 服务器

服务器(Server)是计算机网络上最重要的设备。服务器指的是在网络环境下运行相应的应用软件,为网络中的用户提供共享信息资源和服务的设备。服务器的构成与微机基本相似,有处理器、硬盘、内存、系统总线等,但服务器是针对具体的网络应用特别制定的,因而服务器与微机在处理能力、稳定性、可靠性、安全性、可扩展性、可管理性等方面存在很大的差异。通常情况下,服务器比客户机拥有更强的处理能力、更多的内存和硬盘空间。服务器上的网络操作系统不仅可以管理网络上的数据,还可以管理用户、用户组、安全和应用程序。服务器是网络的中枢和信息化的核心,具有高性能、高可靠性、高可用性、I/O 吞吐能力强、存储容量大、联网和网络管理能力强等特点。

2. 中继器

中继器(Repeater)是局域网互联的最简单设备,是扩展网络的最廉价的方法。当扩展网络的目的是要突破距离和结点的限制时,并且连接的网络分支都不会产生太多的数据流量,成本又不能太高时,就可以考虑选择中继器。采用中继器连接网络,分支的数目要受具体的网络体系结构限制。

中继器可以用来连接不同的物理介质,并在各种物理介质中传输数据包。某些多端口的中继器很像多端口的集线器,它可以连接不同类型的介质。

3. 网桥

网桥(Bridge)包含了中继器的功能和特性,不仅可以连接多种介质,还能连接不同的物理分支,如以太网和令牌网,能将数据包在更大的范围内传送。网桥的典型应用是将局域网分段成子网,从而降低数据传输的瓶颈,这样的网桥叫"本地"桥。用于广域网上的网桥叫作"远地"桥。两种类型的桥执行同样的功能,只是所用的网络接口不同。生活中的交换机就是网桥。

4. 路由器

路由器(Brouter)是可以在多个网络上交换和路由数据包的设备,它会根据信道的情况自动选择和设定路由,以最佳路径,按前后顺序发送信号。路由器是互联网络的枢纽,"交通警察"。目前,路由器已经广泛应用于各行各业,各种不同档次的产品已成为实现各种骨干网内部连接、骨干网间互联和骨干网与互联网互联互通业务的主力军。

5. 防火墙

在网络设备中,是指硬件防火墙(Firewall)。硬件防火墙是指把防火墙程序做到芯片里面,由硬件执行这些功能,能减少 CPU 的负担,使路由更稳定。

硬件防火墙是保障内部网络安全的一道重要屏障。它的安全和稳定,直接关系到整个内部网络的安全。因此,日常例行的检查对于保证硬件防火墙的安全是非常重要的。

6. 交换机

交换机(Switch)意为"开关",是一种用于电(光)信号转发的网络设备。它可以为接入交换机的任意两个网络节点提供独享的电信号通路。最常见的交换机是以太网交换机,其他常见的还有电话语音交换机、光纤交换机等。

交换机是一种基于 MAC 地址(网卡的地址)识别,能完成封装转发数据包功能的网络设备。交换机可以"学习"MAC 地址,并将其存放在内部地址表中,通过在数据帧的始发者和目标接收者之间建立临时的交换路径,使数据帧直接由源地址到达目的地址。交换机在同一时刻可进行多个端口对之间的数据传输。每一端口都可视为独立的网段,连接在其上的网络设备独自享有全部的带宽,无须同其他设备竞争使用。

4.4 Internet 及应用

4.4.1 Internet 概述

Internet 的中文名称为互联网或因特网。它是一个全世界范围的大网络,它将广域网、局域网及单机按照一定的通信协议组成了国际计算机网络。互联网将全球数万个计算机网络、主机连接起来,进行数据传输与通信,向全世界提供信息服务。一旦用户通过 TCP/IP 协议连接到它的任何一个节点上,就意味着用户的计算机已经连入互联网了。目前,Internet 的用户已经遍及全球。

Internet 的起源主要分为以下三个阶段。

1. Internet 的雏形阶段

20 世纪 60 年代末,美国国防部高级研究计划局(Advance Research Projects Agency,ARPA)开始建立一个命名为"ARPANET"的网络,通过向美国国内大学和一些公司提供经费,以促进计算机网络和分组交换技术的研究。当时,建立这个网络是出于国防军事需要,计划建立一个计算机网络,如果网络中的一部分被摧毁时,其余网络部分会很快建立起新的联系。1969 年,ARPANET 被正式启用。

1969 年 12 月,ARPANET 投入运行,建成了一个实验性的由 4 个节点连接的网络。1983 年,ARPANET 已连接了 300 余台计算机,供美国各研究机构和政府部门使用。

1983 年,ARPANET 分为 ARPANET 和军用 MILNET(Military Network),两个网络之间可以进行通信和资源共享。由于这两个网络都是由许多网络互连而成的,因此它们都被称为 Internet,ARPANET 就是 Internet 的前身。

2. Internet 的发展阶段

美国国家科学基金会(National Science Foundation,NSF)于 1985 年开始建立计算机网络 NSFNET。NSF 规划建立了 15 个超级计算机中心及国家教育科研网,用于支持科研和教育的全国性规模的 NSFNET,并以此作为基础,实现同其他网络的连接(实际上它是一个三级计算机网络,分为主干网、地区网和校园网,覆盖了全美国主要的大学和研究所)。NSFNET 成为 Internet 上主要用于科研和教育的主干部分,代替了 ARPANET 的骨干地位。1989 年,MILNET(由 ARPANET 分离出来)实现和 NSFNET 连接后,就开始采用 Internet 这个名称。自此以后,其他部门的计算机网络相继并入 Internet,ARPANET 就宣告解散了。

最初,NSFNet 的主干网的速率不高,仅为 56 kbit/s。在 1989—1990 年,NSFNet 主干网的速率提高到 1.544 Mbit/s,并且成为 Internet 中的主要部分。

3. Internet 的商业化阶段

1991 年,NSF 和美国政府机构开始认识到 Internet 必将扩大使用范围,不会仅限于大学和研究机构。世界上许多公司纷纷接入因特网,使网络上的通信量急剧增大,每日传送的分组达 10 亿个之多,Internet 的容量已满足不了需要,于是美国政府决定将 Internet 的主干网交给民间公司来经营,并开始对接入因特网的企业和团体收费。1992 年,Internet 上的主机超过了 100 万台;1993 年,Internet 主干网的速率提高到了 45 Mbit/s。不久,三级结构的 Internet 又演进到多级结构。因此,现在的 Internet 并不为某个组织所拥有。

由欧洲原子核研究组织 CERN 开发的万维网 WWW 被广泛使用在 Internet 上,大大方便了广大非网络专业人员对网络的使用,成为 Internet 发展的指数级增长的主要驱动力。

WWW 的站点数目也急剧增长,1993 年年底只有 627 个,1994 年年底就超过 1 万个,1996 年年底超过 60 万个,1997 年年底超过 160 万个,而 1999 年年底则超过了 950 万个,上网用户数则超过 2 亿,2002 年,全球 Internet 的用户达到 4.5 亿。

1995 年,NSFNET 停止运作,Internet 彻底商业化。

今天的 Internet 已不再是计算机专业人员和军事部门进行研究的领域,而变成了一个开发和使用信息资源的信息海洋,可以为全人类共享。这个结果是当初建立网络的人根本想不到的,科技改变生活,科技改变世界,相信在未来,我们还会利用科技开发出更多的技术,从而造福人类。

4.4.2 IP 地址与 MAC 地址

1. MAC 地址

网卡的 MAC 地址(物理地址)由网卡生产厂家烧入网卡的 EPROM(一种闪存芯片,通常可以通过程序擦写)。物理地址是 48 位(bit)二进制数,前 24 位是厂商编号,后 24 位为网卡编号,如:44-45-53-54-00-00(16 进制),换成二进制就是 01000100-01000101-01010011-01010100-00000000-00000000。其中,44-45-53 是生产厂家编号,54-00-00 是厂家对产品的编号。网络地址管理机构(IEEE)将网络地址的厂商编号卖给生产网卡的厂家,生产时逐个将唯一地址赋予网卡,该地址也是全球唯一的。

2. IP 地址

IP 地址(Internet Protocol Address)是 IP 协议的地址格式,Internet 上主机都要有 IP 地址。把"个人计算机"比作"一台电话",那么"IP 地址"就相当于"电话号码"。IP 地址是一个 32 位的二进制数,分割为 4 个 8 位二进制数,用"点分十进制"表示成(a. b. c. d)的形式,a、b、c、d 是 0~255 的十进制整数。例如 IP 地址(100.4.5.6),是 32 位二进制数(01100100. 00000100. 00000101. 00000110)。每个 IP 地址都由网络号和主机号两部分组成,网络号标示主机所在网络,主机号标示该网络上的主机。如 192.168.0.1,网络号是 192.168.0,主机号是 1。

Internet 委员会定义了五种 IP 地址类型以适合不同容量的网络,即 A~E 类。其中,A、B、C3 类(如表 4-1 所示),由 InternetNIC 在全球范围内统一分配,D、E 类为特殊地址。

表 4-1 IP 地址分类表

类别	最大网络数	IP 地址范围	最大主机数	私有 IP 地址范围
A	126(2^7-2)	0. 0. 0. 0~127. 255. 255. 255	16 777 214	10. 0. 0. 0~10. 255. 255. 255
B	16384(2^{14})	128. 0. 0. 0~191. 255. 255. 255	65 534	172. 16. 0. 0~172. 31. 255. 255
C	2097152(2^{21})	192. 0. 0. 0~223. 255. 255. 255	254	192. 168. 0. 0~192. 168. 255. 255

A 类 IP 地址中网络的标识长度为 8 位,主机标识的长度为 24 位,网络地址的最高位必须是"0"。A 类网络地址 126 个,每个网络可以容纳主机数达 1 600 多万台。A 类 IP 地址的地址范围为 0.0.0.0～126.255.255.255,子网掩码为 255.0.0.0。

B 类 IP 地址中网络的标识长度 16 位,主机标识长度为 16 位,网络地址的最高两位必须是"10"。B 类网络地址适用于中等规模的网络,有 16 384 个网络号,每个网络最多 65 534 台主机。B 类 IP 地址范围为 128.0.0.0～191.255.255.255,子网掩码为 255.255.0.0。

C 类 IP 地址中网络的标识长度 24 位,主机标识长度 8 位,网络地址的最高位必须是"110"。C 类适用于小规模的局域网,网络地址 209 万,每个网络最多只能包含 254 台计算机。C 类 IP 地址范围 192.0.0.0～223.255.255.255,网掩码为 255.255.255.0。

网关是本地网络的出口地址,如果主机要通信的目标地址不在本地网络,数据由网关负责转发到目的网络。比如 192.168.2.100,如需与 202.114.216.43 通信,数据发给网关 192.168.2.254,网关负责把数据转发到目的网络。

3. IPv6

IPv6 是 Internet Protocol Vension 6 的缩写。目前使用的 IP 协议是 IPv4 ,它是当前 Internet 的基础,为网络发展做出了很大贡献,但随着 Internet 的发展,网络规模不断扩大和互联网用户数的迅速增长严重制约了 IP 技术的应用和未来的网络发展。当前使用的第二代互联网 IPv4 技术,核心技术属于美国,其最大问题是网络地址资源有限,从理论上讲,编址 1 600 万个网络、40 亿台主机。但采用 A、B、C 三类编址方式后,可用的网络地址和主机地址的数目大打折扣,以至 IP 地址已于 2011 年 2 月 3 日分配完毕。其中,北美占有 3/4,约 30 亿个,而人口最多的亚洲只有不到 4 亿个,截至 2010 年 6 月,我国 IPv4 地址数量达到 2.5 亿,落后于 4.2 亿网民的需求。

网络地址不足,严重地制约了我国及其他国家互联网的应用和发展。一方面是地址资源数量的限制,另一方面是随着电子技术及网络技术的发展,计算机网络进入人们的日常生活,可能身边的每一样东西都需要连入全球因特网。为了解决这个问题,互联网工程任务小组(IETF)于 1992 年推出了下一版本的 IPv6,IPv6 具有很多的优良特性,尤其在 IP 地址数量、安全性、服务质量等方面具备更大的优势。

4. IPv6 与实名制

IPv6 一个重要的应用是网络实名制下的互联网身份证。目前,基于 IPv4 的网络因为 IP 资源不够,IP 和上网用户无法实现一一对应,难以实现网络实名制,所以根据 IP 查找用户比较困难,电信局要保留一段时间的上网日志才行,而通常因为数据量很大,运营商只保留大约三个月的上网日志,比如查前年某个 IP 发帖子的用户就不能实现。

IPv6 的出现可以从技术上一劳永逸地解决实名制这个问题,因为那时 IP 资源将不再紧张,运营商有足够的 IP 资源;那时候,运营商在受理入网申请的时候,可以直接给该用户分配一个固定 IP 地址,这实际上就实现了实名制。

5. DNS(Domain Name System)

(1) 域名

由于 IP 地址是数字,难以记忆和书写,因此在 IP 地址的基础上又发展出一种符号化的地址方案代替数字型的 IP 地址,每一个符号化的地址都对应特定的 IP 地址,方便使用。这个字符型地址就是域名。域名由几段英文字符串组成,各段用点号分开,从左到右的范围变大,拥有实际的含义,比 IP 地址好记得多。要理解一个域名通常从右向左看,级别分别是顶级域名、二级域名和三级域名,例如域名 www. baidu. com,顶级域名 com 表示商业机构,域名 baidu 表示百度公司,www 表示 WWW 服务,该域名是百度公司的 WWW 服务器。

顶级域名分为两种:一种是国际通用域名,国际通用顶级域名指示注册者的域名使用领域,它不带有国家特性,例如表示工商企业的. com,表示网络提供商的. net,表示非营利组织的. org 等。另一种是国家顶级域名,国家顶级域名是由该国域名机构进行注册的登记管理域名,只能受到本国法律和政策的保护,例如中国国家顶级域名即是. cn,. cn 域名由国家工业和信息化部管理,. . cn 域名注册的管理机构为中国互联网信息中心(CNNIC)。

二级域名是指顶级域名之下的域名。在国际顶级域名下,它是指域名注册人的网上名称,如 ibm,yahoo,microsoft 等;再如 google. com,CCB. com。在国家顶级域名下,它是表示注册企业类别的符号,例如 com,edu,gov,net 等。中国的顶级域名是 CN,中国的二级域名又分为类别域名和行政区域名两类。类别域名共 6 个,分别是科研机构 ac、工商金融企业 com、教育机构 edu、政府部门 gov、互联网络信息和运行中心 net、非营利组织 org。行政区域名有 34 个,分别对应于中国各省、自治区和直辖市。二级域名之下,域名注册人的网上名称是三级域名,如 people. com. cn。

（2）域名解析

对用户来说,使用域名比直接使用 IP 地址方便得多,但 Internet 内部数据传输使用的还是 IP 地址。在浏览器地址栏输入域名,客户机询问 DNS 服务器该域名对应的 IP 地址,DNS 服务器把 IP 地址返回给客户机,客户机再向这个 IP 地址的服务器提出 Web 请求。域名到 IP 地址的转换叫域名解析,域名解析详细步骤如下:

① 客户端提出域名解析请求,将该请求发给本地的 DNS 服务器。本地 DNS 服务器收到请求后查询自己的缓存,如有该记录,将查询的结果返回给客户端。如没有,把请求转发到根 DNS,根 DNS 服务器收到请求返回一个负责该域名子域的 DNS 服务器地址。比如,查询 ent. 163. com 的 IP,根 DNS 服务器就会在负责. com 顶级域名的 DNS 服务器中选一个返回给本地 DNS 服务器。

② 本地 DNS 服务器收到这个地址后,将此请求发给负责. com 域名的 DNS 服务器,如果它无法解析,就会返回另一个管理. com 的 DNS 服务器地址给本地 DNS 服务器,本地 DNS 服务器收到后,重复上面的操作,直到有一台 DNS 服务器可以顺利解析出这个地址为止。本地 DNS 服务器获得 IP 后返回给客户端,同时将这条记录写入自己的缓存。如果没有 DNS 服务器识别该域名,则认为该域名不可知,在客户端的体现就是网页无法浏览或网络程序无法连接等。

4.4.3　因特网服务

1. WWW 服务

WWW 是环球信息网的缩写(亦作"Web""WWW""W³",英文全称为"World Wide

Web"),中文名字为"万维网""环球网"等,常简称为 Web。WWW 服务即 Web 客户端(常用浏览器)访问浏览 Web 服务器上的网站页面。WWW 系统是一个由许多互相链接的超文本网页组成的系统,通过互联网访问。在这个系统中,每个有用的事物都称为一样"资源",并且由一个全局"统一资源标识符"(URL)标识,这些资源通过超文本传输协议 HTML(Hypertext Transfer Protocol)传送给用户,而后者通过点击链接来获得资源。

2. 搜索引擎服务

搜索引擎是免费提供用于网上查找信息的网站和程序,是一种专门用于定位和访问网页信息,获取用户希望获取资源的导航工具。"搜索引擎"从字面上可拆分为"搜""索""引擎"三个含义。"搜"就是大量信息的抓取,搜索引擎不断地抓取 Internet 网上 Web 服务器上最新的网页信息,抓取回来后的信息进行智能提取、排重、质量分析等处理,这些信息当然也包括所在网页的链接。"索"就是大量处理后信息的存储、信息排序、快速查询等,这些工作由搜索引擎的大型数据库负责。"引擎"就是指系统不仅能存储亿级的数据,而且能有巨大的并发处理能力,这样的系统才有资格叫"引擎"。用户在搜索引擎网页上输入搜索关键词后,搜索引擎数据库中的所有包含这个关键词的网页都作为搜索结果显示出来,用户可以根据自己的需要点击打开网页。常用的搜索引擎有百度、Google。

3. 电子邮件服务

电子邮件服务(E-mail 服务)是一种利用计算机网络交换电子信件的通信手段。电子邮件与传统邮件相比有传输速度快、内容和形式多样、使用方便、费用低、安全性高等特点。具体表现在:发送速度快,电子邮件通常在数秒钟内即可送至全球任意位置的收件人信箱中;信息多样化,电子邮件发送的信件内容除普通文字内容外,还可以是软件、数据,甚至是录音、动画、电视或各类多媒体信息;收发方便,收信人自由决定在什么时候、什么地点接收和回复;成本低廉,几乎没有费用;广泛的交流对象,同一个信件可以通过网络极快地发送给网上指定的一个或多个成员,甚至召开网上会议进行互相讨论,这些成员可以分布在世界各地。

4. 文件传输服务

文件传输服务(FTP)支持两台计算机之间互相传递任何类型的信息。Internet 上的用户可以用 FTP 进行计算机之间的文件传输。FTP 使每个 Internet 网上的计算机都拥有了一个容量巨大的备份文件库,用户可以把远程主机上软件、文字、图片、图像与声音信息拷贝到本地硬盘上。在进行文件传输服务时,一般来说,要求获得提供文件方计算机(FTP 服务器)的许可,提供一个账户和密码,然后登录 FTP 服务器后才能进行文件查询、文件传输等操作。也有些文件传输服务不需要账户、密码直接下载。

5. 电子商务

电子商务是利用计算机技术、网络技术和远程通信技术,实现整个商务过程电子化、数字化和网络化。构成要素为商城、消费者、产品、物流。商城的构成包括:①交易平台,即电子商务活动中为交易双方或多方提供交易撮合及相关服务的信息网络系统总和;②平台经营者:在工商行政管理部门登记注册并领取营业执照,运营交易平台,为交易双方提供服务的自然人、法人和其他组织;③站内经营者交易平台上从事交易及有关服务活动的自然人、法人和其他组织。电子商务让消费者通过网络了解和比较商品信息,在网上购物和支付。节省了客户与企业的时间和空间,大大提高了交易效率。

6. 即时通信服务

即时通信(Instant Messaging,IM)可以实现两人或多人使用网络实时传递文字、图片、语音信息甚至视频交流,实现以上功能软件叫即时通信软件。通过即时通信功能,你可以知道你的好友是否正在线上,如果在线,可以与他们即时通信。即时通信比传送电子邮件更具实时性,比打电话更直观和经济,是网络时代最方便的通信方式。

7. 其他网络服务

随着计算机和网络技术的不断发展,网络上提供了越来越多地与人们学习生活密切相关的服务,如网络学习、网络游戏、网络视频等。

网络学习是指在计算机网络上通过浏览网络资源、在线交流、在线讲堂等方式,获得知识,解决相关问题,从而提升自己的学习活动。网络学习打破了传统教育模式时间和空间条件的限制,是传统学校教育功能的延伸,使教学资源得到了充分利用。网络教学过程具有开放性、交互性、协作性、自主性等特点,是一种以学生为中心的教育形式。

目前,我国有丰富的在线学习平台,提供了从义务教育阶段到高等教育阶段的各类学习资源,例如中国大学慕课、网易公开课等,利用这些在线学习资源平台,可以学习各种课程,享受各级名师的精彩课堂,在线教育日益成为学校教育的补充,线上线下共同学习的模式也越来越多地被大众所接受,这就是科技发展给我们带来的好处,资源获取的公平性、方便性必将促使教育革命的大发展、大变革。

网络视频是由网络视频服务商提供的、以流媒体为播放格式的、可以在线直播或点播的声像文件。网络视频一般需要独立的播放器,文件格式主要是基于 P2P 技术,占用客户端资源较少的 FLV 流媒体格式。

网络游戏是以互联网为传输媒介,以游戏运营商服务器和用户计算机为处理终端,以游戏客户端软件为信息交互窗口的,旨在实现娱乐、休闲、交流和取得虚拟成就的,具有可持续性的多人在线游戏。

互联网应用的日益丰富,也促使了自媒体、短视频、游戏等产业的发展和壮大,移动时代正在走来,当前移动互联网已经成为信息产业发展最快、竞争最激烈、创新最活跃的领域之一,但这一切的发展要归功于各种科学技术的发展和创新,没有技术突破,就没有今天高速发达的网络世界,拥有核心技术,才不会受制于人,我们既要看到自己的优势,也不能忽略自己的劣势,任重而道远,只有继续不断刻苦努力钻研科学技术,才能在未来的科技时代具备更强的竞争力。

4.5　计算机网络安全

本质上讲,网络安全就是网络上的信息安全。目前,信息化的浪潮席卷全球,世界正经历着以计算机网络技术为核心的信息革命,信息网络将成为我们这个社会的神经系统,它将改变人类传统的生产、生活方式。然而,计算机信息技术也和其他技术一样,是一把双刃剑。

大部分人是通过信息技术提高工作效率,为社会创造更多的财富,有一些人却利用信息技术在做相反的事情。他们非法入侵他人的计算机,窃取信息,篡改和破坏数据,给社会造成了重大的损失。因此,计算机网络的安全又成为计算机安全的重中之重。

国际标准化组织(ISO)将"计算机网络安全"定义为"为数据处理系统建立和采取的技术和管理的安全保护,保护网络系统的硬件、软件及其系统中的数据不因偶然的或者恶意的原因而遭受到破坏、更改、泄露,系统连续可靠、正常地运行,网络服务不中断"。

随着全球信息化的迅猛发展,国家的信息安全和信息主权已成为越来越突出的重大战略问题,关系到国家的稳定与发展。据统计,全球约每 20 秒就有一次计算机入侵事件会发生,Internet 上的网络防火墙 1/4 会被突破,约 70% 的网络信息主管人员报告因机密数据泄露而受到了损失。

1. 网络安全的主要威胁

(1) 计算机病毒

计算机病毒实际上是一段具有生物病毒特征的可以复制的特殊程序,主要对计算机进行破坏,病毒所造成的破坏可以非常巨大,严重的可以使系统瘫痪。

(2) 黑客

黑客,源自英文 hacker,主要以发现和攻击网络操作系统的漏洞和缺陷为目的,利用网络安全的脆弱性进行非法活动,如修改网页、非法进入主机破坏程序,窃取网上信息,盗取网络计算机系统的密码;窃取商业或军事机密等。

(3) 内部入侵者

内部入侵者往往是利用偶然发现的系统的弱点,预谋突破网络系统安全进行攻击。由于内部入侵者更了解网络结构,因此他们的非法行为将对网络系统造成更大威胁。

(4) 拒绝服务

拒绝服务是指导致系统难以或不可能继续执行任务的所有问题,它具有很强的破坏性,最常见的是"电子邮件炸弹",用户受到它的攻击时,在很短的时间内收到大量的电子邮件,从而使用户系统丧失功能,无法开展正常业务,甚至导致网络系统瘫痪。

2. 我国网络安全现状

2020 年 8 月 11 日,国家互联网应急中心(CNCERT)发布《2019 年中国互联网网络安全报告》,显示 2019 年捕获计算机恶意程序样本超过 6 200 万个,日均传播次数达 824 万余次,其中境外来源的恶意攻击主要来自美国,比例为 53.5%;被植入赌博暗链的网站数量从 1 万余个下降到 1 000 个以内,互联网黑产违法犯罪活动得到有力打击。

2019 年,在我国相关部门持续开展的网络安全威胁治理下,分布式拒绝服务攻击、高级持续性威胁攻击、漏洞威胁、数据安全隐患、移动互联网恶意程序、网络黑灰色产业链、工业控制系统安全威胁总体下降,但呈现出许多新的特点,带来新的风险与挑战。

3. 制约提高我国网络安全防范能力的因素

当前,制约我国提高网络安全防御能力的主要因素有以下三方面。

(1) 缺乏自主的计算机网络和软件核心技术

我国信息化建设过程中缺乏自主技术支撑。计算机安全存在三大黑洞:CPU 芯片、操作系统和数据库、网关软件大多依赖进口。我国计算机网络所使用的网管设备和软件基本上是舶来品,这些因素使我国计算机网络的安全性能大大降低,被认为是易窥视和易打击的"玻璃网"。由于缺乏自主技术,我国的网络处于被窃听、干扰、监视和欺诈等多种信息安全威胁中,网络安全处于极脆弱的状态。

(2)安全意识淡薄是网络安全的瓶颈

目前,在网络安全问题上还存在不少认知盲区和制约因素。网络是新生事物,许多人一接触就忙着用于学习、工作和娱乐等,对网络信息的安全性无暇顾及,安全意识相当淡薄,对网络信息不安全的事实认识非常不足。与此同时,网络经营者和机构用户注重的是网络效应,对安全领域的投入和管理远远不能满足安全防范的要求。整个信息安全系统在迅速反应、快速行动和预警防范等主要方面,缺少方向感、敏感度和应对能力。

(3)运行管理机制的缺陷和不足制约了安全防范的力度

运行管理是过程管理,是实现全网安全和动态安全的关键。有关信息安全的政策、计划和管理手段等最终都会在运行管理机制上体现出来。就目前的运行管理机制来看,有以下几方面的缺陷和不足。

① 网络安全管理方面人才匮乏:由于互联网通信成本极低,分布式客户服务器和不同种类配置不断出新和发展。按理,由于技术应用的扩展,技术的管理也应同步扩展,但从事系统管理的人员却往往并不具备安全管理所需的技能、资源和利益导向。信息安全技术管理方面的人才无论是数量还是水平,都无法适应信息安全形势的需要。

② 安全措施不到位:互联网越来越具有综合性和动态性特点,这同时也是互联网不安全因素的原因所在。配置不当或过时的操作系统、邮件程序和内部网络都存在入侵者可利用的缺陷,如果缺乏周密有效的安全措施,就无法发现和及时查堵安全漏洞。当厂商发布补丁或升级软件来解决安全问题时,许多用户的系统不进行同步升级,原因是管理者未充分意识到网络不安全的风险所在,未引起重视。

③ 缺乏综合性的解决方案:面对复杂的不断变化的互联网世界,大多数用户缺乏综合性的安全管理解决方案,稍有安全意识的用户越来越依赖"银弹"方案(如防火墙和加密技术),但这些用户也就此产生了虚假的安全感,渐渐丧失警惕。

这说明在网络建设方面,我们还需要刻苦钻研,攻克技术壁垒,建设更加安全的网络;要有大局意识,要充分认识到国家安全、网络安全和个人信息安全的重要性。我们应该主动学习网络安全知识,增强安全防范意识,切实保证校园网络安全。网络信息安全意识的培养不是一朝一夕的事情,从接触网络开始,就应该全面培养网络参与者的安全意识,学会病毒防范、信息保护的基本方法,同时要了解计算机犯罪的危害性,逐步养成安全的信息活动习惯。在使用互联网的过程中,认识网络使用规范和有关伦理道德的基本内涵,能够识别并抵制不良信息,树立网络交流的安全意识。

本 章 小 结

学完本章后,应掌握的基本知识如下。

（1）了解计算机网络的概念及发展概况。

（2）了解我国计算机网络的发展概况。

（3）掌握计算机网络的分类、网络的传输介质。

（4）掌握网络体系结构及分层协议。

（5）了解 Internet 的发展概况。

（6）掌握 Internet 的体系结构、分类 IP 地址、域名系统。

（7）了解 Internet 提供的服务。

（8）掌握网络安全的相关知识。

思 政 小 结

　　计算机网络作为科技产物，不仅使各种技术有机结合起来，推动了技术的进一步发展，而且使每一个人都置身于网络环境之中，尤其是互联网的发展，更与我们的生活紧密联系在了一起。我们既要看到网络给我们生活带来的便利性，又要警惕网络带来的危险性。所以，我们要有忧患意识，要更加努力地钻研科学技术，这样才可以在将来的竞争中占据更大的优势。青年人要树立正确的世界观、人生观、价值观，勇担职责，为祖国科技事业的发展添砖加瓦。

第 5 章 文字处理 Word 2019

文字处理软件是利用计算机进行文字处理工作而设计的应用软件,它将文字的输入、编辑、排版、存储和打印融为一体,彻底改变了用纸和笔进行文字处理的传统方式,为用户提供了便利。

5.1 Word 2019 概述

Word 2019 是 Microsoft 公司开发的 Office 2019 办公组件之一,主要用于文字处理工作,功能十分强大,可以用于日常办公文档处理、文字排版、数据处理、建立表格、办公软件开发等。

5.1.1 Word 2019 的启动与退出

1. 启动

安装好 Microsoft Office 2019 套装软件后,启动 Word 2019 最常用的方法有以下三种。

① 单击"开始"→"所有程序"→"Microsoft Office"→"Microsoft Word 2019",即可启动 Word 2019。

② 双击桌面上的"Microsoft Word 2019"快捷图标,即可快速启动 Word。

③ 在"我的电脑"或"资源管理器"窗口中直接双击已经生成的 Word 文档即可启动 Word 2019,并同时打开该文档。

启动 Word 2019 后,打开如图 5-1 所示的操作界面,表示系统已进入 Word 工作环境。

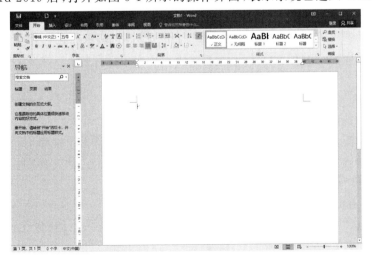

图 5-1 Microsoft Word 2019 的操作界面

2. Word 2019 的退出

退出 Word 2019 的方法有多种,最常用的方法有以下四种。

① 单击 Word 标题栏右端的"×"按钮。

② 选择"文件"→"退出"命令。

③ 使用"Alt＋F4"组合键,快速退出 Word。

④ 双击 Word 2019 窗口左上角的控制菜单图标,在弹出的菜单中选择"关闭"选项。

退出 Word 2019 表示结束 Word 程序的运行,这时系统会关闭所有已打开的 Word 文档,如果文档在此之前做了修改而未存盘,则系统会出现提示对话框,提示用户是否对所修改的文档进行存盘。根据需要选择"保存"或"不保存","取消"表示不退出 Word 2019。

5.1.2 Word 2019 的操作界面

Word 2019 的操作界面由多种元素组成,这些元素不仅能帮助用户方便使用 Word 2019,还有助于快速查找到所需的命令。Word 2019 操作窗口由上至下主要由标题栏、功能区、编辑区和状态栏四部分组成。

Word 2019 的操作界面使用"功能区"分布在选项卡下方的水平区域。在窗口中看起来像菜单的名称其实是功能区的名称或称为选项卡,当单击这些选项卡时并不会打开菜单,而是切换到与之相对应的功能区面板。每个功能区根据功能的不同又分为若干个组。

1. Word 2019 的功能区

"功能区"以选项卡的形式将各相关的命令分组显示在一起,使各种功能按钮直观地显示出来,方便使用。使用"功能区"可以快速地查找相关的命令组。通过单击选项卡来切换显示的相关命令集。

功能区可以隐藏并根据用户的需要显示。为了扩大显示区域,Word 2019 允许把功能区隐藏起来,方法为双击任意命令选项卡;若要再次打开功能区,则双击任意命令选项卡即可,也可单击功能区右上方的功能区最小化按钮"⌃"或"⌄"来隐藏和展开功能区。

2. 命令选项卡

Word 2019 功能区中的选项卡依次为"开始""插入""布局""引用""邮件""审阅"和"视图",每个选项卡下面都是相关的操作命令。在功能区的各个命令组中的右下方,大多数包含有对话框启动器▣,单击该按钮可以打开一个设置对话框,从而进行相关的命令设置;部分命令按钮的下面或右边有下拉箭头▣,单击下拉箭头可以打开下拉菜单,可以完成相关的设置。

3. 文件菜单

文件菜单和其他选项卡的结构、布局和功能有所不同。单击"文件"菜单,打开文件菜单和相应的操作界面。左面窗格为文件菜单命令按钮,右边窗格显示选择不同命令后的结果。利用该选项卡,可对文件进行各种操作及设置(如图 5-2 所示)。"文件"选项卡中包括"信息""新建""打开""保存""另存为""打印""关闭"等常用命令。

(1)"信息"命令面板

打开的"信息"命令面板如图 5-3 所示。用户可以进行保护文档(包含设置 Word 文档密码)、检查问题和管理自动保存的版本。

图 5-2　文件菜单

图 5-3　文件之信息

（2）"新建"命令面板

单击"新建"命令，可以看到丰富的 Word 2019 文档类型，包括"空白文档""书法字帖"等 Word 2019 内置的文档类型。用户还可以通过"搜索联机模板"新建诸如"报表""标签""表单表格""费用报表""会议日程""证书""奖状""小册子"等实用 Word 文档，如图 5-4所示。

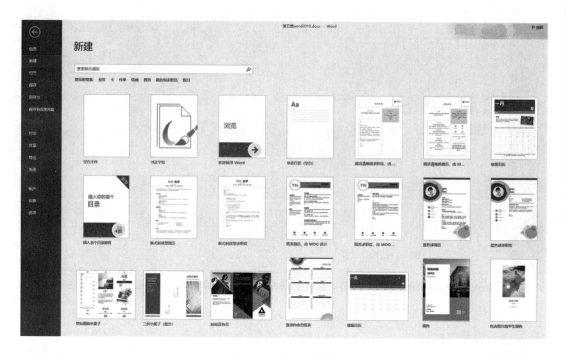

图 5-4　文件之新建

（3）"打印"命令面板

在该面板中可以详细设置多种打印参数，例如双面打印、指定打印页等参数，从而有效控制 Word 2019 文档的打印结果。

（4）"选项"命令

在"Word 选项"对话框中可以开启或关闭 Word 2019 中的许多功能或设置参数。

5.1.3　Word 的五种视图

Word 的五种视图如下（如图 5-5 所示）。

- 页面视图（最常用）：特点是"所见即所得"。
- 阅读版式视图：方便阅读和浏览文章。
- Web 版式视图：显示文章内容发布到网页上的效果。
- 大纲视图：组织标题。
- 草稿视图：只显示一些文字信息，对于文件中图形或图片等，在草稿视图下是不显示的。

图 5-5　视图

5.2　文档的基本操作

5.2.1　创建文档

1. 新建空白文档

在 Word 2019 中,用户可以建立和编辑多个文档,创建一个新文档是编辑和处理文档的第一步。启动 Word 2019 后,系统将自动新建一个名为"文档1"的空白文档,使用者可以直接在该文档中输入文本、编辑文件,编辑完成后点击编辑栏上的保存按钮即可。

Word 为用户创建的空白文档采用的是默认的名字,用户需要对这个文档进行"重命名"操作,操作好后保存下来,这样用户的自动创建文档工作就完成了。

常用的新建文档的方法有以下三种。

- 启动 Word 2019,单击"文件"→"新建"→"空白文档"。
- 启动 Word 2019,按"Ctrl+N"组合键,直接建立一个空白文档。
- 在电脑桌面的空白位置单击右键,在弹出菜单中选择"新建"→"Microsoft Word 文档",在当前位置建立一个缺省模板的空白 Word 文档。

2. 使用模板创建新文档

Word 2019 办公软件为用户提供了非常多的模板文件,如信函、传真、简历等,用户可以在模板文件上建立自己需要的相关文档。

软件自动集成了很多模板,这些模板伴随着软件的安装而自动进入了计算机硬盘中,用户可以直接调用这些模板并使用。操作步骤如下。

- 首先单击"文件",点击弹出来的"新建"命令,然后在界面中选择用户需要的样式。
- 选择好了模板样式后点击"创建"按钮,Word 软件会自动打开一个新窗口,并根据用户选择的模板创建新的工作文档,现在用户可选择样式以在里面进行编辑操作了。

5.2.2　打开文档

所谓"打开文档"就是打开已经存放在磁盘上的文档。利用"打开文档"操作可以浏览与编辑已存盘的文档内容,打开文档的方法有以下四种。

(1)启动 Word 2019 后打开文档

启动 Word 2019 后,单击"文件"→"打开"→"浏览",在打开的对话框中选择要打开的文档即可打开,如图 5-6 所示。

(2)快速打开最近使用过的文档

在 Word 2019 中默认会显示 20 个最近打开或编辑过的 Word 文档,用户可以通过"打开"面板,在面板右侧的"最近"列表中单击准备打开的 Word 文档名称即可。

(3)不启动 Word 2019,双击文件名直接打开文档

对所有已保存在磁盘上的 Word 2019 文档(存盘时文件后缀名为.docx 的文件),用户可以直接找到所需要的文档,然后双击该文档名,在启动 Word 2019 的同时,打开该文档。

(4)使用"Ctrl+O"组合键快速打开文档

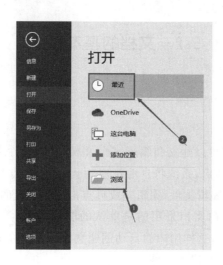

图 5-6　打开文档

5.2.3　文档输入

Word 2019 最基本的操作就是文本输入。新建一个空白文档后,光标一般自动停留在文档窗口的第一行最左边的位置。输入内容的起始位置也就是光标所在的位置。

1. 段落

在 Word 文档中,回车键(Enter 键)表示一个段落结束。在文本输入需要换行时,不需要按回车键,到一行的末尾时,光标将自动转到下一行的开头。

注意 Enter 键和"shift＋Enter"组合键的区别。如果要强行换页,可以按"Ctrl＋Enter"组合键。

2. 光标

光标在文档的编辑中起到定位的作用,无论键入文本还是插入图形都是从目前光标所在的位置开始。使用光标定位的方式有键盘和鼠标单击两种(如表 5-1 所示)。

表 5-1　通过键盘移动光标的方式

键盘名称	光标移动情况	键盘名称	光标移动情况
↑	上移一行	Ctrl＋↑	光标到了当前段落或上一段的开始位置
↓	下移一行	Ctrl＋↓	光标移到下一个段落的首行首字前面
←	左移一个字符或一个汉字	Ctrl＋←	光标向左移动了一个词的距离
→	右移一个字符或一个汉字	Ctrl＋→	光标向右移动了一个词的距离
Home	移到行首	Ctrl＋Home	光标移到文档的开始位置
End	移到行尾	Ctrl＋End	光标移到文档的结束位置
PageUp	上移一页	Ctrl＋PageUp	光标移到当前页或上一页的首行首字前面
PageDown	下移一页	Ctrl＋PageDown	光标移到下页的首行首字前面
Backspace	删除光标左边的内容	Delete	删除光标右边的内容

3. 文字的输入

打开 Word 文档输入文本后,用户可以看见一个闪动的光标,即光标输入点,用户在输入文本的时候应首先将光标定位到需要输入文本的位置,定位鼠标的方法有以下三种。

- 将鼠标指针移动到文档编辑区中去,当鼠标指针变为"I"形状的时候在需要编辑文字的地方点击鼠标左键,这样就可以在这里使用输入法输入文字了。
- 使用键盘上的光标键来控制光标的位置,这样也可以实现指定光标位置的目的,从而进行文字的输入操作。
- 使用鼠标双击文档中的任意位置,直接将光标定位到双击地点,从而开始输入文本信息。

4. 中英文切换

文本的输入分为中文字符输入和英文字符输入。

(1) 中文字符输入

选择一种自己熟悉的汉字输入方法在定位光标处直接输入即可。需要注意的是,文本输入到一行的末尾时,不需要按回车键换行,用户输入下一个字符时,文本将自动转到下一行的开头。

编辑文档时不要随意按回车键,因为 Word 中很多设置是以段落为准的,按一次回车键表示生成了一个新的段落。

(2) 英文字符输入

在文档中输入英文时,一定要先切换到英文状态下,输入的各种字母、数字、符号即可以本来形式出现在文档中。输入大写的英文字母的方法有两种:一是按下键盘上的 Caps Lock 键,键盘右上角的 Caps Lock 灯会亮,此时输入的任何字母都是大写。二是按住 Shift 键的同时按下输入的字母,此时则键入的字母也是大写的。

(3) 输入时注意事项

- 在输入过程中,注意"改写"和"插入"状态的不同。
- 输入常用的标点符号,需要根据情况切换中英文输入法。在输入过程中,如果遇到只能输入大写英文字母,不能输入中文的情况,按 Caps Lock 键回到小写输入状态。

5. 插入日期

在功能区中点击"插入"选项卡,然后在"文本"组中点击"日期和时间",打开"日期和时间"窗口(如图 5-7 所示),在"日期和时间"窗口中的"可用格式"下选中一种日期样式,单击"确定"按钮,这时相应样式的时间就会被插入文档中了。

也可以用快捷键输入时间。"Alt＋Shift＋D"组合键:当前系统的日期。"Alt＋Shift＋T"组合键:当前系统的时间。

6. 字符的删除

若键入了错误的文字,可以将其删除。当光标位于错误字符的右边时,按下键盘上的 Delete 键即可删除;当光标位于错误字符的左边时,按下键盘上的 Backspace 键即可(可以通过鼠标或键盘上的"↑""↓""←"和"→"键来移动光标)。

7. 输入特殊符号

输入文本时,经常遇到一些需要插入的特殊符号,例如希腊字母、数学运算符等,Word 2019 提供了非常完善的特殊符号列表,可以通过以下两种方法输入。

① 选择"插入"选项卡,在"符号"命令中单击"Ω符号"下拉按钮,打开下拉列表,列表中显示的是最近常用的"特殊符号"。

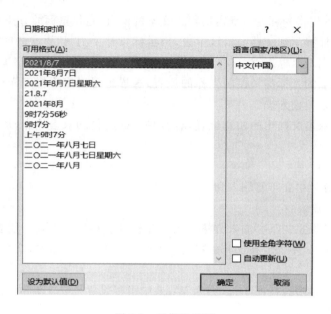

图 5-7　日期和时间

如果上面有要插入的符号,直接单击"插入"即可;如果没有,单击菜单最下面的"其他符号(M)"命令,打开如图 5-8 所示的对话框。

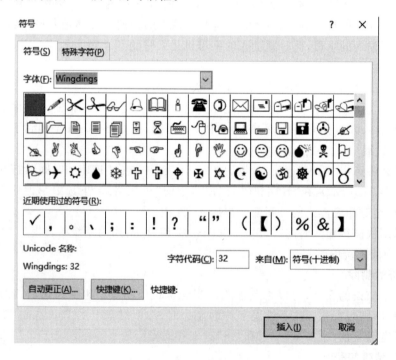

图 5-8　符号对话框

在"符号"选项卡中拖动垂直滚动条查找需要的字符,然后单击"插入"按钮即可将字符插入文档中;也可以改变"字体"列表框中的字体类型和"子集"列表框中的子集来快速定位到所需要符号。

② 通过输入法的软键盘输入。鼠标右键单击输入法状态框上的软键盘按钮,弹出 13 种键盘分布情况(每种输入法有所不同),如图 5-9 所示。单击其中的一种,软键盘的内容就会变成相应的符号。如选择中文数字,显示如图 5-10 所示的软键盘。

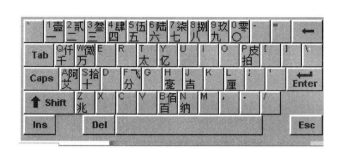

图 5-9 软键盘分布   5-10 "中文数字"软键盘

5.2.4 文档的保存

保存文档是将用 Word 编辑的文档以磁盘文件的形式存放到磁盘上,以便将来能够再次对文件进行编辑、打印等操作。如果文档不存盘,则本次对文档所进行的各种操作将不会被保留。如果要将文字或格式再次用于创建的其他文档,则可将文档保存为 Word 模板。常用的保存文档的方法有"保存"和"另存为"两种。"保存"和"另存为"命令都可以保存正在编辑的文档或者模板。两者的区别是"保存"命令不进行询问直接将文档保存在它已经存在的位置,而"另存为"永远提问要把文档保存在何处。如果新建的文档还没有保存过,那么点击"保存"命令也会显示"另存为"面板,单击"浏览"打开另存为对话框,如图 5-11 所示。

1. 文档的保存位置与命名

在保存 Word 文档时,应注意两点:一是文件的存储位置,它包括磁盘名称和文件夹位置,建议对不同类型的文件建立不同的文件夹,以便对文档归类。二是文件的存储名称,对文件的命名应能体现文件的主体思想,以便将来对文件进行查找。

2. 保存

在 Word 2019 中,对于新建的或修改的文档应使用的保存方法有以下三种。

① 单击"快速访问工具栏"上面的"保存"按钮。

② 单击"文件"→"保存"命令。

③ 使用"Ctrl+S"组合键,快速保存文档。

选择任意一种方法后,如果是新文件的第一次存盘,则会弹出"另存为"对话框,在对话框中,"保存位置"处设置文件存放的位置;"文件名"处设置文件的名称;"保存类型"处设置文件的保存类型。Word 2019 文件对应的类型为扩展名.docx。如果文件已经命名,则不会弹出对话框,直接将当前内容保存于磁盘中。

图 5-11　另存为对话框

3. 另存为

如果把当前或以前的文档以新的文件名保存起来应使用如下的方法。

① 打开要另行保存的文档。

② 选择"文件"→"另存为"→"浏览"命令,打开"另存为"对话框。

③ 如果要将文件保存到不同的驱动器和文件夹中,先找到并打开该文件夹。

④ 在"文件名"文本框中键入文档的新名称。

⑤ 单击"保存类型"下拉列表框,选择文档的属性。

⑥ 单击"保存"按钮,完成操作。

4. 设置保存选项

选择"文件"→"选项"命令,在打开的"Word 选项"窗口左窗格中选择"保存",打开如图 5-14 所示的"保存"选项的设置对话框,可以完成保存文档的相关设置。

① 在"将文件保存为此格式"下拉列表框中选择保存文件的默认格式。保存时,在不修改保存格式的情况下,Word 都会按照设置的格式保存文件。

② 选中"保存自动恢复信息时间间隔"复选框,设置"保存自动恢复信息时间间隔"的时间。机器就会按照用户设置的时间自动保存文档。一般自动恢复的时间不要设置过长,以免意外丢失数据。

③ 在"自动恢复文件位置"和"默认文件位置"处设置文档自动恢复和存放的位置:清除"快速保存"复选框。

5.2.5　关闭文档

关闭文档的常用方法有以下五种。

① 选择"文件"→"关闭"命令。

② 单击窗口左上角 Word 图标,在下拉菜单中单击"关闭"命令。

③ 单击窗口右上角的"关闭"按钮。

④ 双击窗口左上角 Word 图标。

⑤ 使用"Alt＋F4"组合键,快速关闭文档。

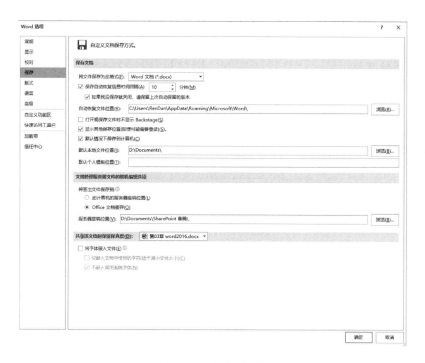

图 5-12　选项之保存

5.2.6　练习

录入文档《满江红·写怀》岳飞(宋),并保存。

5.3　文档的编辑

对于输入的内容经常要进行插入、删除、移动、复制、替换、拼写和语法检查等编辑工作,这些操作都可以通过功能区中的相应按钮来实现。文档编辑遵守的原则是"先选定,后执行"。被选定的文本一般以高亮显示,容易与未被选定的文本区分开来。

5.3.1　文本的选定

文本选取的目的是将被选择的文本当作一个整体来进行操作,包括复制、删除、拖动、设置格式等。被选取的文本在屏幕上表现为"黑底白字"。文档输入后,如果要对文档进行修改,首先要选定进行修改的内容。文本选取的方法较多,根据不同的需求选择不同的文本选取方法,以便快速操作。

1. 全文选取

全文选取的操作方法有以下五种。

① 选择"开始"→"编辑"→"选择"→"全选"命令选取全文。

② 移动鼠标至文档任意正文左侧,直到指针变为指向右上角的箭头,然后快速三击鼠标左键即可选中全文。

③ 使用"Ctrl+A"组合键选取全文。

④ 先将光标定位到文档的开始位置,然后按"Shift＋Ctrl＋End"组合键选取全文。

⑤ 按住 Ctrl 键的同时单击文档左边的选定区选取全文。

2. 选定部分文档

选定部分文档的操作方法如表 5-2 所示。

表 5-2 选取文档的操作方法

选取范围	操作方法
字符的选取	选取一个字符:将鼠标指针移到字符前,单击并拖曳一个字符的位置
	选取多个字符:把鼠标指针移动到要选取的第一个字符前,按鼠标左键,拖曳到选取字符的末尾,松开鼠标
行的选取	选取一行:在行左边文本选定区单击鼠标左键
	选取多行:选取一行后,继续按住鼠标左键并向上或下拖曳便可选取多行或者按住 Shift 键,单击结束行
	选取光标所在位置到行尾(行首)的文字:把光标定位在要选定文字的开始位置,按"Shift＋End"组合键(或 Home 键)
	选取从当前插入点到光标移动所经过的行或文本部分:确定插入点,按 Shift＋光标移动键
句的选取	选取单句:按住 Ctrl 键,单击文档中的一个地方,鼠标单击处的整个句子就被选取
	选中多句:按住 Ctrl 键,在第一个要选中句子的任意位置单击,松开 Ctrl 键,按下 Shift 键,单击最后一个句子的任意位置,也可选中多句
段落的选取	双击选取段落左边的选定区,或三击段落中的任何位置
矩形区的选取	按住 Alt 键,同时拖曳鼠标

5.3.2 插入与改写

将光标移动到想要插入字符的位置,然后输入字符即可。需要注意的是,确保此时的输入状态是"插入"状态。

Word 默认状态是"插入"状态,即在一个字符前面插入另外的字符时,后面的字符自动后移。按下 Insert 键后,就变为"改写"状态。此时,在一个字符的前面键入另外的字符时原来的字符会被现在的字符替换。再次按下 Insert 键后,则又回到了"插入"状态。

5.3.3 文本的删除

删除文档是指清除掉一个或一段文本的操作,常用的删除的方法有以下三种。

① 用 Delete 键删除:删除插入点后面的字符,它通常只是在删除的文字不多时使用。如果要删除的文字很多,可以先选定文本,然后按删除键进行删除。

② 用 Backspace 键删除:删除插入点前面的字符,这种方式删除当前输入的错误的文字非常方便。

③ 快速删除:选定要删除的文本区域,按 Delete 键或 Backspace 键即可删除所选择的文本区域。

5.3.4　文本的移动

移动文本是指将被选定的文本从原来的位置移动到另一位置的操作。常用的文本移动方法有以下三种。

1. 使用剪切命令

① 选定要移动的文本内容。

② 单击"开始"→"剪贴板"区域的剪切按钮"✂"或者按"Ctrl＋X"组合键,选中的内容就被放入 Windows 剪贴板中。

③ 在选定的内容上,单击"开始"→"剪贴板"区域的粘贴按钮"▤",在下拉粘贴选项窗口中选择"保留源格式按钮▤"或者按"Ctrl＋V"组合键,则被剪切的文本就会移动到光标所在的位置。

2. 使用鼠标拖动

① 选定要移动的文本内容。

② 在选定的内容上按下鼠标左键并拖动鼠标,此时会看到鼠标指针下面带有一个虚线小方框,同时出现一条虚竖线指示插入的位置。

③ 在需要插入文本的位置释放鼠标左键即可完成移动。

3. 使用右键快捷菜单

① 选定要移动的文本内容。

② 在选定的内容上单击鼠标右键,在右键快捷菜单中选择"剪切"命令,选中的内容就被放入 Windows 剪贴板中。

③ 在要插入文本的位置,单击鼠标右键,在弹出菜单中选择"粘贴"选项下的"保留源格式按钮▤",完成移动操作。

【注意】　在 Word 2019 中,在选择粘贴命令时,会出现如图 5-13 所示粘贴选项窗口。在窗口中,有三个图标按钮分别为"保留源格式按钮▤""合并格式按钮↘"和"只保留文本按钮 A",根据需要选择不同的按钮完成粘贴操作。

图 5-13　粘贴选项

5.3.5　复制

复制文本是指将一段文本复制到另一位置,原位置上被选定的文本仍留在原处的操作。常用的文本复制方法有以下三种。

1. 使用功能区命令按钮

① 选定要复制的文本内容。

② 单击"开始"→"剪贴板"区域的复制按钮"▤"或者按"Ctrl＋C"组合键,则选中的内

容就被复制到 Windows 剪贴板之中。

③ 在选定的内容上,单击"开始"→"剪贴板"区域的"粘贴按钮📋"→ 在下拉粘贴选项窗口中选择"保留源格式按钮▧"或者按"Ctrl＋V"组合键,则被复制的文本就会插入光标所在的位置。

2. 使用鼠标拖动

① 选定要复制的文本。

② 在选定的内容上,按住 Ctrl 键的同时按下鼠标左键,拖动鼠标到需要插入文本的位置释放即可。

3. 使用右键快捷菜单

① 选定要复制的文本内容。

② 在选定的内容上单击鼠标右键,在弹出菜单中选择"复制"命令,选中的内容就被放入 Windows 剪贴板中。

③ 在要插入文本的位置单击鼠标右键,在弹出菜单中选择粘贴选项下的"保留源格式按钮▧",完成复制操作。

【提示】 移动:原位置上被选定的文本被移走。复制:原位置上被选定的文本仍留在原处,一次复制可以多次粘贴。

5.3.6 文本的查找与替换

"查找"命令的功能是指在文档中搜索指定的内容。"替换"的功能是先查找指定的内容,然后替换成新的内容。

1. 文档内容的查找

Word 2019 提供的"查找"功能,用户可以在 Word 2019 文档中快速查找特定的字符,查找方法有以下两种。

方法一

① 单击"开始"→"编辑"→"查找"按钮,在屏幕左侧打开"导航"窗格。

② 在编辑框中输入需要查找的内容,文档中所有被查找的内容就被突出显示出来。

【提示】 若要取消查找,单击"导航"窗格中编辑框右侧的 × 按钮即可。

方法二

① 单击"开始"→"编辑"→"查找"按钮右侧的下拉三角,在下拉菜单中选择"高级查找",打开查找与替换对话框;或者单击"导航"窗格右侧编辑框的下拉三角,在下拉菜单中选择"高级查找",打开查找与替换对话框,如图 5-14 所示。

② 在"查找内容"编辑框中输入要查找的内容。

③ 单击"查找下一处"按钮,Word 2019 即从插入点处向后搜索并选中所查找到的内容。

④ 按"Shift＋F4"组合键或单击"查找下一处"继续查找。

2. 文档内容的替换

Word 2019 的"查找和替换"功能能快速替换 Word 文档中的目标内容,操作步骤如下。

① 单击"开始"→"编辑"→"替换"按钮,打开查找与替换对话框,如图 5-15 所示。

② 在"查找内容"编辑框中输入要查找的内容。

图 5-14　查找对话框

③ 在"替换为"文本框中输入的替换的内容。

④ 单击"查找下一处"，Word 将逐个查找所选内容。单击"替换"按钮，Word 将把现在所查到的内容替换。若单击"全部替换"按钮，则 Word 会自动搜索所查找内容并一次性替换完毕。

⑤ 单击"更多(M)＞＞"按钮，可以进行更高级的自定义替换操作设置。

⑥ 单击"关闭"按钮，关闭"查找和替换"对话框，完成替换。

图 5-15　替换对话框

5.3.7　撤销与恢复

对于不慎出现的误操作，可以使用 Word 撤销和恢复功能取消误操作。常用的方法有如下两种。

① 单击快速访问工具栏上的"撤销"按钮 。

② 使用"Ctrl＋Z"组合键。

【提示】　在撤销某项操作的同时，也将撤销列表中该项操作之上的所有操作。如果连续单击"撤销"按钮，Word 将依次撤销从最近一次操作往前的各次操作。

如果事后认为不应撤销该操作，可单击快速访问工具栏上的"恢复"按钮 ，以恢复刚刚的撤销操作。

5.3.8 练习

打开文档《满江红·写怀》岳飞(宋),练习文档的编辑。

5.4 文档排版

5.4.1 字符排版

字符是指文档中输入的汉字、字母、数字、标点符号和各种符号。字符排版包括设置字体与字号,使用粗体、斜体,添加下划线,改变字符颜色,设置特殊效果,调整字符间距等。

1. 利用字体命令组中的命令进行快速设置

在该命令组中可以完成字体、字号、文本效果、颜色、清除格式等多种设置。选定要修改的文本,单击"开始"选项卡,在"字体"命令组(如图 5-16 所示)中,使用相应的命令按钮可以完成字体设计。

在 Word 2019 中还提供了多种字体特效设置,还有轮廓、阴影、映像、发光四种具体设置。选择要设置特效的字体,在"开始"→"字体"命令组中,单击" A ",打开如图 5-17 所示的特效设置菜单,根据需要完成设置。

【提示】 当鼠标指针指向按钮时,提示信息会显示该按钮的功能。

图 5-16　字体组　　　　　　　　　　　　图 5-17　文本效果和版式

2. 使用字体对话框进行设置

选定要修改的文本,单击"开始"→"字体"命令组右下角" "箭头(或按"Ctrl＋Shift＋F"组合键),打开字体设置对话框。在"字体"选项卡中可以完成字体、字号、字形、颜色、效果等的设置,如图 5-18 所示。

在"字体"设置对话框中,单击"文字效果"按钮,打开"设置文本效果格式"对话框,如图 5-19 所示。

图 5-18　字体对话框

图 5-19　设置文本效果格式

3. 字符间距及缩放的设置

对字符间距的设置,是指加宽或紧缩所有选定的字符的横向间距。选定要进行设置的文字,在"字体"对话框中选择"高级"选项卡,打开如图 5-20 所示的"高级"设置对话框。

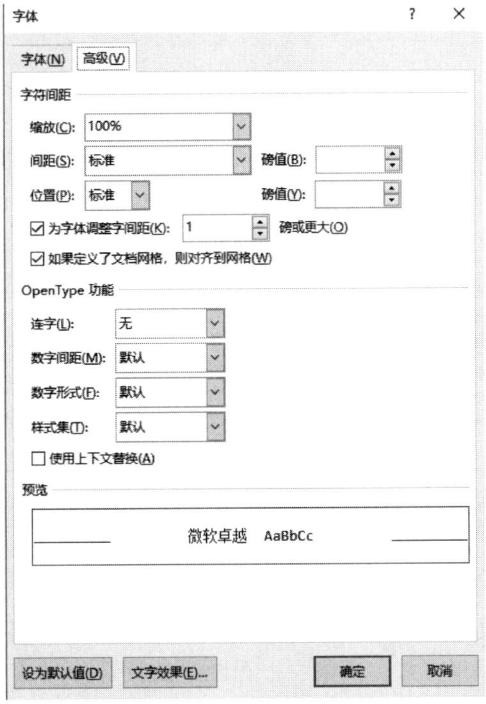

图 5-20　字体高级设置

在字符间距区域的"间距"框设置加宽或紧缩,并选择需要设置的参数后按"确定"按钮即可。

字体缩放是指把字体按比例增大或缩小。选定要进行缩放的本文,在"缩放"框选择不同的百分比可以调节字符缩放比例,也可以选择"开始"→"段落"→"✖·"进行缩放设置。

4. 首字下沉

"首字下沉"是指段落的第一个字符加大并下沉,它可以使文章突出显示效果,以引起人们的注意。设置首字下沉的步骤如下。

① 首先选择需要首字下沉的段落。

② 选择"插入"→"文本"命令组。

③ 单击"首字下沉"下拉按钮,打开如图 5-21 所示的首字下沉菜单。

图 5-21　首字下沉菜单　　　图 5-22　首字下沉设置

④ 在菜单中选择"下沉"或"悬挂"命令按默认的参数完成设置,如果想改变下沉行数和距正文的距离,在菜单中选择"首字下沉选项",打开如图 5-22 所示的"首字下沉"设置对话框。在对话框中,选择"下沉"或"悬挂"选项,可对"字体""下沉行数""距正文位置"等参数进行设置,如不进行选择,则计算机默认为"无"。

5. 字符边框和字符底纹的设置

完成边框和底纹的设置有以下两种操作方法。

① 选定相应的文本,单击"开始"→"字体"→"🅰"字符边框命令按钮即可完成边框设置;单击"开始"→"字体"→"🅰"字符底纹命令按钮即可完成底纹框设置。若要取消边框和底纹的设置,再次单击相应的按钮即可。

② 单击"段落"组中"边框"下拉按钮,在列表中选择"边框和底纹"命令,打开如图 5-23 所示的"边框和底纹"对话框。

在"边框"选项卡中设置边框的样式、边框线的类型、颜色和宽度,在"底纹"选项卡中设置填充色、底纹的图案和颜色,并在预览中查看设置的效果。

【提示】　若要将此设置应用于整个段落,在"应用范围"框中选择"段落",若是只应用于所选文字,则选择"文字"。

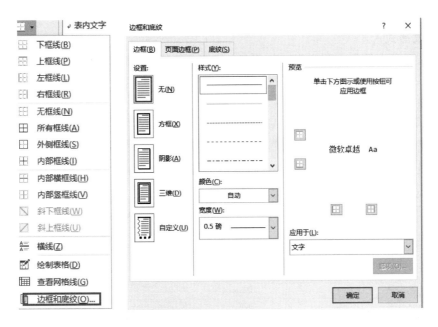

图 5-23　边框和底纹

6. 文字方向

Word 2019 中可以方便地更改文字的显示方向,实现不同的效果。单击"布局"→"页面设置"→"文字文向"下拉按钮,打开如图 5-24 所示的文字方向设置下拉菜单。在该菜单中选择不同的命令完成不同的文字方向设置。

在下拉菜单中选择"文字方向选项"命令,打开如图 5-25 所示的文字方向设置对话框,在左边"方向"区域中选择方向类型,右侧预览区可显示设置的效果,在"应用于"文本框中选择"整篇文档"或是"插入点之后",单击"确定"按钮完成文字方向设置。

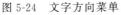

图 5-24　文字方向菜单　　　　图 5-25　文字方向对话框

【提示】　该对话框的应用于对象是"整篇文档",即全部文字都将改变方向。如果需要对特定的文字应用不同方向,则该文字必须处在特定的"容器"中,例如"文本框"、表格中的

"单元格"等。

7. 中文版式

在中文书籍中经常需要应用一些具有中国特色的特殊版式,如拼音、带圈字符等。在本节中,你可以学到这些中文版式的使用方法。

(1)拼音指南

利用"拼音指南"功能,可以在中文字符上标注汉语拼音。如果想使用这项功能,首先选定一段文字,然后单击"开始"→"雯",打开"拼音指南"对话框(如图 5-26 所示)。可以在此对话框中设置拼音文本的字体、字号及对齐方式等。拼音指南一次最多只能选定 30 个字符并自动标记拼音。

图 5-26 "拼音指南"对话框

(2)带圈字符

在 Word 2019 中,可以为任何字符添加圈号。操作方法是:单击"开始"→"㊉",打开"带圈字符"对话框,如图 5-27 所示。

首先在"样式"中选择"缩小文字"或"增大圈号"样式中的一种,然后在"文字"框中键入需要加圈的字符,最后从"圈号"样式框中选择一种圈号样式。单击"确定"按钮即可将带圈字符插入文档中。

(3)纵横混排

实现此种排版效果的操作步骤是:首先设置好文字字体、字号、颜色等,然后选中将要进行纵向排版的文字,最后选择"段落"→"㊂"→"纵横混排"命令,打开"纵横混排"对话框。

(4)合并字符

Word 2019 中利用合并字符功能可以将多个字符压缩、组合到一起。选定希望压缩的字符,选择"段落"→"㊂"→"合并字符"命令,打开合并字符对话框。在"字体"和"字号"框中,设置所需要的字体和字号。单击"确定"按钮即可将选定的文字合并组合到一起。

合并字符最多可以合并 6 个字符。若要合并更多的字符,必须使用"双行全一"功能,

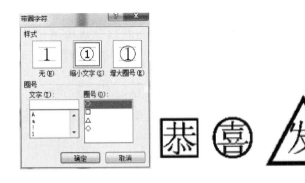

图 5-27 "带圈字符"对话框

将两行文字压缩为一行。

若要清除压缩的字符格式,可选定压缩的字符,单击"合并字符"命令,然后单击"删除"按钮。

(5) 双行合一

将插入点置于希望插入"双行合一"文字的地方。选择"段落"→""→"双行合一"命令,打开"双行合一"对话框,如图 5-28 所示。

在"文字"框中,输入需要进行双行合一操作的字符,输入的文字将显示在"预览"框中。若要自动输入包含双行合一文字的括号,可选中"带括号"复选框,然后在"括号类型"框中选择所需括号。

图 5-28 "双行合一"对话框

【提示】 若要删除已显示为双行合一格式的文字,选定该文字并按 Delete 键。若要清除"双行合一"格式并将其转换为普通文字,选定显示为双行合一格式的文字,然后单击"双行合一"对话框中的"删除"按钮。

5.4.2 段落排版

在 Word 2019 中,段落是独立的信息单位,可以具有自身的格式特征,如对齐方式、间距和样式。每个段落都是以段落标记"↵"作为段落的结束标志,每按下回车键(Enter 键)结束一段而开始另一段时,生成的新段落会具有与前一段相同的特征,也可以为每个段落设置不同的格式。

1. "段落"命令组中的常用命令按钮

在"开始"选项卡的"段落"命令组中有多个命令按钮,可以完成段落格式的设置,如图 5-29 所示。

2. 段落的对齐方式

在编辑文档时,有时为了特殊格式的需要,要设置段落的对齐方式。例如,文档的标题一般要居中、正文的文字要左对齐等。单击"开始"→"段落"→"⌐",打开段落对话框,如图 5-30 所示。

图 5-29 段落组   图 5-30 段落对话框

在常规区域,单击"对齐方式"项的下拉箭头,在弹出的下拉列表中选择对齐方式,对齐方式有五种,如图 5-31 所示。

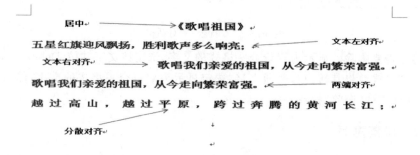

图 5-31 段落的对齐效果

- 文本左对齐:则当前段落严格左边对齐,而不管右边的情况。
- 文本右对齐:则当前段落严格右边对齐,而不管左边的情况。
- 居中:则该段居中排列。

- 两端对齐：以词为单位，自动调整词和词间空格的宽带，使正文沿页的左、右边界对齐。这种对齐方式，可以防止英文文本中一个单词跨两行的情况，但对于中文，其效果等同于左对齐。
- 分散对齐：则当前段落的左右两端都对齐，末行的字符间距将会随之改变而使所有字符均匀分布在该行。

也可以利用"开始"→"段落"命令组中的按钮来设置段落的对齐方式，单击两端对齐按钮▤、居中对齐按钮▤、右对齐按钮▤和分散对齐按钮▤将实现不同的对齐功能。

3. 段落的缩进

段落的缩进是指段落各行对于页面边界的距离。段落的缩进包括左缩进、右缩进、首行缩进和悬挂缩进，如图 5-32 所示。

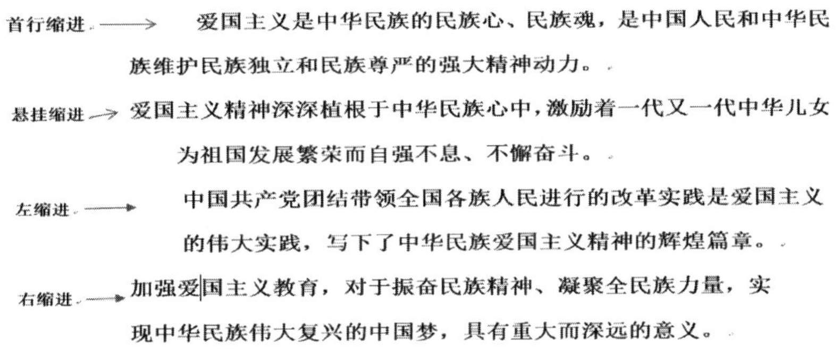

首行缩进 ⟶　　　爱国主义是中华民族的民族心、民族魂，是中国人民和中华民族维护民族独立和民族尊严的强大精神动力。

悬挂缩进 ⟶ 爱国主义精神深深植根于中华民族心中，激励着一代又一代中华儿女为祖国发展繁荣而自强不息、不懈奋斗。

左缩进 ⟶　　　中国共产党团结带领全国各族人民进行的改革实践是爱国主义的伟大实践，写下了中华民族爱国主义精神的辉煌篇章。

右缩进 ⟶ 加强爱国主义教育，对于振奋民族精神、凝聚全民族力量，实现中华民族伟大复兴的中国梦，具有重大而深远的意义。

图 5-32　段落的缩进效果

- 首行缩进：为了标识一个新段落的开始，一般都将一个段落的首行缩进几个字符的间距。
- 悬挂缩进：是指文档的第二行及后续的各行缩进量都大于首行。悬挂缩进常用于项目符号和编号列表。
- 左缩进：整个段落的左边界向右缩进一段距离。
- 右缩进：整个段落的右边界向左缩进一段距离。

可以使用"开始"选项卡中的"段落"命令组中的命令按钮设置、使用段落对话框进行设置和使用标尺进行设置。

（1）运用命令组中的命令按钮设置段落的缩进

使用命令组中的命令按钮只能完成"段落左缩进量的增加和减少"。把光标定位到需要改变缩进量的段落内或选中要改变缩进量的段落，单击"开始"→"段落"→"▤"（增加）或"▤"（减少）按钮即可。

（2）运用段落对话框设置段落缩进

如果要精确地设置首行缩进，可以运用"段落"对话框中的设置选项来实现。单击"开始"→"段落"命令组右下角"▤"箭头，打开段落对话框。

在段落对话框中，选择"缩进和间距"选项卡。在"缩进"区域中的"左"编辑框中输入左缩进的数值，在"右"编辑框中输入右缩进的数值，在"特殊格式"下拉列表框中，选择"首行缩进"或"悬挂缩进"选项，然后在右侧的"磅值"数字框中填入数字或单击数值滚动框选择。

（3）运用标尺设置段落的缩进

Word 2019 默认是不显示标尺的，要使用标尺。首先要让标尺显示出来，这需要对 Word 2019 进行设置，设置方法有如下两种。

- 在 Word 2019 视图选项卡中找到显示命令组，勾选标尺项即可。
- 在 Word 2019 编辑区右侧上、下滚动条的最上方有一个小标志，这就是显示隐藏标尺的标志，点击之后也可以让标尺显示出来。如果不显示滚动条，要先设置显示滚动条，方法为：点击"文件"→"选项"，在打开的 Word 选项对话框中，选择左边的"高级"项，然后在右边的"显示"中勾选"显示垂直滚动条"即可。

运用标尺设置段落的缩进，首先把光标定位到需要设置首行缩进段落内，将水平标尺上的"首行缩进"标记"▽"拖动到希望文本开始的位置，如果需要设置悬挂缩进，则可以将水平标尺上"悬挂缩进"标记"▫"拖动至所需的缩进起始位置。同样，如果需要所有段落左边缩进数格或右边缩进数格，则将水平标尺上"左缩进"或"右缩进"标记"△"拖动至所需的缩进起始位置即可（左缩进标志位于标尺的左侧，右缩进标志位于标尺的右侧），如图 5-33 所示。

图 5-33　标尺

4. 段落行距与间距设置

（1）行距

行距表示段落中行与行之间的距离。改变行距将影响整个段落中所有的行，选定要更改其行距的段落，在"行距"框中选择所需的选项。

- 单倍行距：行距设置为该行最大字体的高度加上一小段额外间距，额外的间距的大小取决于所用的字体。
- 1.5 倍行距：段落行距为单倍行距的 1.5 倍。
- 两倍行距：段落行距为单倍行距的 2 倍。
- 最小值：恰好容纳本行中最大的文字或图形。当文本的高度超过该值时，Word 会自动调整高度以容纳加大字体。
- 固定值：行距固定，在"设置值"框中键入或选择所需行距即可（默认值为 12）。当文本的高度超过该值时，则改行的文本不能完全显示出来。

（2）段间距

段间距是相邻段落之间的垂直距离，包括段前和段后间距。加大段落之间的间距可以使文档显示清晰。间距的设置步骤如下。

- 将插入点置于段落中或选中多个段落。
- 在"间距和缩进"选项卡中，在"间距"区域的"段前"和"段后"右侧的数值滚动框中键入所要的数值，单击"确定"按钮。

5. 项目符号和编号

在文档处理中,为了准确、清楚地表达某些内容之间的并列关系、顺序关系等,经常要用到项目符号和编号。项目符号可以是字符和图片;编号是连续的数字或字母。Word 有自动编号的功能,当增加或删除段落时,系统会自动调整相关的编号顺序。

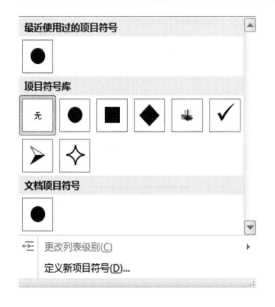

图 5-34 项目符号库   图 5-35 "定义新项目符号"对话框

(1) 添加项目符号

将光标置于要添加项目符号的段落中或选中要添加项目符号的段落,按以下两种方法添加项目符号。

- "开始"→"段落"命令组中,单击"项目符号"按钮"≡ ·"右边的箭头,打开如图 5-34 所示的"项目符号库"。在"项目符号库"中选择一种符号形式,也可以单击"定义新项目符号"命令,打开定义新项目符号对话框,如图 5-35 所示。可以选择一种"符号"或"图片"作为项目符号,并且可以对项目符号的"字体"及"对齐方式"进行设置。

- 在编辑区右击,在快捷菜单中,单击"项目符号"命令,打开项目符号库,选择项目符号。

(2) 添加编号

将光标置于要添加项目编号的段落,按以下两种方法添加项目符号。

- 单击"开始"→"段落"→"≡ ·"右边的箭头,打开如图 5-36 所示的"编号库"。在"编号库"中,选择一种编号形式,也可以单击"定义新编号格式"命令,打开"定义新编号格式"对话框,如图 5-37 所示。可以选择一种"编号样式",并且可以对编号样式的"字体"及"对齐方式"进行设置 。

- 在编辑区右击,在快捷菜单中,单击"编号"命令,打开编号库,选择编号。

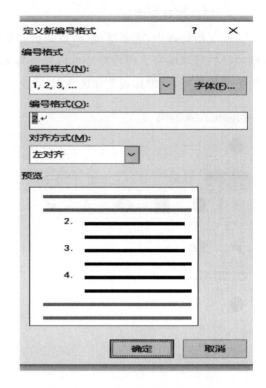

图 5-36　编号库　　　　　　　　　图 5-37　"定义新编号格式"对话框

（3）多级列表

"多级列表"按钮用于创建多级列表,多级列表可以清晰地表明各层次的关系。创建多级列表时,需要先确定多级格式,然后输入内容,在通过"段落"组中的"减少缩进量"按钮和"增加缩进量"按钮来确定层次关系,如图 5-38 所示。

项目符号	编号	多级列表
❖ 字符排版	A. 字符排版	1. 字符排版
❖ 段落排版	B. 段落排版	1.1. 段落排版
❖ 页面排版	C. 页面排版	1.1.1. 页面排版

图 5-38　项目符号、编号、多级列表的设置效果

将光标置于要设置多级列表的段落中,按如下操作:单击"开始"→"段落"→"多级列表"下拉按钮" ",打开如图 5-39 所示的"多级列表"对话框,选择"更改列表级别"命令,在弹出的菜单中选择如图 5-40 所示的列表级别即可。

6. 段落边框和段落底纹

给段落加上边框和底纹,可以起到强调和美观的作用。段落边框、底纹的设置方式和字符边框、底纹的设置方式一样,关键在于:若要将此设置应用于整个段落,在"应用范围"框中选择"段落",若是只应用于所选文字,则选择"文字"。

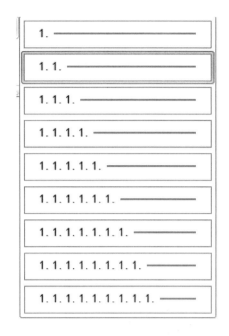

图 5-39　"多级列表"对话框　　　　图 5-40　"更改列表级别"对话框

7. 格式刷

有时候需要对多个段落使用同一格式,利用"开始"→"剪贴板"组→"格式刷"按钮,可以快速复制格式,提高效率。该按钮也可以用来实现字符格式的快速复制。格式刷的使用方法如下。

① 选定需要复制格式的文本或段落。

② 单击"开始"→"剪贴板"组→"格式刷"按钮。

③ 用鼠标拖曳经过要应用此格式的文本或段落。

如果同一格式要多长复制,可在第二步时双击"格式刷"按钮。如需要退出多长复制操作,可再次单击"格式刷"或按 Esc 键取消。

5.4.3　页面排版

页面排版反映了文档的整体外观和输出效果,页面排版主要包括页面设置、页眉和页脚,脚注和尾注,特殊格式设置(分栏、文档竖排、页面背景)等。

1. 页面设置

设置页面是文档基本的排版操作,是页面格式化的主要任务,页面设置的合理与否直接关系到文档打印效果的好坏。所以在文档的段落、字符等排版之前进行设置。文档的页面设置主要包括设置页面大小、方向、边框效果、页眉、页脚和页边距等。

(1)设置纸张大小

纸张大小是指用多大的纸张来编辑、打印文档。Word 默认的页面设置是以 A4(21 厘米×29.4 厘米)为大小的页面,按纵向格式编排与打印文档。如果不适合,可以通过页面设置进行改变。

设置纸张大小可以用以下两种方法。

- 单击"布局"→"页面设置"→"纸张大小"按钮,打开如图 5-41 所示的"纸张大小"设置下拉列表,在列表中选择合适的纸张类型。
- 或在"布局"→"页面设置"→"⬜",打开如图 5-42 所示的"页面设置"对话框,单击"纸张"选项卡,选择合适的纸张类型。

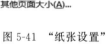

图 5-41 "纸张设置"

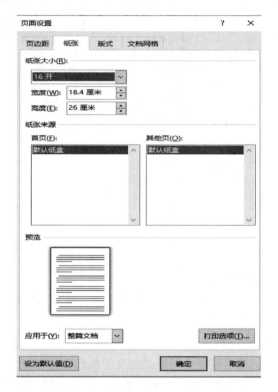

图 5-42 "页面设置"对话框

（2）页边距

页边距是指对于一张给定大小的纸张,相对于上、下、左、右四个边界分别留出的边界尺寸。设置页边距有以下两种方法。

- 单击"布局"→"页面设置"→"⬜",打开如图 5-43 所示的下拉列表,在列表中选择合适的页边距或单击列表中的自定义边距,打开如图 5-44 所示的"页面设置"对话框,在"页边框"选项卡中设置。
- 单击"布局"→"页面设置"→"⬜",打开"页面设置"对话框,在"页边框"选项卡中设置。

（3）分隔符

分隔符是指表示节的结尾插入的标记。通过在 Word 2019 文档中插入分隔符,可以将 Word 文档分成多个部分。每个部分可以有不同的页边距、页眉页脚、纸张大小等不同的页面设置。如果不再需要分隔符,可以将其删除,删除分隔符后,被删除分隔符前面的页面将自动应用分隔符后面的页面设置。分隔符分为"分节符"和"分页符"两种。

① 插入分隔符。将光标定位到准备插入分隔符的位置。单击"页面布局"→"页面设

置"命令组中的"分隔符"按钮"分隔符·",在打开如图 5-45 所示的分隔符列表中,选择合适的分隔符即可。

图 5-43　页边距列表

图 5-44　页面边距选项卡

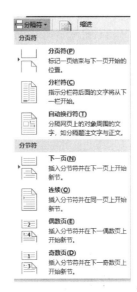

图 5-45　分隔符

② 删除分隔符。打开已经插入分隔符的文档,单击"文件"→"选项"命令,打开"Word选项"对话框。在左边窗格中选择"显示",在"始终在屏幕上显示这些格式标记"区域选中"显示所有格式标记"复选框,并单击"确定"按钮。

返回文档窗口,单击"开始"→"段落"→"显示/隐藏编辑标记"按钮" "以显示分隔符,在键盘上按 Delete 键删除分隔符即可。

2. 页眉、页脚

页眉和页脚通常用于打印文档。在页眉和页脚中可以包括页码、日期、公司徽标、文档标题、文件名或作者名等文字或图形,这些信息通常打印在文档每页的顶部或底部。页眉打印在上页边距中,而页脚打印在下页边距中。

在文档中可以自始至终用同一个页眉或页脚,也可以在文档的不同部分用不同的页眉和页脚。例如,可以在首页上使用与众不同的页眉或页脚或者不使用页眉和页脚,还可以在奇数页和偶数页上使用不同的页眉和页脚,而且文档不同部分的页眉和页脚也可以不同。

（1）添加页眉或页脚

单击"插入"→"页眉和页脚"→"页眉"按钮""或"页脚"按钮"",在打开的下拉菜单中选择"编辑页眉"或"编辑页脚"按钮,定位到文档中的位置,接下来有两种方法完成页眉或页脚内容的设置,一种是从库中添加页眉或页脚内容,另一种就是自定义添加页眉或页脚内容。单击"页眉和页脚工具"功能区的"设计"选项卡的"关闭页眉和页脚"即可返回至文档正文。

（2）设置首页、奇偶页不同的页眉或页脚

① 双击页眉区域或页脚区域。这将打开"页眉和页脚工具\设计"选项卡,在"选项"组中选中"奇偶页不同"复选框。

② 在其中一个奇数页上,添加要在奇数页上显示的页眉、页脚或页码编号。

③ 在其中一个偶数页上,添加要在偶数页上显示的页眉、页脚或页码编号。

④ 若要返回至文档正文,单击"设计"选项卡上的"关闭页眉和页脚"按钮。

(3) 删除页码、页眉和页脚

首先双击页眉、页脚或页码,然后选择页眉、页脚或页码,最后按 Delete 键。若具有不同页眉、页脚或页码的每个分区中重复上面步骤即可。

3. 添加页码

页码是页眉和页脚中的一部分,在文档中加入页码,不仅阅读方便,而且整理和装订也不易出错。用户可以将文档分节来设置不同的页码格式。如果没有分节,整篇文档将视为一节。

打印文档时往往需要含有页码来区别不同的页。另外,一个文档很长时,可以分为多个文件,这样每个文件的页码设置就很重要,如果要使后一个文件的页码刚好是接在前一个文件页码之后,就需要进行页码的设置。

如果用户希望每个页面都显示页码,并且不希望包含任何其他信息(例如文档标题或文件位置),用户可以快速添加库中的页码,也可以创建自定义页码。

(1) 快速添加页码

单击"插入"→"页眉和页脚"→"页码"按钮"📄",打开页码设置下拉菜单(如图 5-46 所示),在下拉菜单中选择所需的页码位置,然后滚动浏览库中的选项,单击所需要的页码格式即可。若要返回至文档正文,只要单击"页眉和页脚工具/设计"选项卡的"关闭页眉和页脚"即可。

(2) 自定义页码

双击页眉区域或页脚区域,出现"页眉和页脚工具/设计"选项卡,单击"位置"命令组中"插入'对齐方式'选项卡",打开如图 5-47 所示的对齐制表位对话框,在"对齐方式"区域设置对齐方式,在"前导符"区域设置前导符。若要更改编号格式,单击"页眉和页脚"命令中的"页码"按钮,在"页码"下拉菜单中单击"页码格式"命令设置格式。单击"页眉和页脚工具/设计"选项卡的"关闭页眉和页脚"即可返回至文档正文。

【提示】 若要编辑页眉和页脚,只要鼠标左键双击页眉或页脚的区域即可,可以像编辑文档正文一样来编辑页眉和页脚的文本内容。

图 5-46 "页码"下拉菜单

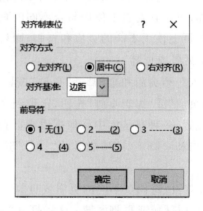

图 5-47 对齐制表位对话框

4．主题

主题是一套统一的设计元素和颜色方案。通过设置主题，可以非常容易地创建具有专业水准、设计精美的文档。设置方法：单击"设计"→"主题"命令组中的"主题"按钮"图"，打开主题面板（如图5-48所示），在面板列表中所需主题即可。若要清除文档中应用的主题，在出现的面板中选择"重设为模板中的主题"按钮。

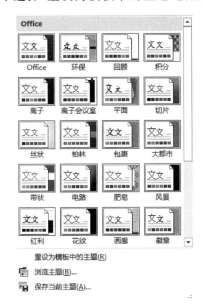

图5-48　主题下拉列表

图5-49　页面背景组

5．页面背景

新建的Word文档背景都是单调的白色，通过"设计"选项卡中"页面背景"命令组中的命令按钮，如图5-49所示，可以对文档进行水印、页面颜色和页面边框背景设置。

（1）页面颜色的设置

单击"设计"→"页面背景"→"页面颜色"按钮，打开如图5-50所示的面板，在面板中设置页面背景。

设置单色页面颜色：单击选择所需页面颜色，如果上面的颜色不符合要求，可单击"其他颜色"选取其他颜色。

设置填充效果：单击"填充效果"命令，弹出如图5-51所示的"填充效果"对话框，在这里可添加渐变、纹理、图案或图片作为页面背景。

删除设置：在"页面颜色"下拉列表中选择"无颜色"命令即可删除页面颜色。

（2）水印效果设置

水印用来在文档文本的后面打印文字或图形。水印是透明的，因此任何打印在水印上的文字或插入对象都是清晰可见的。

① 添加文字水印。在"页面背景"命令分组中单击"水印"按钮"图"，在出现的面板中选择"自定义水印"命令，打开如图5-52所示的"水印"对话框，选择"文字水印"单选按钮，然后在对应的选项中完成相关信息输入，单击"确定"按钮。文档页上显示出创建的文字水印。

② 添加图片水印。在"水印"对话框中，选中"图片水印"单选项按钮，然后单击"选择图

片"按钮,浏览并选择所需的图片,接着单击"插入",在"缩放"框中选择"自动"选项,选中"冲蚀"复选框,单击"确定"按钮。这样文档页上显示出创建的图片水印。

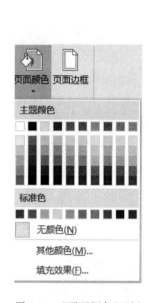

图 5-50　"页面颜色"面板

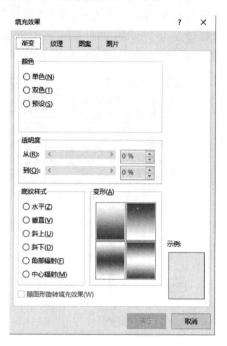

图 5-51　填充效果

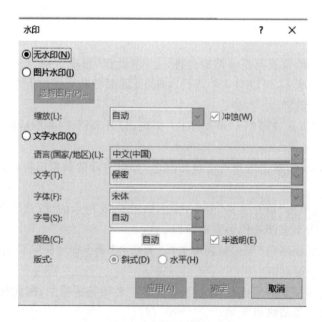

图 5-52　"水印"对话框

③ 删除水印。在"水印"对话框中选择"无水印"单选项按钮,单击"确定"按钮,或在"水印"下拉列表中选择"删除水印"命令,即删除文档页上创建的水印。

6. 分栏

为了方便读者，许多出版物往往采用多栏的文本排版方式(如图 5-53 所示)，使用 Word 创建多栏文档非常容易。

分栏的操作方法是：选中需要分栏的段落，单击“页面布局”→“页面设置”→“分栏”→“更多分栏”，打开“分栏”对话框(如图 5-54 所示)，设置所需的栏数、栏宽和栏间距等内容，单击“确定”按钮，则对选定的文本区域完成分栏。

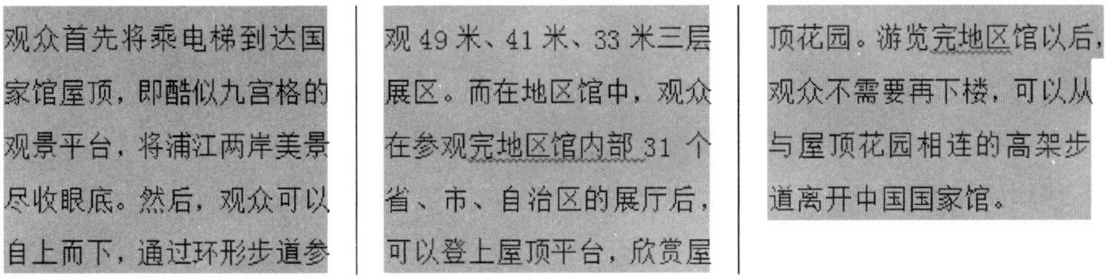

观众首先将乘电梯到达国
家馆屋顶，即酷似九宫格的
观景平台，将浦江两岸美景
尽收眼底。然后，观众可以
自上而下，通过环形步道参
观 49 米、41 米、33 米三层
展区。而在地区馆中，观众
在参观完地区馆内部 31 个
省、市、自治区的展厅后，
可以登上屋顶平台，欣赏屋
顶花园。游览完地区馆以后，
观众不需要再下楼，可以从
与屋顶花园相连的高架步
道离开中国国家馆。

图 5-53　分栏效果

分栏
预设
一栏(O)
两栏(W)
三栏(T)
左(L)
右(R)
栏数(N): 2
分隔线(B)
宽度和间距
栏(C):
宽度(I):
间距(S):
1:
20.37 字符
2.02 字符
2:
20.37 字符
预览
栏宽相等(E)
应用于(A):
本节
开始新栏(U)
确定
取消

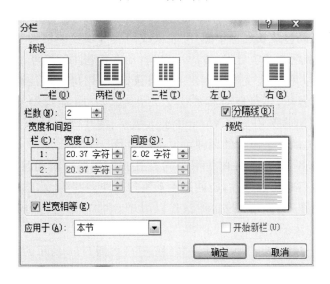

图 5-54　分栏对话框

7. 插入脚注和尾注

脚注和尾注是对文本的补充说明。脚注一般位于页面的底部，可以作为文档某处内容的注释；尾注一般位于文档的末尾，列出引文的出处等。

脚注和尾注由两个关联的部分组成，包括注释引用标记和其对应的注释文本。用户可让 Word 自动为标记编号或创建自定义的标记。在添加、删除或移动自动编号的注释时，Word 将对注释引用标记重新编号。

当在“页面视图”下插入脚注和尾注时，就会在文档窗口底部拆分为上、下两个窗格，在下面的窗格中就可以输入脚注或尾注的内容了。由于脚注可能会填满一页页面，因此文档能自动调整页面的长度；尾注位于文档的尾部，它会随着文档变长，页面会连续向后推移。

用户可以为脚注或尾注指定出现的位置、编号方式、编号起始数，以及是否要在每一页

或每一节单独编号。这种功能可以通过设置脚注和尾注选项来实现,下面将分别介绍。插入脚注和尾注的步骤如下。

① 将光标移到要插入脚注和尾注的位置。

② 单击"引用"→"脚注"→" ⌐ ",打开如图 5-55 所示的对话框。

③ 选择"脚注"选项,可以插入脚注;如果要插入尾注,则选择"尾注"选项。

④ 如果选择了"连续编号"选项,Word 就会给所有脚注或尾注连续编号,当添加、删除、移动脚注或尾注引用标记时重新编号。

⑤ 如果要自定义脚注或尾注的引用标记,可以选择"自定义标记",然后在后面的文本框中输入作为脚注或尾注的引用符号。如果键盘上没有这种符号,可以单击"符号"按钮,从"符号"对话框中选择一个合适的符号作为脚注或尾注即可。

⑥ 单击"确定"按钮后,就可以开始输入脚注或尾注文本。输入脚注或尾注文本的方式会因文档视图的不同而有所不同。

8. 插入题注

题注就是给图片、表格、图表、公式等项目添加的名称和编号。例如在本书的图片中,就在图片下面输入了图编号和图题这样可以方便读者的查找和阅读。

使用题注功能可以包装长文档中图片、表格或图表等项目能够按顺序地自动编号。如果移动、插入或删除带题注的项目时,Word 可以自动更新题注的编号。

插入题注既可以方便地在文档中创建图表目录,又不用担心题注编号会出现错误。而且一旦某一项目带有题注,还可以对其进行交叉引用。Word 能提供智能标注题注和交叉引用的方法。添加题注的作用是在 Word 中插入表格、图片、公式等项目时,会自动在项目上方或下方添加题注,该方法添加的题注可以自动编号。

在文档中插入表格、图表或其他项目时,可以让 Word 自动添加题注,也可以在已有的表格、图片、公式等项目时添加题注,也就是手动添加题注。

在文档中已有的图片、表格、公式间(这里以图片为例)添加题注的步骤如下。

① 选定要添加题注的图片。

② 选择"引用"→"题注"→"插入题注"命令,打开如图 5-56 所示的"题注"对话框。

图 5-55 "插入脚注和尾注"对话框

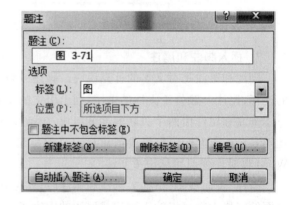

图 5-56 "题注"对话框

③ 一般在"标签"下拉列表中没有适当的标签内容,应单击"新建标签"按钮,打开"新建标签"对话框,然后在该对话框中输入作为题注的标签名称。

④ 单击"确定"按钮,返回"题注"对话框。

⑤ 在"位置"列表框中选择标题放置的位置为"所选项目的下方"。

⑥ 如果要设置题注的其他编号格式,可以单击"编号"按钮,在弹出"题注编号"对话框中选择合适的编号即可改变题注的编号格式。

⑦ 单击"确定"按钮,返回文档中,就会发现所选的项目添加了一个题注。

9. 交叉引用

交叉引用就是在文档的一个位置引用文档另一个位置的内容,类似于超级链接,只不过交叉引用一般是在同一文档中互相引用而已。如果两旁文档是同一篇主控文档的子文档,用户一样可以在一篇文档中引用另一篇文档的内容。

交叉引用常常用于需要互相引用内容的地方,如"有关××××的使用方法,请参阅第×节"和"有关××××的详细内容,参见 ××××"等。交叉引用可以使读者能够尽快地找到想要找的内容,也能使整个书的结构更有条理,更加紧凑。在长文档处理中,如果是想靠人工来处理交叉引用的内容,既花费大量的时间,又容易出错。如果使用 Word 的交叉引用功能,Word 会自动确定引用的页码、编号等内容。如果以超级链接形式插入交叉引用,则读者在阅读文档时,可以通过单击交叉引用直接查看所引用的项目。创建交叉引用的方法如下。

① 在文档中输入交叉引用开头的介绍文字,如"如×××所示"。

② 选择"引用"→"题注"→"交叉应用"命令,出现如图 5-57 所示的"交叉引用"对话框。

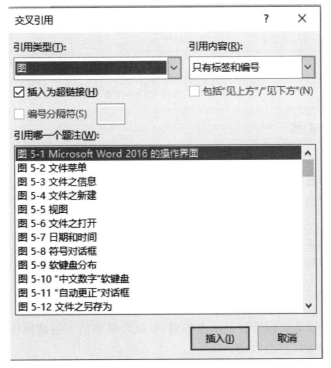

图 5-57　交叉引用

③ 在"引用类型"下拉列表框中选择需要的项目类型。

④ 在"引用内容"列表框中选择相应要插入的信息,如"只有标签和编号"等。

⑤ 在"引用哪一个题注"下面选择相应合适的项目。

5.4.4 练习

打开文档《论持久战》毛泽东,练习文档的排版。

5.5 表　　格

表格是一种简明、概要的表意方式,其结构严谨,分类清晰,效果直观,往往一张表格可以代替许多说明文字。因此,在编辑排版过程中常常需要处理表格。

文档表格还可以当作数据库,对它们执行简单的数据库功能,例如数据的添加、检索、分类、排序等,这些功能给用户管理文档表格提供了很大的方便,简化了对表格的处理工作。如果用户能够熟练地运用文档的数据库功能,可以提高对表格的处理能力,从而提高工作效率。

Word 2019 中的表格由三种类型:规则表格、不规则表格、文本转换成的表格,如图 5-58 所示。表格由若干行和若干列组成,行和列的交叉处称为单元格。单元格内可以输入字符、图形,甚至可以插入另一个表格。表格的操作可以通过"插入"选项卡中的"表格"组中的"表格"下拉按钮来完成。

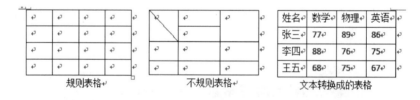

规则表格　　　　　　不规则表格　　　　文本转换成的表格

图 5-58　表格的三种类型

5.5.1 创建表格

创建表格有以下三种方法。

1. 建立规则的表格

单击"插入"→"表格"组→"表格"按钮,并选择"插入表格"命令(如图 5-59 所示),插入表格对话框(如图 5-60 所示),在表格对话框中分别设置表格行数和列数。

2. 手工绘制表格(不规则表格)

使用绘制工具可以创建具有斜线、多样式边框、单元格差异很大的复杂表格。操作步骤如下。

① 选择"插入"→"表格"→"绘制表格",此时鼠标指针变为铅笔状。

② 在文档区域拖动鼠标绘制一个表格框,在表格框中向下拖动鼠标画列,向右拖动鼠标画行,对角线拖动鼠标绘制斜线。

③ 手工绘制表格过程中自动打开表格工具中的设计选项卡,如图 5-61 所示。在该选

项卡的绘图边框区域可以选择"线型"、线的"粗细"和颜色等,还有擦除按钮可以对绘制过程中的错误进行擦除。

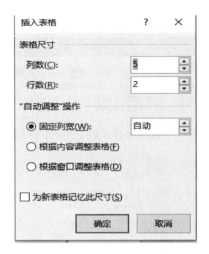

图 5-59　插入表格　　　　　　　　图 5-60　插入表格对话框

图 5-61　表格工具之设计

对不规则表格,可以绘制斜线表头,操作步骤如下。

(1)绘制一根斜线

① 选中表格,点击上方的"布局"选项卡,在"单元格大小"区域"调整相应的高度与宽度"以适合需要。

② 把光标定位在需要斜线的单元格中,然后点击上方的"设计"选项卡,在表格样式区域中选择"边框"→"斜下框线",一根斜线的表头就绘制好了。

③ 依次输入表头的文字,通过空格键和回车键控制到适当的位置。

(2)绘制两根、多根斜线的表头

① 要绘制多跟斜线的话,就不能直接插入了,只能手动去画。点击导航选项卡的"插入"→"形状"→"斜线",如图 5-62 所示。

② 根据需要,直接在表头画出相应的斜线即可。

③ 画好之后,依次输入相应的表头文字,通过空格键与回车键移动到合适的位置即可。

3. 将文本转换为表格

Word 2019 可以将已经存在的文本转换为表格。但是,要进行转换的文本应该是格式化的文本,即文本中的每一行用段落标记符分开,每一列用统一的分隔符(如空格、逗号或制表符等)分开。其操作方法如下。

① 选定添加段落标记和分隔符的文本。

② 选择"插入"→"表格"→"文本转换成表格",弹出"将文本转换为表格"对话框,如图 5-63 所示。Word 能自动识别出文本的分隔符并计算表格列数,即可得到所需的表格;也可以通过设置分隔位置得到所需的表格。

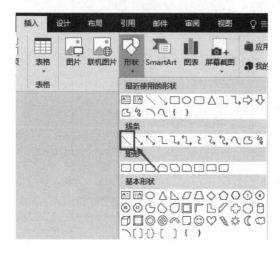

图 5-62 形状下拉列表

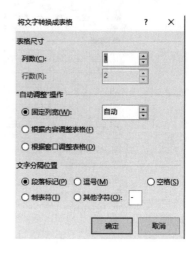

图 5-63 将文字转换成表格

5.5.2 编辑表格

建立表格后,如不满足要求,可以对表格进行编辑,如插入或删除行、列、单元格,合并、拆分单元格等。

表格的编辑要遵守"先选定,后执行"的原则,选定表格的操作如表 5-3 所示。

表 5-3 选定表格

选取范围	鼠标操作
一个单元格	将鼠标指针移到该单元格左边线偏右,当指针变为向右斜的箭头"➚"时单击
一行	将鼠标指针移到该行左边框外(偏左),当指针变为向右斜的箭头时单击
一列	将鼠标指针移到该列上边框,当指针变为向下的箭头"↓"时,单击鼠标
选定多个单元格、多行或多列	在要选定的单元格、行或列上拖动鼠标;或者先选定某个单元格、行或列,然后在按下 Shift 键的同时单击其他单元格、行或列
整个表格	方法 1:单击该表格,然后按"Alt+5"组合键 方法 2:将鼠标指针移到表格的左上角出现表格"移动控制点"图标"✛"(带有箭头的十字外加边框),在其上单击

1. 插入行和列

将光标置于表格中,选择"布局"→"行和列"命令组,若要插入行,选择"在上方插入"或"在下方插入"按钮;若要插入列,选择"在左侧插入"或"在右侧插入";若要在表格末尾快速添加一行,单击最后一行的最后一个单元格,按 Tab 键即可插入,或将光标置于末行行尾的段落标记前,直接按回车键插入一行。

2．插入单元格

将光标置于要插入单元格的位置,选择"布局"→"行和列"区域中右下角的"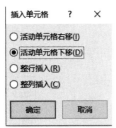",弹出"插入单元格"对话框,如图 5-64 所示。选择相应的插入方式后,单击"确定"按钮即可。

3．删除行和列

把光标定位到要删除的行或列所在的单元格中,或者选定要删除的行或列,选择"布局"→"行和列"→"删除"按钮→"删除行"或"删除列"菜单命令即可。

4．删除单元格

把光标移动到要删除的单元格中或选定要删除的单元格,选择"布局"→"行和列"→"删除"按钮→"删除单元格"命令,弹出如图 5-65 所示的删除单元格对话框,选择相应的删除方式,单击"确定"按钮即可。

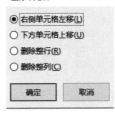

图 5-64　插入单元格　　　　图 5-65　删除单元格　　　　图 5-66　拆分单元格

5．合并与拆分单元格

合并单元格:将多个单元格合并为一个。选中需要合并的单元格,选择"布局"→"合并区域"中的"合并单元格"按钮即可。

拆分单元格:将一个单元格拆分为多个。将鼠标置于将要拆分的单元格中,选择"布局"→"合并区域"中的"拆分单元格"按钮,打开"拆分单元格"对话框,如图 5-66 所示。输入要拆分的列数和行数,单元"确定"按钮即可。

6．调整表格的列宽与行高

创建表格后,可以根据表格内容的需要调整表格的列宽与行高。调整方法有以下两种方法。

（1）使用鼠标调整表格的列宽与行高

若要改变列宽或行高,可以将指针停留在要更改其宽度的列的边框线上,直到鼠标指针变为"＋‖＋"形状时,按住鼠标左键拖动,达到所需的列宽或行高时,松开鼠标即可。

（2）使用对话框调整行高与列宽

用鼠标拖动的方法直观但不易精确掌握尺寸,使用功能区中的命令或者表格属性可以精确的设置行高与列宽。将光标置于要改变列宽和行高的表格中,在"布局"→"单元格大小"区域中的高度和宽度框中输入精确的数值即可;或在"布局"→"单元格大小"区域中单击"",打开表格属性对话框。在对话框中选择行或列选项卡,设置相应的行高或列宽。

7．缩放表格

当鼠标指针位于表格中时,在表格的右下角会出现符号"□",称为"句柄"。将鼠标指针移动到句柄上,当鼠标指针变成箭头"↖"时,拖动鼠标可以缩放表格。

【提示】 以上对表格的操作都可以用右键快捷菜单命令快速地完成。

5.5.3　为表格设置边框和底纹

为美化表格或突出表格的某一部分,可以为表格添加边框和底纹。选定要设置边框和底纹的单元格,单击"布局"→"单元格大小"→"▫",打开表格属性对话框,在"表格"选项卡点击"边框和底纹"按钮,弹出"边框和底纹"对话框,如图 5-67 所示。在"边框"选项卡中可以设置边框的样式,选择边框线的类型、颜色和宽度,在"底纹"选项卡(如图 5-68 所示)中可以设置填充色、底纹的图案和颜色,若是只应用于所选单元格,则在"应用于"框中选择"单元格"。

图 5-67　表格边框

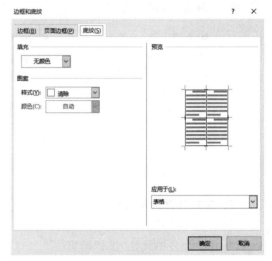

图 5-68　表格底纹

另外,可以使用功能区中的命令按钮设置边框和底纹。选定要设置边框和底纹的单元格,选择"设计"→"表格样式"区域中边框按钮"边框·"右边的下拉箭头,在打开的下拉菜单中选择相关的边框命令设置边框。单击"表格样式"区域中底纹按钮"底纹·"右边的下拉箭头,在打开的下拉菜单中设置底纹。

在"设计"选项卡的绘图边框命令区还可以设置线型、线的粗细。除此之外,还有擦除和绘制表格按钮。

5.5.4　表格的自动套用格式

使用上述方法设置表格格式,有时比较麻烦,因此 Word 提供了很多现成的表格样式供用户选择,这就是表格的自动套用格式。

选定表格,选择"设计"选项卡,在"表格样式"命令区列出了 Word 2019 自带的常用格式,可以点击右边的上下三角按钮切换样式,也可以点击"▾"打开如图 5-69 所示的"样式设置"下拉菜单,在"内置"中选择表格样式;也可以单击相关命令,修改样式、清除样式、新建表式等。

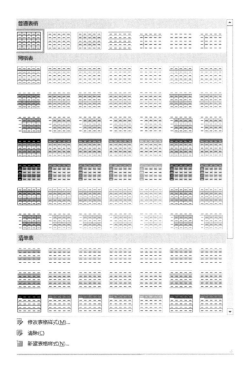

图 5-69　表格样式

5.5.5　表格中数据的计算与排序

在 Word 的表格中,可以进行比较简单的四则运算和函数运算。Word 的表格计算功能在表格项的定义方式、公式的定义方法、有关函数的格式及参数、表格的运算方式等方面都与 Excel 基本是一致的,任何一个使用过 Excel 的用户都可以很方便地利用"域"功能在Word 中进行必要的表格运算。

1. 单元格的命名

Word 表格中每个单元格都有名字,命名的方式是"表格列号＋表格行号"。其中,"行"用数字表示(1、2、3 等),"列"用英文字母(大小写均可的 A、B 等)表示,如 A1 表示对 A 列 1行单元格的引用,如图 5-70 所示。

2. 公式和函数

公式是由等号、运算符号、函数以及数字、单元格地址所表示的数值、单元格地址所表示的数值范围、指代数字的书签、结果为数字的域的任意组合组成的表达式。该表达式可引用表格中的数值和函数的返回值。一般的计算公式可用引用单元格的形式,如 D3 ＝ A2＋B2即表示第四列第三行的值等于第一列的第二行的值加第二列的第二行的值。

函数可以理解为预定义的计算公式。利用函数可使公式运用更为简单,如 ＝ SUM(A1:A80)即表示求出从第一列第 1 行到第一列第 80 行之间的 80 个单元格数值的总和。

使用表格公式的方法是,将光标定位在要记录结果的单元格中,单击"表格工具"→"布局"的"公式"按钮,出现如图 5-71 所示的"公式"对话框后,在等号后面输入运算公式或"粘贴函数"。

	A	B	C	D↵
1↵	A1↵	B1↵	C1↵	D1↵
2↵	A2↵	B2↵	C2↵	D2↵
3↵	A3↵	B3↵	C3↵	D3↵
4	A4↵	B4↵	C4↵	D4↵

图 5-70　单元格的引用表示法

图 5-71　"公式"对话框

在"公式"文本框中输入正确的公式,或者在"粘贴函数"下拉列表框中选择所需的函数,然后在"编号格式"下拉列表框中选择计算结果的表示格式(如结果需要保留 2 位小数,则选择"0.00"),最后单击"确定"按钮,即可在选定的单元格中得到计算的结果。

在公式中可使用的操作符如表 5-4 所示,可选择的函数如表 5-5 所示。

表 5-4　公式运算符号表

运算符号	意　义	运算符号	意　义
+	加	=	等于
-	减	<	小于
*	乘	< =	小于等于
/	除	>	大于
%	百分比	> =	大于等于
^	乘方和开方	< >	不等于

表 5-5　公式中可以使用的部分函数

函　数	返回结果
ABS(x)	返回公式或数字的正数值,不论其实际上是正数还是负数
AND(x y)	如果逻辑表达式 x 和 y 同时为真,则返回值为 1;如果有一个表达式为假则返回 0
AVERAGE()	返回一组数值的平均数
COUNT()	返回列表中的项目数
DEFINED(x)	如果表达式 x 是合法的,则返回值为 1;如果无法计算表达式,则返回值为 0
FALSE	返回 0
INT(x)	返回数值或公式 x 中小数点左边的数值
MIN()	返回一列数中的最小值
MAX()	返回一列数中的最大值
MOD(x y)	返回数值 x 被 y 除得的余数
NOT(x)	如果逻辑表达式 x 为真,则返回 0(假);如果表达式为假,则返回 1(真)
OR(x,y)	如果逻辑表达式 x 和 y 中的一个为真或两个同时为真,则返回 1(真);如果表达式全部为假,则返回 0(假)
PRODUCT()	返回一组值的乘积,例如函数 { = PRODUCT (1,3,7,9)} 返回的值为 189

续　表

函　数	返　回　结　果
ROUND(x,y)	返回数值 x 保留指定的 y 位小数后的数值,x 可以是数值或公式的结果
SIGN(x)	如果 x 是正数,则返回值为 1;如果 x 是负值,则返回值为-1
SUM( )	返回一列数值或公式的和
TRUE	返回数值 1

【提示】　公式中的",""：""( )"等应为英文半角。如果在中文输入状态下编辑公式,很容易导致公式语法错误。

3. 单元格引用的表示方法

① 要在函数中零散引用单元格,则单元格之间用逗号分隔。例如,求 A1、B2 及 A3 三者之和,公式为"=SUM(A1,B2,A3)"。

② 如果需要引用的单元格相连为一个矩形区域,则不必一一罗列单元格,此时可表示为"首单元格:尾单元格"。如公式"=SUM(A1:B2)"表示以 A1 为开始、以 B2 为结束的矩形区域中所有单元格之和,效果等同于公式"=SUM(A1,A2,B1,B2)"。

③ 有两种方法可表示整行或整列。例如第 2 行可表示为"A2:D2"或"2:2";同理,第 2 列可表示为"B1:B5"或"B:B"。需要注意的是,用 2:2 表示行,当表格中添加一列后,计算将包括新增的列;而用 A2:D2 表示一行时,当表格中添加一列后,计算只包括新表格的 A2、B2、C2 和 D2 等单元格。整列的引用同理。如表 5-6 所示。

表 5-6　表格公式示例

公　式	意　义
=average(b_1,b_2,b_3) 或 =average(b1:b3)	(B1+B2+B3)/3
=average(a1:b2)	(A1+A2+B1+B2)/4
=average(a1:c2)或= average($a_1:c_1,a_2:c_2$)	(A1+A2+B1+B2+C1+C2)/6
=average(a1,a3,c2)	(A1+A3+C2)/3

4. 表格中数据的计算

Word 表格中数值的计算功能大致分为两部分,一部分是直接对行或列的计算,另一部分是对任意单元格的数值计算,例如进行行求和,求平均值等。

(1) 行或列的计算

将插入点置于要放置求和结果的单元格中,单击"表格工具"→"布局"→"数据"→"公式"按钮"f_x",打开"公式"对话框后。如果 Word 自动提供的公式不是用户所需要的,可以在"粘贴函数"框中选择所需的公式。

例如要求和,如果选定的单元格位于一列数值的底端,Word 将自动采用公式 =SUM(ABOVE)进行计算,如果选定的单元格位于一行数值的右端,Word 将采用公式 =SUM(LEFT)进行计算。单击"确定"按钮,Word 将完成行或列的求和。

如果该行或列中含有空单元格,则 Word 将不能对这一整行或整列进行累加。因此,要对整行或整列求和时,在每个空单元格中键入零值。

（2）零散单元格数值的计算

将光标置于要放置计算结果的单元格中，单击"表格工具"→"布局"→"数据"→"公式"按钮"f_x"，打开"公式"对话框后，如果 Word 自动提供的公式不是用户所需要的，可以在"粘贴函数"框中选择所需的公式。

例如要求和，可以单击"SUM"，然后在公式的括号中键入单元格引用，可引用单元格的内容。例如需要计算单元格 A1 和 B4 中数值的和，应建立这样的公式：＝SUM(a1,b4)。在"数字格式"框中输入数字的格式。例如要以带小数点的百分比显示数据，可以单击"0.00％"，则系统就会以该种格式显示数据。然后单击"确定"按钮，Word 会自动完成计算结果。

5. 表格的排序

在 Word 2019 中可以对表格中的数字、文字和日期数据进行排序操作，具体操作步骤如下。

① 在需要进行数据排序的 Word 表格中单击任意单元格。在"表格工具"功能区，单击"布局"→"数据"→"排序"按钮"$\frac{A}{Z}\downarrow$"，打开"排序"对话框，如图 5-72 所示。

② 在"列表"区域选中"有标题行"单选框。如果选中"无标题行"单选框，则 Word 表格中的标题也会参与排序。

③ 在"主要关键字"区域，单击关键字下拉三角按钮选择排序依据的主要关键字。单击"类型"下拉三角按钮，在"类型"列表中选择"笔画""数字""日期"或"拼音"选项。如果参与排序的数据是文字，则可以选择"笔画"或"拼音"选项；如果参与排序的数据是日期类型，则可以选择"日期"选项；如果参与排序的只是数字，则可以选择"数字"选项。选中"升序"或"降序"单选框设置排序的顺序类型。

④ 如果"主要关键字"有重复值，可以在"次要关键字"和"第三关键字"区域进行相关设置，并单击"确定"按钮对 Word 表格数据进行排序。

图 5-72 "排序"对话框

5.5.6 练习

做一个表格,统计中国在历届奥运会中获得的金牌、银牌、铜牌数量。

5.6 图文混排

图文混排就是在文档中插入图形或图片,使文章具有更好的可读性和更高的艺术效果。利用图文混排功能可以实现杂志、报刊等复杂文档的编辑与排版。

Word 文档分成以下三个层次结构。

① 文本层:用户在处理文档时所使用的层。

② 绘图层:在文本层之上。建立图形对象时,Word 最初是将图形对象放在该层。

③ 文本层之下层:可以把图形对象放在该层,与文本层产生叠层效果。

利用这三层,在编辑文稿时可以根据需要将图形对象在文本层的上、下层次之间移动,也可以将某个图形对象移到同一层中其他图形对象的前面或后面,实现意想不到的效果。正是因为 Word 文档的这种层次特性,可以方便地生成漂亮的水印图案。

图文混排操作是文字编排与图形编辑的混合运用,其要点如下。

① 规划版面:首先对版面的结构、布局进行规划。

② 准备素材:提供版面所需要的文字、图片资料。

③ 着手编辑:充分运用文本框、图形对象的操作,以实现文字环绕、叠放次序等基本功能。

5.6.1 绘制图形

图形对象包括形状、图表和艺术字等,这些对象都是 Word 文档的一部分。通过“插入”选项卡的“插图”命令组中的按钮完成插入操作,通过“图片格式”功能区更改和增强这些图形的颜色、图案、边框和其他效果。

1. 插入形状

单击“插入”→“插图”→“形状”按钮,出现“形状”面板,如图 5-73 所示。在面板中选择线条、矩形、基本形状、流程图、箭头总汇、星形与旗帜、标注等图形,然后在绘图起始位置按住鼠标左键,拖动至结束位置就能完成所选图形的绘制。

另外,有关绘图的两点注意事项。

① 拖动鼠标的同时按住 Shift 键,可绘制等比例图形,如圆形、正方形等。

② 拖动鼠标的同时按住 Alt 键,可平滑地绘制和所选图形的尺寸大小一样的图形。

2. 编辑图形

图形编辑主要包括更改图形位置、图形大小、向图形中添加文字、形状填充、形状轮廓、颜色设置、阴影效果、三维效果、旋转和排列等基本操作。

① 设置图形大小和位置的操作方法是选定要编辑的图形对象,在非“嵌入型”版式下直接拖动图形对象,即可改变图形的位置;将鼠标指针置于所选图形的四周的编辑点上,拖动鼠标可缩放图形。

② 向图形对象中添加文字的操作方法是右击图片,在弹出的快捷菜单中选择“添加文

字"命令(如图 5-74 所示),然后输入文字即可。

③ 组合图形的方法是按住 Shift 键,依次选择要组合的多张图形,单击鼠标右键,在弹出的快捷菜单中选择"组合"菜单下的"组合"命令,如图 5-77 所示。

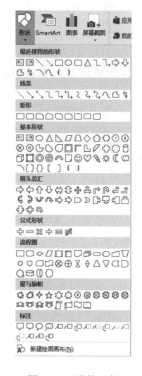

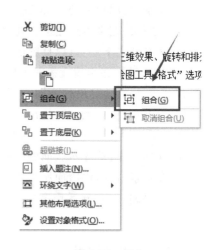

图 5-73　形状面板　　　图 5-74　添加文字　　　图 5-75　组合

3. 修饰图形

如果需要设形状填充、形状轮廓、颜色设置、阴影效果、三维效果、旋转和排列等基本操作,均可先选定要编辑的图形对象,出现如图 5-76 所示的"绘图工具/格式"选项卡,选择相应功能按钮来实现。

图 5-76　绘图工具

(1) 形状填充

选择要形状填充的图片,选择"绘图工具/格式"功能区的"形状填充"按钮"　　",出现如图 5-77 所示面板。

如果选择设置单色填充,可选择面板已有的颜色或单击"其他颜色"选择其他颜色。

如果选择设置图片填充,单击"图片"选项,打开如图 5-78 所示对话框,单击"从文件"行的"浏览"按钮,则打开本机上的"插入图片"对话,选择一张图片作为图片填充。

如图选择设置渐变填充,则单击"渐变"选项,在弹出的面板,选择一种渐变样式即可,也可单击"其他渐变"选项,出现如图 5-81 所示对话框,选择相关参数设置其他渐变效果。

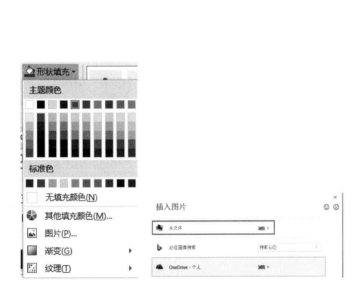

图 5-77　形状填充　　　　　图 5-78　插入图片　　　　　图 5-79　设置形状格式

（2）形状轮廓

选择要形状填充的图片,选择"绘图工具/格式"功能区的"形状轮廓"按钮"✐ ▼",在出现的面板中可以设置轮廓线的线型、大小和颜色,如图 5-80 所示。

（3）形状效果

选择要形状填充的图片,选择"绘图工具/格式"功能区的"形状轮廓"按钮"◻ ▼",选择一种形状效果,例如选择"预设"(如图 5-81 所示),选择一种预设样式即可。

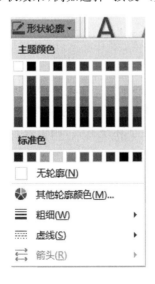

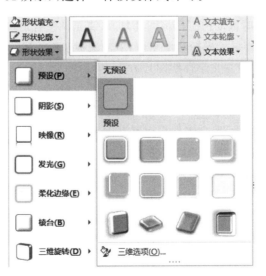

图 5-80　形状轮廓面板　　　　　　　图 5-81　形状效果面板

（4）应用内置样式

选择要形状填充的图片，切换到"绘图工具/格式"功能区，在"形状样式"分组选择一种内置样式即可应用到图片上。

5.6.2　插入图片

1．插入图片

在文档中单击要插入图片的位置。选择"插入"→"插图"→"图片"按钮。Word 会显示一个与"打开"文件类似的"插入图片"对话框，选择要插入图片所在的路径、类型和文件名，可以双击文件名直接插入图片或单击"插入"按钮插入图片。

2．编辑和设置图片格式

（1）修改图片大小

修改图片的大小的操作方法，除了跟前面介绍的修改图形的操作方法一样以外，也可以选定图片对象，切换到"图片工具/格式"功能区，在"大小"命令组中的"高度"和"宽度"编辑框设置图片的具体大小值，如图 5-82 所示。

图 5-82　图片工具

（2）裁剪图片

用户可以对图片进行裁剪操作以截取图片中最需要的部分，操作步骤如下。

① 将图片的环绕方式设置为非嵌入型选中需要进行裁剪的图片，在"图片工具/格式"功能区，单击"大小"命令组中的"裁剪"按钮"▫▫"。

② 图片周围出现八个方向的裁剪控制柄，用鼠标拖动控制柄将对图片进行相应方向的裁剪，同时拖动控制柄将图片复原，直至调整合适为止。

③ 将鼠标光标移出图片，单击鼠标左键将确认裁剪。

（3）设置文字环绕图片方式

正文环绕图片方式是指在图文混排时，正文与图片之间的排版关系，这些文字环绕方式包括"顶端居左""四周型文字环绕"等九种方式。默认情况下，图片作为字符插入 Word 2019 文档中，用户不能自由移动图片。而通过为图片设置文字环绕方式，则可以自由移动图片的位置，操作步骤如下。

① 选中需要设置文字环绕的图片。

② 单击"图片工具/格式"→"排列"→"位置"按钮，打开"位置"面板（如图 5-83 所示），在打开的预设位置列表中选择合适的文字环绕方式。

如果用户希望在 Word 2019 文档中设置更多的文字环绕方式，可以在"排列"分组中单击"环绕文字"按钮，在打开如图 5-84 所示的面板中选择合适的文字环绕方式即可。

Word 2019"自动换行"菜单中每种文字环绕方式的含义如下。

• 四周型环绕：文字以矩形方式环绕在图片四周。

- 紧密型环绕：文字将紧密环绕在图片四周。
- 穿越型环绕：文字穿越图片的空白区域环绕图片。
- 上下型环绕：文字环绕在图片上方和下方。
- 衬于文字下方：图片在下、文字在上分为两层。
- 浮于文字上方：图片在上、文字在下分为两层。
- 编辑环绕顶点：用户可以编辑文字环绕区域的顶点，实现更个性化的环绕效果。

也可在"图片工具/格式"→"排列"→"位置"或"环绕文字"面板中选择"其他布局选项"命令，在打开的"布局"对话框中设置图片的位置、文字环绕方式和大小，如图 5-85 所示。也可选中图片后，单击鼠标右键，在快捷菜单中选择"大小和位置"命令，打开布局对话框设置图片的大小、位置和环绕方式。

图 5-83　图片位置

图 5-84　环绕文字

图 5-85　布局对话框

（4）设置图片透明色

在 Word 2019 文档中，对于背景色只有一种颜色的图片，用户可以将图片的纯色背景色设置为透明色，从而使图片更好地融入 Word 文档中。该功能对于设置有背景颜色的 Word 文档尤其适用。在 Word 2019 文档中设置图片透明色的步骤如下。

① 选中需要设置透明色的图片，单击"图片工具/格式"→"调整"命令中的"颜色"按钮"📷"，在打开的颜色模式下拉列表中选择"设置透明色"命令。

② 鼠标箭头呈现彩笔形状，将鼠标箭头移动到图片上并单击需要设置为透明色的纯色背景，则被单击的纯色背景将被设置为透明色，从而使得图片的背景与 Word 2019 文档的背景色一致。

（5）图片的复制、移动及删除

图片的复制、移动及删除方法和文字的复制、移动、删除的方法相似，操作方法如下。

① 单击选中图片。

② 在图片上单击鼠标右键，在快捷菜单中选择"复制""剪切""粘贴"命令，即可对图片进行相应的操作；或直接用鼠标拖动实现图片的"复制""移动"操作，也可用键盘上的 Delete 键实现图片的删除操作。

以上介绍的是部分对图片格式的基本操作,如果需要对图像进行其他如填充、三维效果和阴影效果等基本操作,可通过"图片工具/格式"功能区相关按钮来实现,也可单击右键,在快捷菜单中选择"设置图片格式"命令,在弹出的如图 5-86 所示的"设置图片格式"对话框中进行相关设置。

图 5-86　设置图片格式

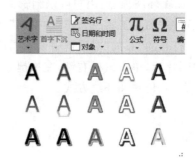

图 5-87　插入艺术字

5.6.3　插入艺术字

Office 中的艺术字结合了文本和图形的特点,能够使文本具有图形的某些属性,如设置旋转、三维、映像等效果,在 Word、Excel、PowerPoint 等 Office 组件中都可以使用艺术字功能。

1. 插入艺术字

用户可以在 Word 2019 文档中插入艺术字,操作步骤如下。

① 将插入点光标移动到准备插入艺术字的位置。

② 选择"插入"→"文本"命令组中的"艺术字"按钮"**A**",打开艺术字预设样式面板如图 5-87 所示,在面板中选择合适的艺术字样式,会插入艺术字文字编辑框。

③ 在艺术字文字编辑框中,直接输入艺术字文本,用户可以对输入的艺术字分别设置字体和字号等。

④ 在编辑框外单击即可完成。

2. 设置艺术字

若需对艺术字的内容、边框效果、填充效果或艺术字效果进行修改或设置,可选中艺术字,在如图 5-88 所示的"绘图工具/格式"功能区中单击相关按钮功能完成相关设置。

图 5-88　艺术字设置

5.6.4　插入文本框

通过使用文本框,用户可以将 Word 文本很方便地放置到 Word 2019 文档页面的指定位置,而不必受段落格式、页面设置等因素的影响,可以像处理一个新页面一样来处理文字,如设置文字的方向、格式化文字、设置段落格式等。文本框有两种,一种是横排文本框,一种是竖排文本框。Word 2019 内置有多种样式的文本框供用户选择使用。

1．插入文本框

① 单击"插入"→"文本"命令组中"文本框"按钮"",打开文本框面板(如图 5-89 所示),选择合适的文本框类型,在文档窗口中会插入文本框,拖动鼠标调整文本框的大小和位置即可完成空文本框的插入,然后输入文本内容或者插入图片。

② 将已有内容设置为文本框,选中需要设置为文本框的内容,单击"插入"→"文本"命令组中"文本框"按钮"",在打开的文本框面板中选择"绘制文本框"或"绘制竖排文本框"命令,被选中的内容将被设置为文本框。

2．设置文本框格式

处理文本框中的文字就像处理页面中的文字一样,可以在文本框中设置页边距,同时也可以设置文本框的文字环绕方式、大小等。

设置文本框格式的方法:右键单击文本框边框,打开快捷菜单,选择"设置形状格式"命令,打开"设置文本效果格式"对话框。

若要设置文本框的其他布局,在右键快捷菜单中选择"其他布局选项"命令,在打开的"布局"对话框中选择相应的选项卡进行设置即可。

另外,如果需要设置文本框的大小、文字方向、内置文本样式、三维效果和阴影效果等其他格式,可单击文本框对象,切换"绘图工具/格式"选项卡,通过相应的功能按钮来实现。如图 5-90 所示。

图 5-89　插入文本框

图 5-90　"公式"下拉菜单

5.6.5 插入公式

Word 2019 中内置了公式编写和编辑公式,可以在行文的字里行间非常方便地编辑公式。在文档中插入公式有以下两种方法。

① 将插入点置于公式插入位置,使用"Alt+="组合键,系统自动在当前位置插入一个公式编辑框,同时打开了如图 5-91 所示的"公式工具/设计"选项卡,单击相应按钮在编辑框中编写公式。

图 5-91　公式工具

② 单击"插入"→"符号"命令中"公式"按钮"π",插入一个公式编辑框,然后在其中编写公式,或者单击"公式"按钮下方的向下箭头,打开如图 5-92 所示的下拉菜单,在菜单中直接选择插入一个常用数学公式即可。

5.6.6 练习

用本节所学的内容为"十一"国庆节制作宣传图片。

本 章 小 结

1. 总结

学完本章后,应掌握的基本知识如下。

(1) 文字处理软件的基本概念,Word 2019 的基本功能、启动和退出。

(2) 文档的创建、打开和基本编辑操作,文本的查找与替换。

(3) 文档的保存、保护、复制、删除、插入和打印,封面的插入。

(4) 字体格式、段落格式和页面格式等文档编排的基本操作,页面设置和打印预览。

(5) 熟练掌握各种规则及不规则表格的创建。

(6) 掌握表格的编辑及格式化。

(7) 掌握表格与文字的相互转换。

(8) 掌握表格数据的计算与排序。

(9) 掌握公式的编辑与制作。

(10) 掌握对报纸杂志版面的布局和分类。

(11) 掌握页面的设置。

(12) 熟练地使用文本框及文本框之间的链接实现复杂的版式编排,并能熟练地设置文本框的格式。

(13) 熟练掌握文本的分栏方法及图文混排的方法。

(14) 熟练掌握页眉页脚的设置。

(15) 掌握图形的绘制。

(16) 掌握分页符和分节符的使用。

2. 练习

应用本章的知识点编辑一份宣传抗击新冠肺炎精神的小报,弘扬抗击新冠肺炎中形成的"众志成城 抗击疫情"的精神。内容图片可自由添加,要求图文并茂。

题目:生命至上,举国同心,舍生忘死,尊重科学,命运与共。

(1)万众一心、同舟共济的守望相助精神。

(2)闻令而动、雷厉风行的英勇战斗精神。

(3)顾全大局、壮士断腕的"一盘棋"精神。

(4)舍生忘死、逆行而上的英雄主义精神。

(5)充满信心、敢于胜利的积极乐观精神。

思 政 小 结

本章在对 Word 内容与思政内容进行关联性建设的同时,搜集、准备丰富而优秀的思政教育相关素材(包括图片、文字),借助这些素材,安排 Word 的实验作业(如 Word 图文设计排版等),以此弘扬正能量,对大学计算机基础课程理论与实践教学进行充分的补充和完善。在课程开展过程中,除了关注学生对计算机应用基础工具和方法的掌握程度外,还要有意识地培养学生正确的人生观和价值观,培养学生的社会责任感。

第6章 电子表格 Excel 2019

Excel 2019 是 Microsoft 公司的 Office 2019 的一个组件,是一款非常出色的电子表格软件。所谓电子表格,是一类模拟纸上计算表格的计算机程序,它会显示由一系列行与列构成的网格,网格内可以存放数值、计算式、文本等。

市面上有多种表格软件,其中使用最为广泛,影响最大的是 Excel,本书就是以 Excel 为讲解对象。除此以外,还有 10 余种国产办公软件,使用比较多的如金山 WPS、永中 Office 等。

6.1 概　　述

6.1.1 电子表格的产生与演变

1979 年,美国人丹·布里克林(D. Bricklin)和鲍勃·富兰克斯顿(B. Frankston)在苹果Ⅱ型电脑上开发了一款名为"VisiCalc"(即"可视计算")的商用应用软件,这是第一款电子表格软件。虽然这款软件功能比较简单,主要用于计算账目和统计表格,但它的出现依然受到了广大用户的青睐,不到一年时间就成为个人计算机历史上第一个最畅销的应用软件。当时,许多用户购买个人计算机的主要目的就是为了运行 VisCalc。

电子表格软件就这样和个人计算机一起风行起来,商业活动中不断新生的数据处理需求成为它们持续改进的动力源泉。继 VisiCalc 之后的另一个电子表格软件的成功制作是 Lotus 公司的 Lotus1-2-3,它能运行在 IBMPC 上,而且集表格计算、数据库、商业绘图三大功能于一身。

受其影响,微软公司从 1982 年也开始了电子表格软件的研发工作,经过数年的改进,终于在 1987 年凭借着与 Windows 2.0 捆绑的 Excel 2.0 后来居上。其后,经过多个版本的升级,奠定了 Excel 在电子表格领域的霸主地位,如今 Excel 几乎成了电子表格的代名词。

6.1.2 Excel 2019 窗口组成

1. 工作簿

在 Excel 2019 中(如图 6-1 所示),一个 Excel 文件就是一个工作簿。工作簿是由多个工作表组成的,工作表是由一个个单元格组成的,单元格是组成工作簿的最小单位。工作簿是计算和存储数据的文件,每一个工作簿都可以包含多张工作表,因此可以在一个工作簿中管理各种类型的相关信息。

【提示】　其扩展名.xlsx。新建第一个工作簿的默认名:工作簿 1. xlsx。

2. 工作表

工作表是一个排成行和列的单元格组成。工作表是用来存储和处理数据的最主要文

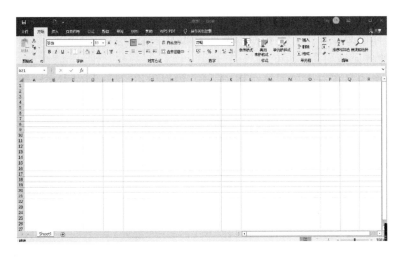

图 6-1　Excel 2019 工作窗口

档,所有对数据进行的操作,都是在工作表上进行的。

工作表名称显示于工作簿窗口底部的工作表标签上,默认有三个(sheet1、sheet2、sheet3)。一个工作表是由 1 048 576 行和 16 384 列组成的。工作表的行从上往下编号,其行号分别为 1,2,…,1 048 576,列从左到右编号,其列号分别以 A～Z,AA～AZ,BA～BZ……命名。

3. 单元格与单元格地址

工作表中,行列交叉形成的长方形的格称为单元格。单元格是工作表中用于存储数据的基本单位。表中所有的数据都只能放入单元格内,每个单元格都有一个固定的地址,地址编号由列号和行号组成,如 A1,B2 等。

当前,正在使用的单元格称为活动单元格,活动单元格的四周加有黑色的粗线边框。

4. 区域

为了方便操作,可以把一组选定的单元格(可以不相邻)称为区域。对一个单元格区域的操作就是对区域内所有的单元格执行相同的操作。在选定区域外单击鼠标左键,可以取消选定区域。

5. 单元格的引用

单元格的引用就是对工作表中的一个或一组单元格进行标识,从而告诉公式或函数所使用的数据的位置,便于它们使用工作表中不同部分的数据,或者在多个公式中使用同一单元格的数值。在单元格引用时,可以引用同一个工作表中的单元格,也可以引用同一工作簿中不同工作表的单元格,还可以引用不同工作簿中的数据。

引用的常用方式包括相对引用、绝对引用和混合引用,区别在于公式或函数所在单元格发生变化时单元格引用的变化方式不同。

相对引用是指当复制或移动单元格后,公式或函数所引用的单元格的地址随着位置的变化而发生变化。例如公式“＝B2＋C2”存放在单元格 D2 中,当公式拷贝 D3 时变为“＝B3＋C3”,当拷贝到 E2 时变为公式为“＝C2＋D2”。默认情况下,Excel 2019 使用的都是相对引用。

绝对引用就是公式中单元格的绝对地址,即使复制或移动单元格后,其公式中引用的单元格的地址也不会随着位置的变化而发生变化。若要实现绝对引用,则公式中引用的单元格的行标和列标前必须加上"$"符号。例如公式为"=＄B＄2＋＄E＄4",无论公式复制到何处,其引用的单元格均为 B2 和 E4。

混合引用指的是在一个单元格引用中,既有绝对引用,又有相对引用。即混合引用具有绝对引用行和相对引用列或绝对引用列和相对引用行。绝对引用行采用 A＄1、B＄1 的形式,绝对引用列采用＄A1、＄B1 的形式。如果公式所在单元格的位置改变,则混合引用中的相对引用改变,而绝对引用不变。如果多行或多列地复制公式,则相对引用自动调整,而绝对引用不做调整。

6.1.3 工作簿的基本操作

1. 新建工作簿

创建新的 Excel 文件 Excel 文件有一个更加专业的名字:工作簿,每一个 Excel 文件都可以被称为一个工作簿。启动 Excel 2019 时,系统会自动打开一个新的工作簿,或者通过以下两种方法创建工作簿。

① 在快速访问工具中添加"新建"按钮"█"后,单击该按钮。

② 单击"文件"按钮,在菜单中选择"新建"命令,选择"空白工作簿"。

【提示】 使用"Ctrl＋N"组合键,可以快速创建新的空白工作簿。除了在 Excel 2019 中使用"新建"按钮建立工作簿以外,也可以在不打开 Excel2019 的前提下新建工作簿。

① 打开"我的电脑",访问任意一个文件夹位置,例如 D:\表格。

② 在文件夹中任意位置点击鼠标右键,选择"新建"→"Excel 工作表"。此时,系统将在不打开 Excel 2019 的情况下建立一个新的工作簿,并命名为"新建 Microsoft Office Excel 工作表.xlsx"。

③ 将默认名称改为"我的工作簿",并按回车键确认。此时,一个新的工作簿创建并保存在了该文件夹中。

2. 保存作簿

文档编辑过程中,为了防止因为意外导致的数据丢失,需要及时保存文件。Excel 提供了多种保持方法。

① 单击"文件"按钮,在菜单中选择"保存"命令。

② 单击"文件"按钮,在菜单中选择"另存为"命令。

③ 单击"快速访问"工具栏,单击按钮。

④ 使用"Ctrl＋S"组合键。

新建的文件保存时会弹出如图 6-2 所示的对话框,在"文件名"列表框中输入文件名,然后在"保存位置"下拉列表框中指定保存位置(路径),可以将它保存到硬盘驱动器上的文件夹、网络位置、磁盘、CD、桌面或其他存储位置,接着单击"保存类型"列表框,选择需要保存的文件格式,譬如可以选择"网页 *.htm",最后单击"保存"按钮。

若工作簿已经被保存过,点击"保存"按钮时不会弹出该对话框,但系统会自动保存文件。

如果经常需要使用某种格式的表格,就可以将其保存为模板。以后简历表格时直接套用模板,可以大大节省格式化表格的时间。那么,我们应该如何将一个编辑好的 Excel 表格

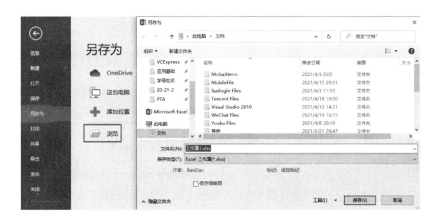

图 6-2 "另存为"对话框

保存为模板呢？

第一步：打开要用作模板的工作簿，单击"文件"，然后单击"另存为"。

第二步：在"文件名"框中为该模板键入一个名称。在"保存类型"框中单击"Excel 模板"；如果该工作簿包含要在模板中使用的宏，则请单击"Excel 启用宏的模板"。

第三步：单击"保存"。模板会自动放入模板文件夹中，以确保创建新工作簿时该模板可用。

3．打开工作簿

常用的打开文档的方法有以下四种。

① 单击"文件"，然后单击"打开"，启动"打开对话框"。

② 通过键盘快捷方式，按"Ctrl＋O"组合键显示"打开"对话框。

③ 单击"快速访问"工具栏，单击按钮。

④ 在资源管理器中找到要打开的 Excel 工作簿文件，双击打开。

前三种方式会弹出如图 6-3 所示的"打开"对话框，在"查找范围"列表中，单击要打开的文件所在的文件夹、驱动器或 Internet 位置。在文件夹列表中，找到并打开包含此文件的文件夹。点击需要打开的文件，并点击"打开"按钮，即可打开所需要的文件。值得注意的是，默认情况下，在"打开"对话框中看见的文件只是由正在使用的程序所创建的文件。例如，如果正在使用 Microsoft Office Excel，那么除非单击"文件类型"框中的"所有文件"，否则不会看见使用 Microsoft Office Word 创建的文件。

单击"打开"按钮右边的箭头，可以选择"以副本方式打开""只读方式打开"等。当"以副本方式打开"文件时，程序将创建文件的副本，并且查看的是副本，所做的任何更改将保存到该副本中。当"以只读方式打开"文件时，查看的是原始文件，但无法保存对它的更改。或者说，用户的任何修改动作都是无效的。

4．关闭工作簿

可以采用以下三种方法关闭工作簿。

① 单击"文件"选项卡，然后单击"关闭"命令。

② 单击"文件"选项卡，然后单击"退出"命令，同时也将 Excel 应用程序关闭。

③ 直接单击标题栏右侧的关闭按钮"　　"。

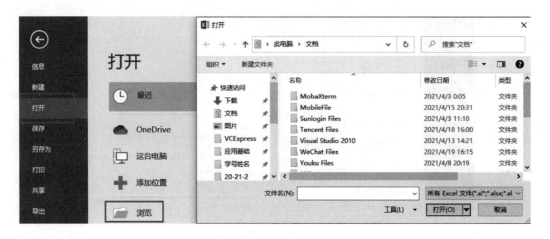

图 6-3　打开对话框

6.2　工作表的基本操作

6.2.1　数据录入

Excel 2019 处理的数据类型有文本型、数字型、日期和时间型、公式和函数等。在数据输入过程中,系统会自行判断所输入的数据是哪一种类型,并进行适当的处理,所以在输入数据时,一定按照 Excel 2019 的规则进行,否则可能出现不正确的结果。

1. 直接输入数据

单击某一单元格,可直接在单元格或编辑框中输入数据,结束时按 Enter 键、Tab 键或单击编辑栏中的"输入"按钮"✔"。如果要放弃输入,按 Esc 键或单击编辑栏中的"取消"按钮"✘"即可。

当单元格宽度不足显示内容时,数字资料会显示成"＃＃＃",而文字资料则会由右边相邻的储存格式决定如何显示。

(1) 文本型

文本型是指键盘上任意可以输入的字符,包括字符或者是文字。在默认情况下,所有字符型数据在单元格中都是左对齐。在活动单元格中,对文字直接输入。但对于数字形式的文本型数据,如邮编、电话号码等,则应先输入一个单引号"'"(必须半角状态下输入),然后输入等号和其他字符。例如,输入编号 0710,应输入"'0710"。

(2) 数值型

数值型数据除了由数字(0~9)组成的字符串外,还包括"＋""－""E""e""＄""％"及小数点"."和千分位分隔符",。在默认状态下,所有数字型数据在单元格中均靠右对齐。在输入时应注意以下两点。

① 输入分数时,应在分数前输入 0 和一个空格。如果直接输入,则系统将所输入的数据作为日期处理。

② 输入负数时,在负数前输入负号或将其置于括号中。

（3）日期和时间型

日期输入可用"/"或"－"分隔符，如 2019/10/08,2019-10-08;时间输入用冒号":"分隔，如 21:56。在默认状态下，日期和时间型数据在单元格中靠右对齐。输入时应注意以下三点。

① 当只输入月和日时，Excel 默认计算机内部的年份。输入当天的日期，按"Ctrl＋;"组合键。

② 如果输入当前的时间，按"Ctrl＋Shift＋:"组合键。

③ 若在单元格中既输入日期也输入时间，则中间必须用空格隔开。

默认日期或时间格式基于"区域和语言选项"对话框（在"控制面板"上）中的日期和时间设置。如果这些日期和时间设置发生了更改，则工作簿中未使用"设置单元格格式"命令设置格式的任何现有日期也会随之更改。如果要使用默认的日期或时间格式，请单击包含日期或时间的单元格，然后按"Ctrl＋Shift＋♯"组合键或"Ctrl＋Shift＋@"组合键。

（4）特殊符号的输入

在实际工作中经常会遇到一些键盘无法输入的符号，这些符号需要使用符号工具插入。选择需要输入符号的单元格，在"插入"选项卡的"符号"组中单击下三角按钮，在展开的下拉列表中单击"符号"按钮，打开"符号"对话框，在"符号"选项卡中选择需要的符号，单击插入，如图 6-4 所示。

图 6-4　符号对话框

2. 快速输入

（1）记忆式输入

当输入的字符与同列中已输入的内容相匹配时，系统将自动填写剩余字符。这时按 Enter 键即可，如图 6-5 所示。

（2）下拉列表输入

选择单元格后，单击右键在快捷菜单中选择"从下拉列表中选择"命令，或者按"Alt＋

"↓"组合键,在下拉列表中选择需要的输入项即可。如图 6-6 所示。

图 6-5 记忆式输入   图 6-6 下拉列表式输入

3. 自动填充输入有规律的数据

Excel 提供了自动填充功能,避免了某些相同或似数据多次重复输入带来的麻烦。可以填充相同的数据,可以填充等比数列、等差数列和日期时间数列等,还可以输入自定义序列。

(1)同时在多个单元格中填充相同的数据

① 单击填充内容所在的单元格,将鼠标移到填充柄上,当鼠标指针变成"黑十字"形时,按下 Ctrl 键的同时按住鼠标左按钮拖动到指定位置。

② 通过"编辑"菜单中的"填充"选项的级联菜单中的相应命令来完成。

(2)填充序列的数据

日期型序列,只需要输入一个初始值,然后直接拖曳填充柄即可。

数值型序列,必须输入前两个单元格的数据,然后选定这两个单元格,拖曳填充柄到需要的单元格即可,系统默认为等差序列。如果需要填充等比序列,则可以在生成的等差数列后选定这些数据,通过单击"开始"选项卡中的"编辑"组中的"填充"下拉按钮,在下拉菜单中选择"系列"命令,在打开的"序列"对话框中选择类型为"等比序列",并设置合适的比值。如图 6-7 所示。

图 6-7 序列对话框

(3)创建自定义序列

Excel 之所以能够辨认出某些文本变化的趋势,帮助用户输入文本序列,是因为已经在 Excel 中预先设置好了某些常用的文字序列。如果用户需要定义自己的文字序列,可以按照下列方法进行操作。

单击"文件"按钮,在菜单中选择"选项"对话框,单击"高级"标签,在右边的"常规"栏中单击"编辑自定义列表"按钮,打开"自定义序列"对话框(如图 6-8 所示),在其中添加新序列。

① 在"输入序列"框中输入新的序列,每输入一个项目内容后,按回车键分隔。在"自定义序列"中建立序列。

② 从工作表中直接导入,输入完所有的内容后,单击折叠对话框按钮,然后用鼠标选中工作表中的这一系列数据,最后单击"导入"按钮即可。

图 6-8　自定义序列

4. 公式与函数

Excel 的主要功能不仅在于能显示、存储数据,更重要的是对数据的计算能力,其允许使用公式和函数对数据进行计算、统计和分析。而且当公式或函数引用的单元格数据发生变化后,公式或函数会自动更新其单元格的内容。

(1) 公式

公式是利用单元格的引用地址对存放在其中的数值数据进行分析和计算的等式,所有公式必须以"="开始,后面跟表达式,如"=A1+B2+C3"。表达式可由常量(固定的值)、变量(单元格引用地址)、函数及运算符组成。运算符主要有四类,如表 6-1 所示。

表 6-1　运算符

类型	运算符	优先级
算术运算符	+(加)、-(减)、*(乘)、/(除)、%(百分比)、ˆ(乘方)	从高到低分为三个级别:百分比和乘方、乘和除、加和减。优先级相等时,按从左到右顺序计算
关系运算	=(等于)、<(小于)、>(大于)、<=(小于等于)、>=(大于等于)、<>(不等于)	优先级相同
连接符	&(文本的连接)	
引用运算符	:(区域)、,(联合)、空格(交叉)	从高到低依次为区域、联合、交叉

其中,算术运算符用来对数值进行算术运算,结果还是数值。

关系运算符又叫比较运算符,用来比较两个文本、数值、日期、时间的大小,结果是一个逻辑值。

引用运算符用来将单元格区域合并运算。如 A1:D4 表示对包括两个引用在内的所有单元格的引用;A1,D4 表示对 A1 和 D4 两个单元格的引用;(A1:D4B2:E5)表示产生同时隶属于两个引用的单元格区域的引用。

【例 6-1】 使用公式计算"学生成绩表"中学生的总分。

操作步骤如下:

① 在"学生成绩表"中选中 H3 单元格。

② 在单元格中输入"=D3+E3+F3+G3"后按 Enter 键。输入单元格地址可以使用键盘键入,也可以直接使用鼠标依次单击数据源单元格,如图 6-9 所示。

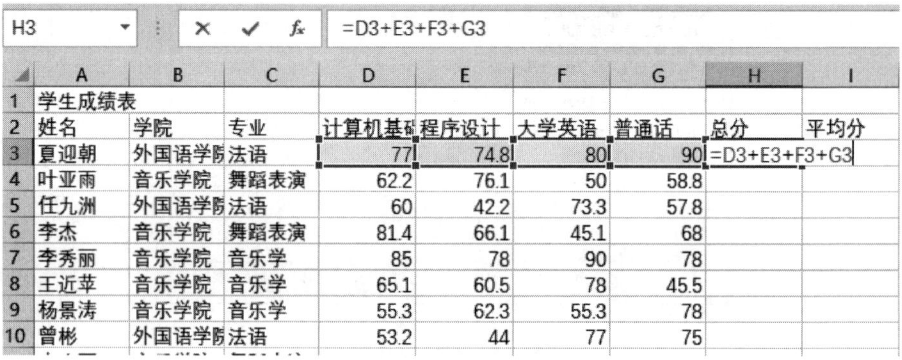

图 6-9　计算公式

③ 其他的总分可以使用自动填充功能(公式复制)快速完成。

(2) 函数

函数是 Excel 自带的一些已经定义好的公式。函数应包括函数名、括号和参数三个要素。一般格式为:

$$=函数名称(参数 1,参数 2,……)$$

其中的参数可以是常量、单元格、单元格区域、公式或其他函数。

例如 Average(A1:D1),Average 是函数名称表示求平均值,A1:D1 是参数表示求 A1、B1、C1、D1 四个单元格的平均值。

使用函数可以减少输入工作量,降低出差概率。而且有些复杂的运算普通用户是没法自己设计公式,如求平方根、三角运算等。Excel 根据功能和用途提供了十几类函数,每类函数又有若干函数。如财务类、逻辑、数学与三角函数、统计、工程、信息等。

编辑函数有以下两种方法。

① 直接在单元格中输入函数。

② 单击编辑栏中的"f_x"按钮,打开"插入函数"对话框进行操作。

【例 6-2】 使用函数计算"学生成绩表"中学生的总分。

操作步骤如下:

① 在"学生成绩表"中单击 H3 单元格。

② 单击编辑栏中的"f_x"按钮,打开"插入函数"对话框,在"或选择类别"下拉列表框中选择"常用函数",然后在"选择函数"列表框中选择"SUM",如图 6-10 所示。

图 6-10　插入函数

③ 单击"确定"按钮,弹出所选函数的"函数参数",如图 6-11 所示。此时,单击"Number1"文本框右侧的折叠对话框按钮"▦",从工作表中选定相应的单元格区域,在单击折叠对话框按钮恢复对话框,单击"确定"按钮。

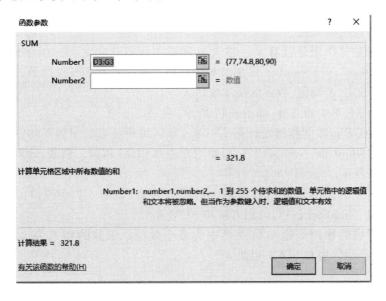

图 6-11　函数参数

④ 其他的总分可以使用自动填充功能(公式复制)快速完成。

（3）函数的分类

Excel 的计算功能是它的重要功能，Excel 中提供了 12 种共 405 个函数。下面介绍主要的九种函数类型。

① 财务函数。该函数可以进行一般的财务计算，例如计算利息、折旧、投资回报率、债券或息票的价值等，为财务计算提供了极大的方便。

② 数学和三角函数。通过数学和三角函数，可以对复杂的科学和工程公式，进行复杂计算，比较常用的运算有求和（SUM）、按条件求和（SUMIF）、取随机数（RAND）、求余数（MOD）、取整（INT）、取绝对值（ABS）和四舍五入（ROUND）等。

③ 日期与时间函数。通过日期与时间函数，可以在公式中分析和处理日期值和时间值。较常用的有当前的日期函数（TODAY）、当前的日期和时间函数（NOW）等。

④ 文本函数。通过文本函数，可以在公式中处理文字串。比较常用的函数有统计字符串长度（LEN）、截取字符串（LEFT、RIGHT）等。

⑤ 逻辑函数。逻辑函数提供一般的逻辑运算：与（AND）、或（OR）、非（NOT）等。使用逻辑函数可以进行真假值判断，或者进行复合检验。

⑥ 统计函数。统计函数用于对数据区域进行统计分析，可以是简单计算平均数、最小值、最大值、标准偏差或工作表上一组数值的方差等。它也包括各种数据统计函数，是 Excel 函数集中数量最大的一类函数。较常用的有求平均（AVERAGE）、计数（COUNT）、条件计数（COUNTIF）、最大（MAX）、最小（MIN）。

⑦ 信息函数。信息函数根据单元的格式或其内容返回相应的值，用来确定存储在单元格中的数据的类型，在计算前分析数据时常会使用它。例如测试单元格内是否为文本（ISTEXT）、是否为数值（ISNUMBER）等。

⑧ 查找和引用函数。当需要在数据表格中查找特定数值，或者需要查找某个单元格的引用时，可以使用查询和引用工作表函数。

⑨ 数据库函数。数据库函数用来对存储在数据清单或数据库中的数据进行分析。

（4）常用函数应用举例

① SUM 函数的作用是计算某一单元格区域中所有数字之和。函数的格式为 SUM（Numberl，Number2，…）Number 参加求和的参数最多可以有 255 个参数。参数表中可以是单元格区域、数字、逻辑值、数字的文本表达式等。

例如，计算每名学生的总分，如图 6-12 所示。

② AVERAGE 函数的作用是计算某一单元格区域中所有数字的平均值。函数的格式为 AVERAGE（Numberl，Number2，…），使用方法和 SUM 相似。例如，计算每名学生的平均分，如图 6-13 所示。

③ MAX 函数的作用是返回数据集中的最大数值（如图 6-14 所示）。函数的格式为 MAX（Number1，Number2，…），使用方法和 SUM 相似。

④ MIN 函数的作用是返回数据集中的最小数值。函数的格式为 MIN（Number1，Number2，…），使用方法和 MAX 相似。

1）IF 函数

IF 函数格式为"=IF（logical_test，value_if_true，value_if_false）"。IF 函数对逻辑条件（logical_test）进行检查，值为真或假。如果条件为真，则返回 value_if_true；如果条件为假，则函数将返回 value_if_false 值。

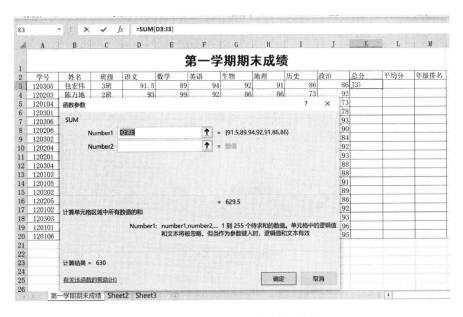

图 6-12　利用 SUM 函数计算"总分"

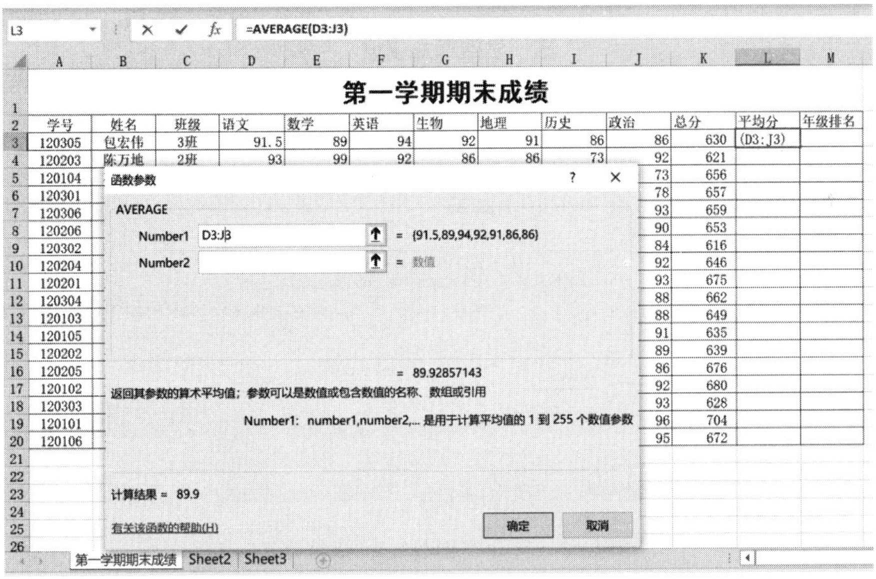

图 6-13　利用 SUM 函数计算"平均分"

例如,在"第一学期期末成绩"表中统计每名学生的成绩等级:成绩在 680 以上的等级为"优秀",成绩在 680 分以下的,空白不填。在这里,应当使用 IF 函数。参数设置如图 6-15 所示。

IF 函数的嵌套格式为"=IF(K3>=680,"优秀",IF(K3>=660,"良好",IF(K3>=630,"合格","不合格")))"。

例如,在"第一学期期末成绩"表中,要统计每个学生的成绩等级:成绩在 680 以上的等级为"优秀",成绩在 660~680 分的等级为"良好",成绩在 630~660 分的等级为"合格",成

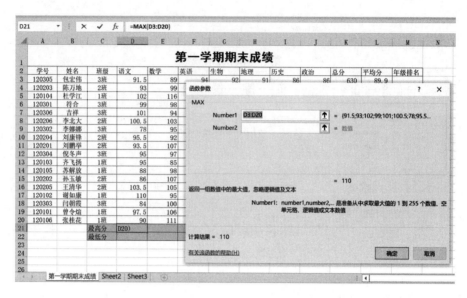

图 6-14　利用 MAX 函数计算各科成绩"最高分"

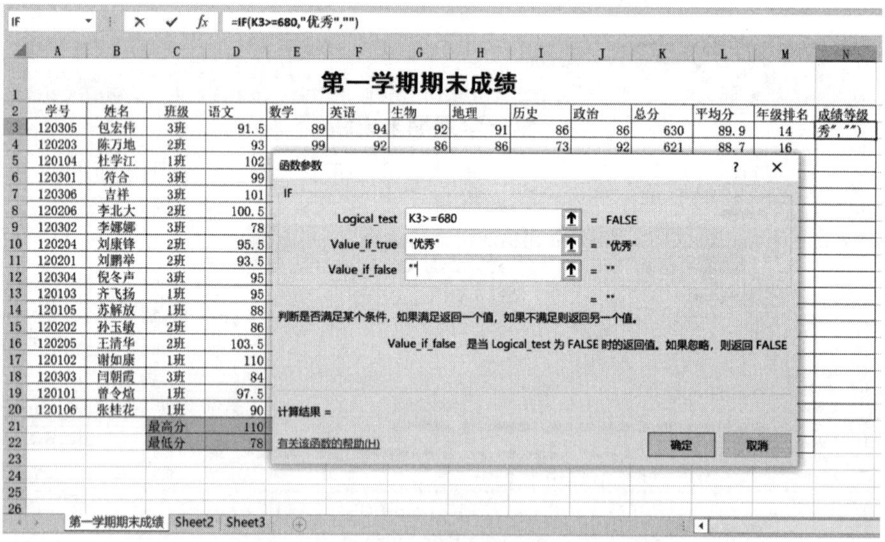

图 6-15　利用 IF 函数统计"成绩等级"

绩在 630 分以下的等级为"不合格"。在这里，应当使用 IF 函数的嵌套。值得注意的是，在进行 IF 函数嵌套时，要在"value_if_false"参数中嵌套 IF 函数。

3）SUMIF 函数和 SUMIFS 函数

SUMIF 函数是条件求和函数，即对满足条件的单元格求和。SUMIF 函数有三个参数：

- Range：条件值的单元格区域。
- Criteria：以数字、表达式或文本形式定义的条件。
- Sum_range：用于求和计算的实际单元格。

例如，在"销售订单明细表"中，计算"隆华书店所有订单的总销售金额"，需要用到 SUMIF 函数，在这里求和有一个条件，就是对"书店名称"是"隆华书店"的销售"小计"求和,函数参数设置如图 6-16 所示。

【注意】　在进行参数设置时所选取的表单区域。

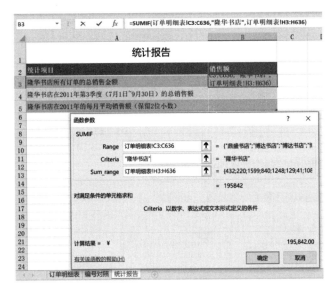

图 6-16　SUMIF 函数应用举例

SUMIFS 函数是多条件求和函数。当求和条件多于一个时,可以使用 SUMIFS 函数。SUMIFS 函数的参数有多个:

- Sum_range:用于求和计算的实际单元格。
- Criteria_rang1:是要针对特定条件求值的单元格区域。
- Criteria1:是数字、表达式或文本形式的条件,它定义了单元格求和的范围。
- Criteria_rang2:条件 2 的区域。

- Criteria2：条件 2 要求。
- Criteria_rang3：条件 3 的区域。
- Criteria3：条件 3 要求。

……

例如，在“销售订单明细表”中，需要计算出“隆华书店在 2011 年第 3 季度(7 月 1 日～9 月 30 日)的总销售额”，需要用到 SUMIFS 函数，这里其实是三个条件：第一个是“书店名称”为“隆华书店”，第二个是“日期”要大于 2011 年 7 月 1 日，第三个是“日期”要小于 2011 年 9 月 30 日，函数参数设置如图 6-17 所示。

【注意】 参数设置时一定要选对区域。

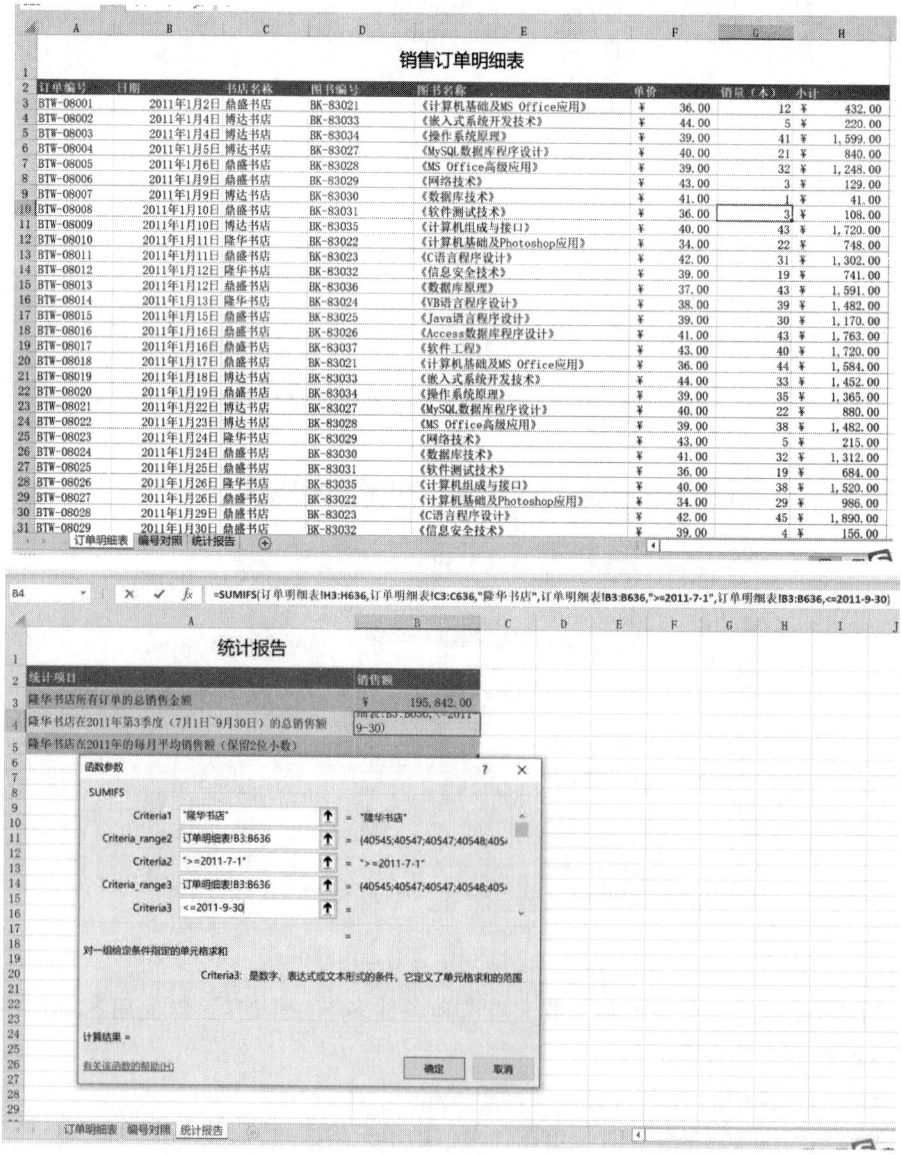

销售订单明细表

订单编号	日期	书店名称	图书编号	图书名称	单价	销量（本）	小计
BTW-08001	2011年1月2日	鼎盛书店	BK-83021	《计算机基础及MS Office应用》	¥ 36.00	12	¥ 432.00
BTW-08002	2011年1月4日	博达书店	BK-83033	《嵌入式系统开发技术》	¥ 44.00	5	¥ 220.00
BTW-08003	2011年1月4日	博达书店	BK-83034	《操作系统原理》	¥ 39.00	41	¥ 1,599.00
BTW-08004	2011年1月5日	博达书店	BK-83027	《MySQL数据库程序设计》	¥ 40.00	21	¥ 840.00
BTW-08005	2011年1月6日	鼎盛书店	BK-83028	《MS Office高级应用》	¥ 39.00	32	¥ 1,248.00
BTW-08006	2011年1月9日	鼎盛书店	BK-83029	《网络技术》	¥ 43.00	3	¥ 129.00
BTW-08007	2011年1月9日	博达书店	BK-83030	《数据库技术》	¥ 41.00	1	¥ 41.00
BTW-08008	2011年1月10日	鼎盛书店	BK-83031	《软件测试技术》	¥ 36.00	3	¥ 108.00
BTW-08009	2011年1月10日	博达书店	BK-83035	《计算机组成与接口》	¥ 40.00	43	¥ 1,720.00
BTW-08010	2011年1月11日	隆华书店	BK-83022	《计算机基础及Photoshop应用》	¥ 34.00	22	¥ 748.00
BTW-08011	2011年1月11日	鼎盛书店	BK-83023	《C语言程序设计》	¥ 42.00	31	¥ 1,302.00
BTW-08012	2011年1月12日	隆华书店	BK-83032	《信息安全技术》	¥ 39.00	19	¥ 741.00
BTW-08013	2011年1月12日	鼎盛书店	BK-83036	《数据库原理》	¥ 37.00	43	¥ 1,591.00
BTW-08014	2011年1月13日	隆华书店	BK-83024	《VB语言程序设计》	¥ 38.00	39	¥ 1,482.00
BTW-08015	2011年1月15日	鼎盛书店	BK-83025	《Java语言程序设计》	¥ 39.00	30	¥ 1,170.00
BTW-08016	2011年1月16日	鼎盛书店	BK-83026	《Access数据库程序设计》	¥ 41.00	43	¥ 1,763.00
BTW-08017	2011年1月16日	鼎盛书店	BK-83037	《软件工程》	¥ 43.00	40	¥ 1,720.00
BTW-08018	2011年1月17日	鼎盛书店	BK-83021	《计算机基础及MS Office应用》	¥ 36.00	44	¥ 1,584.00
BTW-08019	2011年1月18日	博达书店	BK-83033	《嵌入式系统开发技术》	¥ 44.00	33	¥ 1,452.00
BTW-08020	2011年1月19日	鼎盛书店	BK-83034	《操作系统原理》	¥ 39.00	35	¥ 1,365.00
BTW-08021	2011年1月22日	博达书店	BK-83027	《MySQL数据库程序设计》	¥ 40.00	22	¥ 880.00
BTW-08022	2011年1月23日	博达书店	BK-83028	《MS Office高级应用》	¥ 39.00	38	¥ 1,482.00
BTW-08023	2011年1月24日	隆华书店	BK-83029	《网络技术》	¥ 43.00	5	¥ 215.00
BTW-08024	2011年1月24日	鼎盛书店	BK-83030	《数据库技术》	¥ 41.00	32	¥ 1,312.00
BTW-08025	2011年1月25日	鼎盛书店	BK-83031	《软件测试技术》	¥ 36.00	19	¥ 684.00
BTW-08026	2011年1月26日	隆华书店	BK-83035	《计算机组成与接口》	¥ 40.00	38	¥ 1,520.00
BTW-08027	2011年1月26日	鼎盛书店	BK-83022	《计算机基础及Photoshop应用》	¥ 34.00	29	¥ 986.00
BTW-08028	2011年1月29日	鼎盛书店	BK-83023	《C语言程序设计》	¥ 42.00	45	¥ 1,890.00
BTW-08029	2011年1月30日	鼎盛书店	BK-83032	《信息安全技术》	¥ 39.00	4	¥ 156.00

图 6-17 SUMIFS 函数应用举例

4) COUNT 函数和 COUNTIF 函数

计数使用的函数主要有 COUNT 和 COUNTIF。函数 COUNT 可以计算单元格区域中数字项的个数，其格式为：COUNT(valuel,value2,…)，value 的值可以是单元格区域，也可以是数值型、文本型、日期型等数据。

例如：COUNT(K3:K10)等于 8，因为 K3:K10 区域为 8 个数字型数据。COUNT(K3:K10,H3:H5)等于 11，因为 K3:K10,H3:H5 是一个不连续单元区域，包括 11 个数字型数据。

COUNT(K3:K10)等于 0，因为 K3:K10 区域为 8 个文本型数据，文本型数据不参加计数。COUNT(2,"实发工资",99-01-01)等于 2。

COUNTIF 函数用来计算给定区域内满足条件的单元格的数目。其格式为：COUNTIF(Range,Criteria)，Range 为需要参加计算的单元格区域，可以是不连续单元格区域。Cileria 为确定哪些单元格将被计算在内的条件，形式可以是数字、表达式或文本。

例如，要在"第一学期期末成绩"中分别统计"1 班""2 班""3 班"人数，参数设置如图 6-18 所示。

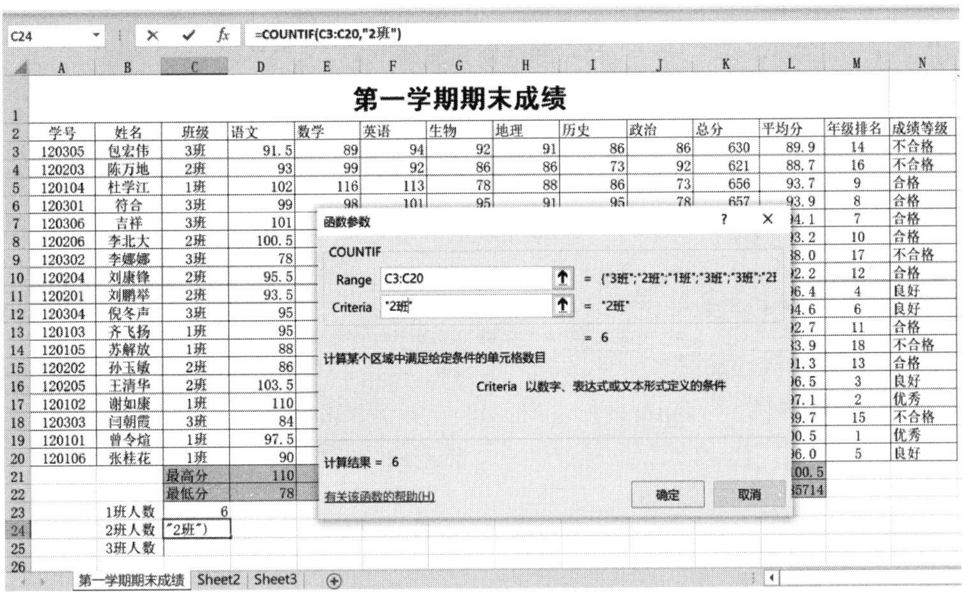

图 6-18　利用 COUNTIF 函数统计各班人数

5) RANK 函数

RANK 函数功能是返回某数字在一列数字中相对于其他数值的大小排名。该函数有三个参数。

- Number：是要查找排名的数字。
- Ref：是一组数或对一个数据列表的引用，非数字值将被忽略。
- Order：是在列表中排名的数字。如果为 0 或忽略，为降序；如果非零值，为升序。

例如，某学校期末成绩统计表如图 6-19 所示，需要根据"总分"填入"年级排名"，使用 RANK 函数，参数设置如图 6-20 所示。

【注意】　Ref 参数一定要用"$"锁定，即使用绝对地址。

	第一学期期末成绩											
学号	姓名	班级	语文	数学	英语	生物	地理	历史	政治	总分	平均分	年级排名
120305	包宏伟	3班	91.5	89	94	92	91	86	86	630	89.9	
120203	陈万地	2班	93	99	92	86	86	73	92	621	88.7	
120104	杜学江	1班	102	116	113	78	88	86	73	656	93.7	
120301	符合	3班	99	98	101	95	91	95	78	657	93.9	
120306	吉祥	3班	101	94	99	90	87	95	93	659	94.1	
120206	李北大	2班	100.5	103	104	88	89	78	90	653	93.2	
120302	李娜娜	3班	78	95	94	82	90	93	84	616	88.0	
120204	刘康锋	2班	95.5	92	96	84	95	91	92	646	92.2	
120201	刘鹏举	2班	93.5	107	96	100	93	92	93	675	96.4	
120304	倪冬声	3班	95	97	102	93	95	92	88	662	94.6	
120103	齐飞扬	1班	95	85	99	98	92	92	88	649	92.7	
120105	苏解放	1班	88	98	101	89	73	95	91	635	90.7	
120202	孙玉敏	2班	86	107	89	88	92	88	89	639	91.3	
120205	王清华	2班	103.5	105	105	93	93	90	86	676	96.5	
120102	谢如康	1班	110	95	98	99	93	93	92	680	97.1	
120303	闫朝霞	3班	84	100	97	87	78	89	93	628	89.7	
120101	曾令煊	1班	97.5	106	108	98	99	99	96	704	100.5	
120106	张桂花	1班	90	111	116	72	95	93	95	672	96.0	

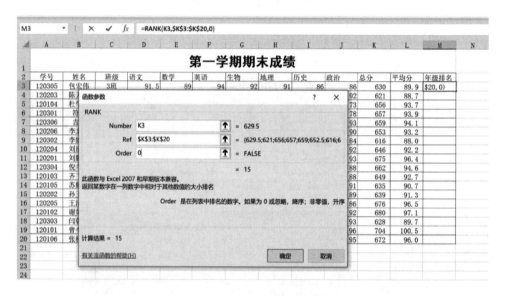

图 6-19　某学校期末成绩统计表

图 6-20　RANK 函数参数设置

6）VLOOKUP 函数

VLOOKUP 函数功能是搜索表区域首列满足条件的元素，确定待检索单元格在区域中的行序号，然后进一步返回单元格的值。该函数有以下四个参数。

- Lookup_value：需要在数据首列进行搜索的值，可以是数值、引用或字符串。
- Table_array：需要在其中搜索数据的文字、数字或逻辑值表。Table array 可以是对区域或区域名称的引用。
- Col_index_num：应返回其中匹配值的 Table_array 中的列序号，表中首个值列的序号为 1。
- Range_lookup：逻辑值。若要在第一列中查找大致匹配，请使用 TRUE 或省略；若要查找精确匹配，请使用 FALSE。

【注意】 Table_array 参数一定要加“$”符号锁定，即使用绝对地址。

例如,某公司要统计计算机设备的销售情况,需要将各个设备的商品单价填入到“全年销售统计表”中(如图 6-21 所示),而各个设备的商品单价在“商品单价”的工作表中如图 6-22 所示。

某公司某品牌计算机设备全年销量统计表

店铺	季度	商品名称	商品单价（人民币元）	销售量	销售额
西直门店	1季度	笔记本		200	
西直门店	2季度	笔记本		150	
西直门店	3季度	笔记本		250	
西直门店	4季度	笔记本		300	
中关村店	1季度	笔记本		230	
中关村店	2季度	笔记本		180	
中关村店	3季度	笔记本		290	
中关村店	4季度	笔记本		350	
上地店	1季度	笔记本		180	
上地店	2季度	笔记本		140	
上地店	3季度	笔记本		220	
上地店	4季度	笔记本		280	
西直门店	1季度	台式机		260	
西直门店	2季度	台式机		243	
西直门店	3季度	台式机		362	
西直门店	4季度	台式机		377	
中关村店	1季度	台式机		261	
中关村店	2季度	台式机		349	
中关村店	3季度	台式机		400	
中关村店	4季度	台式机		416	
上地店	1季度	台式机		247	
上地店	2季度	台式机		230	
上地店	3季度	台式机		285	
上地店	4季度	台式机		293	
西直门店	1季度	鼠标		538	
西直门店	2季度	鼠标		565	
西直门店	3季度	鼠标		566	
西直门店	4季度	鼠标		750	
中关村店	1季度	鼠标		586	
中关村店	2季度	鼠标		643	

图 6-21 “全年销售统计表”工资表

商品名称	平均单价（人民币元）
笔记本	4,552.31
台式机	3,861.23
鼠标	109.55
键盘	175.40
打印机	1,150.47

图 6-22 “商品单价”工作表

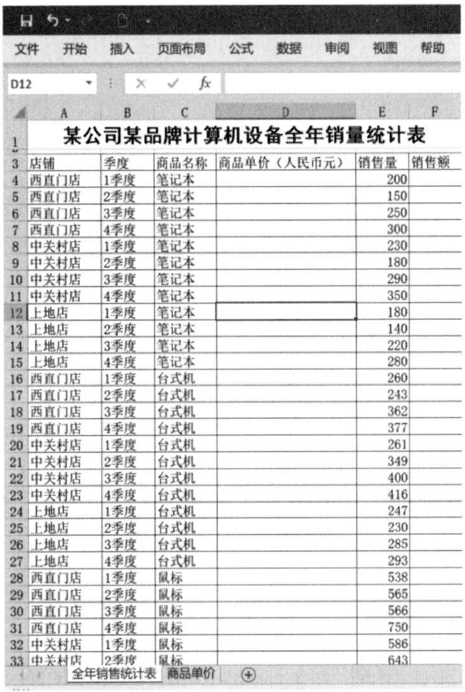

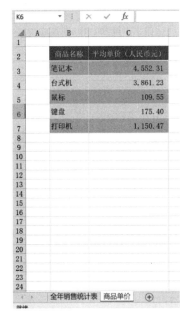

VLOOKUP 函数设置如图 6-23 所示：

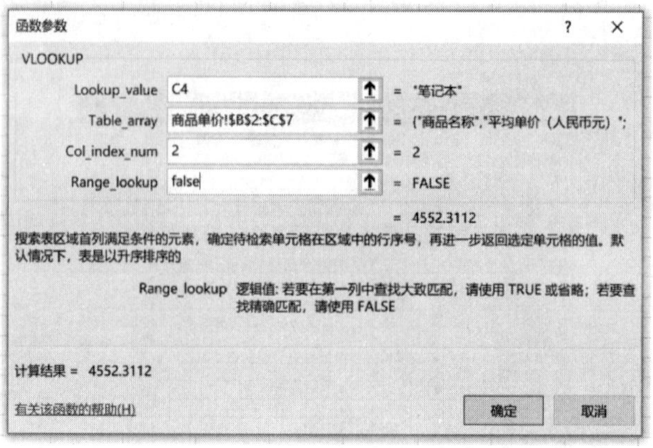

图 6-23　VLOOKUP 函数设置

7）TODAY 函数，DAY，MONTH，YEAR（函数）日期函数

日期函数主要包括取得系统当前日期（年、月、日）TODAY 函数，单独获取当前的年（YEAR 函数）、月（MONTH 函数）、日（DAY 函数）。

例如，制作“第二学期××××年××月期末成绩”表，要动态的实现年和月的自动修改，操作步骤如下：

① 选择目标单元格 A1。

② 在编辑框录入“="第二学期"&YEAR(TODAY())&"年"&MONTH(TODAY())&"期末成绩"”，按 Enter 键，效果如图 6-24 所示。其中，“&”符号为文本链接符号。

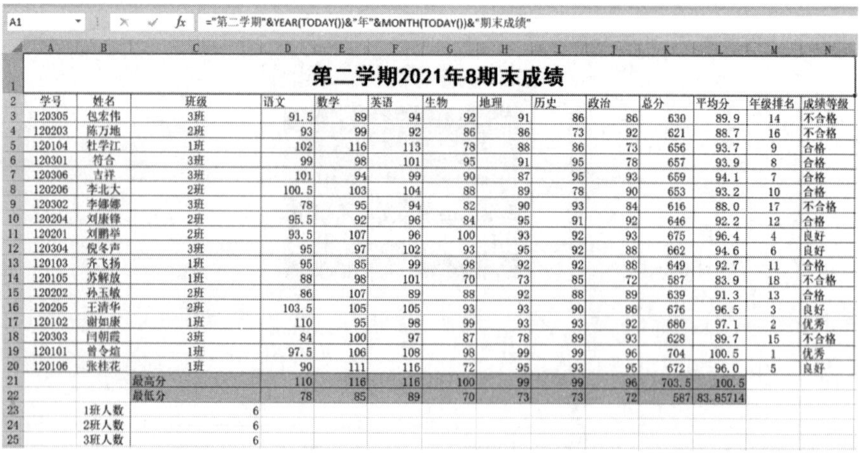

A1　=“第二学期"&YEAR(TODAY())&"年"&MONTH(TODAY())&"期末成绩"

	A	B	C	D	E	F	G	H	I	J	K	L	M	N
1	第二学期2021年8期末成绩													
2	学号	姓名	班级	语文	数学	英语	生物	地理	历史	政治	总分	平均分	年级排名	成绩等级
3	120305	包宏伟	3班	91.5	89	94	92	91	86	86	630	89.9	14	不合格
4	120203	陈万地	2班	93	99	92	86	86	73	92	621	88.7	16	不合格
5	120104	杜学江	1班	102	116	113	78	88	86	73	656	93.7	9	合格
6	120301	符合	3班	99	98	101	95	91	95	78	657	93.9	8	合格
7	120306	吉祥	3班	101	94	99	90	87	95	93	659	94.1	7	合格
8	120206	李北大	2班	100.5	103	104	88	89	78	90	653	93.2	10	合格
9	120302	李娜娜	3班	78	95	94	82	90	93	84	616	88.0	17	不合格
10	120204	刘康锋	2班	95.5	92	96	84	95	91	92	646	92.2	12	合格
11	120201	刘鹏举	2班	93.5	107	96	100	93	92	93	675	96.4	4	良好
12	120304	倪冬声	3班	95	97	102	93	95	92	88	662	94.6	6	良好
13	120103	齐飞扬	1班	95	85	99	98	92	92	88	649	92.7	11	合格
14	120105	苏解放	1班	88	98	101	70	73	85	72	587	83.9	18	不合格
15	120202	孙玉敏	2班	86	107	89	88	92	88	89	639	91.3	13	合格
16	120205	王清华	2班	103.5	105	105	93	93	90	86	676	96.5	3	良好
17	120102	谢如康	1班	110	95	98	99	93	93	92	680	97.1	2	优秀
18	120303	闫朝霞	3班	84	100	97	87	78	89	93	628	89.7	15	不合格
19	120101	曾令煊	1班	97.5	106	108	98	99	99	96	704	100.5	1	优秀
20	120106	张桂花	1班	90	111	116	72	95	93	95	672	96.0	5	良好
21			最高分	110	116	116	100	99	99	96	703.5	100.5		
22			最低分	78	85	89	70	73	73	72	587	83.85714		
23		1班人数	6											
24		2班人数	6											
25		3班人数	6											

图 6-24　日期函数使用效果图

【注意】 在编辑栏输入的公式中，所有要用到的符号，如等号、双引号、括号等，都必须是英文的符号，不能是中文符号。另外，年 year、月 month、日 today 等这些函数名称的英文大小写都是可以的，在这里不做区分。

8）LEFT、RIGHT、MID 文本函数

文本函数主要是从文本中取出需要的字符使用，以 MID 函数为例，其有三个参数，第一

个参数表示等待处理文本，第二个参数表示从哪个字符开始处理，第三个参数表示共处理几个字符。

例如，在第二学期成绩表中，每名学生的“学号”中的第三位和第四位表示该学生所在班级，我们可以利用 MID 函数，取出其所在班级，并填入“班级”列中。操作步骤如下。

① 选择目标单元格 C3。

② 在编辑框录入“=MID(A3,4,1)&"班"”，按 Enter 键，效果如图 6-25 所示。

LEFT 函数和 RIGHT 函数的使用方法和 MID 函数类似。

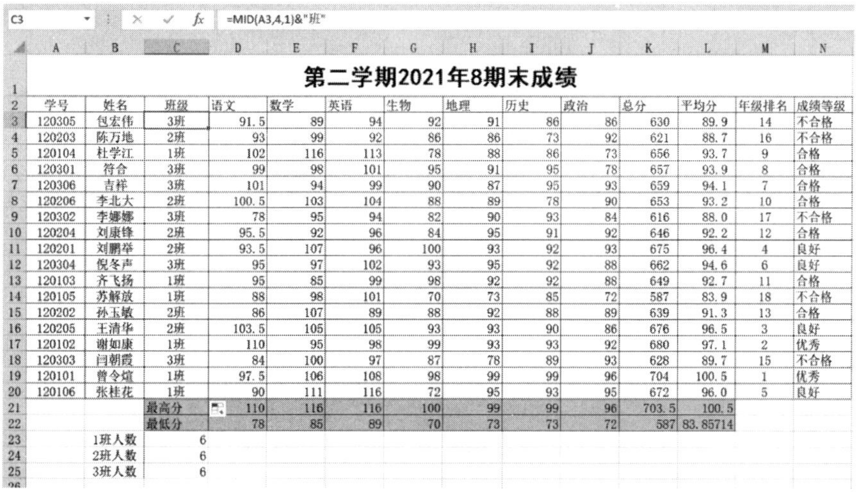

	A	B	C	D	E	F	G	H	I	J	K	L	M	N
1	第二学期2021年8期末成绩													
2	学号	姓名	班级	语文	数学	英语	生物	地理	历史	政治	总分	平均分	年级排名	成绩等级
3	120305	包宏伟	3班	91.5	89	94	92	91	86	86	630	89.9	14	不合格
4	120203	陈万地	2班	93	99	92	86	86	73	92	621	88.7	16	不合格
5	120104	杜学江	1班	102	116	113	78	88	86	73	656	93.7	9	合格
6	120301	符合	3班	99	98	101	95	91	95	78	657	93.9	8	合格
7	120306	吉祥	3班	101	94	99	90	87	95	93	659	94.1	7	合格
8	120206	李北大	2班	100.5	103	104	88	89	78	90	653	93.2	10	合格
9	120302	李娜娜	3班	78	95	94	82	90	93	84	616	88.0	17	不合格
10	120204	刘康锋	2班	95.5	92	96	84	95	91	92	646	92.2	12	合格
11	120201	刘鹏举	2班	93.5	107	96	100	93	92	93	675	96.4	4	良好
12	120304	倪冬声	3班	95	97	102	93	95	92	88	662	94.6	6	良好
13	120103	齐飞扬	1班	95	85	99	98	92	92	88	649	92.7	11	合格
14	120105	苏解放	1班	88	98	101	70	73	85	72	587	83.9	18	不合格
15	120202	孙玉敏	2班	86	107	89	88	92	88	89	639	91.3	13	合格
16	120205	王清华	2班	103.5	105	105	93	93	90	86	676	96.5	3	良好
17	120102	谢如康	1班	110	95	98	99	93	93	92	680	97.1	2	优秀
18	120303	闫朝霞	3班	84	100	97	87	78	89	93	628	89.7	15	不合格
19	120101	曾令煊	1班	97.5	106	108	98	99	99	96	704	100.5	1	优秀
20	120106	张桂花	1班	90	111	116	72	95	93	95	672	96.0	5	良好
21			最高分	110	116	116	100	99	99	96	703.5	100.5		
22			最低分	78	85	89	70	73	73	72	587	83.85714		
23		1班人数	6											
24		2班人数	6											
25		3班人数	6											

图 6-25　MID 函数使用举例

5. 外部数据导入

单击“数据”选项卡中的“获取外部数据”组中的相应按钮，可以导入其他数据库（如 Access 和 SQLServer）的文件，还可以导入文本文件，XMl 文件等。

6.2.2　查找替换

选择“开始”→“编辑”→“查找”可以打开查找替换对话框，如图 6-26 所示。Excel 的查找替换功能与 Word 的用法相似，不同之处在于 Excel 的查找搜索范围有公式、值和批注三种选择，当搜索的内容是通过公式计算出来的，则选择搜索范围为“值”。

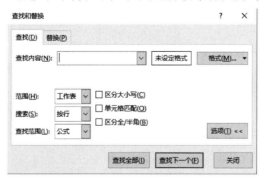

图 6-26　查找和替换对话框

6.2.3　单元格的基本操作

1．工作区域的选定

我们对工作表的所有编辑都需要遵守"先选的，后执行"的原则。工作表中常用的选定操作如表 6-2 所示。

表 6-2　常用的选定操作

选取范围	操作
单元格	单击相应的单元格，或用方向键移动到相应的单元格
多个连续单元格	单击第一个单元格，然后拖动鼠标至选定最后一个单元格，或单击单元格区域左上角单元格，按住 Shift 键，单击单元格区域右下角单元格
多个不连续单元格	先选定第一个单元格或单元格区域，然后按住 Ctrl 键选定其他的单元格或单元格区域
整行或整列	单击行号或列号，或者先选定第一行或第一列，然后按住 Shift 键选定其他的行或列
相邻行或列	沿行号或列标拖动鼠标
不相邻行或列	选定第一行或第一列，然后按住 Ctrl 键选定其他的行或列
整个表格	单击工作表左上角行列交叉的按钮，或按"Ctrl＋A"组合键
单个工作表	单击工作表标签
多个连续工作表	单击第一个工作表标签，然后按住 Shift 键，单击所要选择的最后一个工作表标签
多个不连续工作表	按住 Ctrl 键，分别单击所需选择的工作表标签

2．单元格、行、列的插入和删除

（1）插入与删除单元格

在对工作表的输入或编辑过程中，可能会发生错误，例如将单元格"D5"的数据输入到了单元格"D4"中，这时，就需要在工作表中插入单元格。选择想要插入与删除的单元格的位置，单击右键，选择"插入"可以插入一个单元格，选择"删除"可以删除一个单元格；或者单击"开始"选项卡中的"单元格"组中的"插入"或"删除"命令完成操作。

（2）插入与删除行和列

对于一个已编辑好的表格，可能要在表中增加一行或者一列来容纳新的数据。选定想要插入行或列的位置，单击右键，可以在该行的前面或该列的左边插入一行或一列。选定想要删除行或列的位置，单击右键，可以删除一行或一列。

需要注意的是，当插入行和列时，后面的行和列会自动向下或右移动；删除行和列时，后面的行和列会自动向上或向左移动。

（3）设置行高和列宽

设置行高和列宽的方法有以下三种。

① 将指针放在两个列或行的标签分界线，拖动鼠标调整行高或列宽。

② 右击列表标签"列宽""行高",来调整行高或列宽。

③ 选择"格式""列"或"行","列宽"或"行高",调整行高或列宽。

3. 隐藏、显示行与列

当暂时不显示某些行或者列时,可以使用"隐藏"命令隐藏行或列,或者将行高或列宽更改为 0 时,也可以隐藏行或列,使用"取消隐藏"命令可以使其再次显示。

选择要隐藏的行或者列,在"开始"选项卡上的"单元格"组中,单击"格式",然后在"可见性"下面,指向"隐藏和取消隐藏",最后单击"隐藏行"或"隐藏列",如图 6-27 所示;在"单元格大小"下面,单击"行高"或"列宽",然后在"行高"或"列宽"中键入 0。

图 6-27　隐藏、显示行与列

4. 冻结行和列

当用户需要滚动查看一个长表格或者宽表格时,会发现表头被滚动到屏幕以外,不方便对应数据和表头的关系。此时,用户可以通过冻结或拆分窗格(窗格:文档窗口的一部分,以垂直或水平条为界限并由此与其他部分分隔开)来查看工作表的两个区域和锁定一个区域中的行或列。当冻结窗格时,用户可以选择在工作表中滚动时仍可见的特定行或列。这样就可以通过冻结窗格以便在滚动时保持行标签和列标签可见。

在"视图"选项卡上的"窗口"组中,单击"冻结窗格",然后单击所需的选项,如图 6-28 所示。冻结窗格后,拉动滚动条观察冻结后的效果。冻结窗格后,"冻结窗格"选项更改为"取消冻结窗格",以便用户取消对行或列的锁定。

5. 行列转置

选择需要转置的数据所在的列或行,在"开始"选项卡上的"剪贴板"组中,单击"复制"或按"Ctrl+C"组合键(只能使用"复制"命令来重排数据),在工作表上,选择要重排已复制的数据的目标行或列的第一个单元格。在"开始"选项卡上的"剪贴板"组中,单击"粘贴"下方

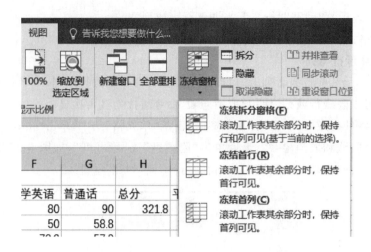

图 6-28　冻结窗格

的箭头,然后单击"转置"。数据被成功转置后,用户可以在复制区域中删除这些数据。

如果转置的单元格中包含公式,公式也会被转置,并且会自动调整对转置的单元格中的数据的单元格引用。要确保公式继续正确引用未转置单元格中的数据,请在转置前在公式中使用绝对引用。

6. 移动或复制整个单元格区域

移动或复制单元格时,Excel 将移动或复制整个单元格,包括公式及其结果值、单元格格式和批注。

选择要移动或复制的单元格,在"开始"选项卡上的"剪贴板"组中,执行下列操作之一:若要移动单元格,请单击"剪切"或者按"Ctrl+X"组合键;若要复制单元格,请单击"复制"或者按"Ctrl+C"组合键。

选择位于粘贴区域左上角的单元格,在"开始"选项卡上的"剪贴板"组中,单击"粘贴"或者按"Ctrl+V"组合键。如果要在粘贴单元格时选择特定选项,可以单击"粘贴"下面的箭头,然后单击所需选项。例如可以单击"选择性粘贴"或"粘贴为图片"。

7. 用鼠标移动或复制单元格区域

默认情况下,Excel 2019 已经启用了拖放编辑功能,以便可以使用鼠标移动和复制单元格,熟练之后,这样的操作比使用菜单更加快捷。

选择要移动或复制的单元格,把鼠标指针指向选定区域的边框,当指针变成移动指针时,将单元格或单元格区域拖到另一个位置。若要复制单元格或单元格区域,在拖动之前,请按下 Ctrl 键,同时指向选定区域的边框,当指针变成复制指针时,将单元格或单元格区域拖到另一个位置。

8. 复制单元格宽度设置

粘贴复制数据时,粘贴的数据会使用目标单元格的列宽设置。若要调整列宽使得其与源单元格匹配,在"开始"选项卡上的"剪贴板"组中,单击"粘贴"下的箭头,然后单击"选择性粘贴",如图 6-29 所示。在"选择性粘贴"对话框中,单击"列宽",然后单击"确定"。

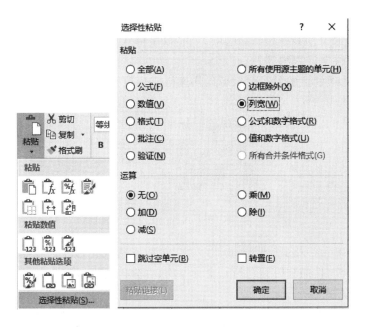

图 6-29   选择性粘贴

6.2.4   单元格的格式化

一个好的工作表除了保证数据的正确性外,还应对外观进行修饰,使工作表的外观更漂亮,排版更整齐,重点更突出。

单元格数据的格式主要包括七个方面:行高、列宽、数字格式、字体格式、对齐方式、字体格式、边框和底纹等。

选中表格中需要设置的单元格后右击鼠标,在弹出的菜单中选择"设置单元格格式",打开"设置单元格格式"对话框,如图 6-30 所示。

图 6-30   设置单元格格式

1．设置数字格式

Excel 提供了大量的数字格式,例如可以将数字格式成带有货币符号的形式、多个小数位数,百分数或者科学记数法等。

使用"开始"选项卡上的"数字"组可以快速格式化数字"格式",如图 6-31 所示。

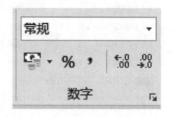

图 6-31　数字组

也可以利用"单元格格式"对话框中"数字"选项卡格式化数字。数字格式的分类主要有:常规、数值、分数、日期和时间、货币、会计专用、百分比、科学记数、文本和自定义等。

2．设置对齐方式

利用"单元格格式"对话框中"对齐"选项卡,可以设置单元格中内容的水平对齐、垂直对齐和文本方向,还可以完成相邻单元格的合并,合并后只有选定区域左上角的内容放到合并后的单元格中。如果要取消合并单元格,则选定已合并的单元格,清除"对齐"标签选项卡下的"合并单元格"复选框即可,如图 6-32 所示。

利用"单元格格式"对话框中"字体"选项卡,可以设置单元格内容的字体、颜色、下划线和特殊效果等,如图 6-33 所示。

图 6-32　对齐

图 6-33　字体

3．设置单元格边框和底纹

如果不给工作表设置边框,打印出来的表是没有边框的。用户可以利用"单元格格式"对话框中"边框"标签下的选项卡,也可以利用"字体"选项组为单元格或单元格区域设置"边框"。利用"边框"样式为单元格设置上边框、下边框、左边框、右边框和斜线等,还可以设置边框的线条样式和颜色。如果要取消已设置的边框,选择"预置"选项组中的"无"即可(如图 6-34 所示),还可以为工作表添加背景颜色或图案,即底纹。

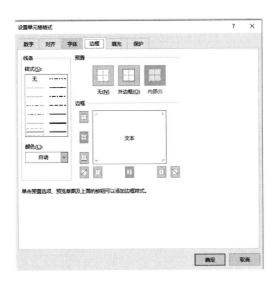

图 6-34　边框

4．设置单元格颜色

利用"单元格格式"对话框中"填充"标签下的选项卡,可以设置突出显示某些单元格或单元格区域,为这些单元格设置背景色和图案。选择"开始"选项卡的"对齐方式"命令组、"数字"命令组内的命令可快速完成某些单元格格式化工作。

5．设置列宽和行高

调整列宽和行高是改善工作表外观经常使用的手段。例如输入了太长的文字,内容将会延伸到相邻的单元格,如果是数字,则会以"♯"提示用户列宽不够(如图 6-35 所示)。这时可以使用鼠标拖动粗略设置列宽,将鼠标指针指向要改变列宽的列标之间的分隔线上,鼠标指针变成水平双向箭头形状,按住鼠标左键并拖动鼠标,直至将列宽调整到合适宽度,放开鼠标即可。也可以"开始"选项卡中"单元格"组的"格式"下拉列表中选择"列宽"命令,精确设置列宽(如图 6-36 所示)。

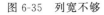

图 6-35　列宽不够

图 6-36　设置列宽

使用鼠标粗略设置行高:将鼠标指针指向要改变行高的行号之间的分隔线上,鼠标指针变成垂直双向箭头形状,按住鼠标左键并拖动鼠标,直至将行高调整到合适高度,放开鼠标即可。也可以"开始"选项卡中"单元格"组的"格式"下拉列表中选择"行高"命令,精确设置行高。

6．设置条件格式

条件格式可以对含有数值或其他内容的单元格,或者含有公式的单元格应用某种条件来决定数值的显示格式。条件格式的设置是利用"开始"选项卡内的"样式"命令组完成的。

例如,将成绩表中总分低于 250 分的成绩用红色字体显示出来,如图 6-37 所示。

	A	B	C	D	E	F	G	H	I
1	学生成绩表								
2	姓名	学院	专业	计算机基础	程序设计	大学英语	普通话	总分	平均分
3	夏迎朝	外国语学院	法语	77	74.8	80	90	321.8	80.45
4	叶亚雨	音乐学院	舞蹈表演	62.2	76.1	50	58.8	247.1	61.775
5	任九洲	外国语学院	法语	60	42.2	73.3	57.8	233.3	58.325
6	李杰	音乐学院	舞蹈表演	81.4	66.1	45.1	68	260.6	65.15
7	李秀丽	音乐学院	音乐学	85	78	90	78	331	82.75
8	王近苹	音乐学院	音乐学	65.1	60.5	78	45.5	249.1	62.275
9	杨景涛	音乐学院	音乐学	55.3	62.3	55.3	78	250.9	62.725
10	曾彬	外国语学院	法语	53.2	44	77	75	249.2	62.3
11	李小雨	音乐学院	舞蹈表演	83.8	77	72	92	324.8	81.2
12	罗曼	外国语学院	英语	64.5	57.3	39.5	65	226.3	56.575
13	王磊	外国语学院	英语	40.1	61	90	60	251.1	62.775
14	明敏	外国语学院	英语	44	69	72	58.9	243.9	60.975
15	王顺星	外国语学院	法语	77	65.3	90	66.1	298.4	74.6
16	王威	外国语学院	法语	74	51.8	55.4	45	226.2	56.55
17	王才	外国语学院	英语	64.2	70.3	51	58	243.5	60.875
18	金豪	外国语学院	俄语	51.6	74.7	84.7	56.3	267.3	66.825
19	谢洋	外国语学院	俄语	77.1	86	75	75.6	313.7	78.425

图 6-37 总分小于 250 分

单击"开始"选项卡内的"样式"命令组中"条件格式"下拉按钮,在下拉菜单中选择"突出显示单元格规则",在选择"小于"命令,如图 6-38 所示,打开"小于"对话框,输入数值进行相关设置,如图 6-39 所示。

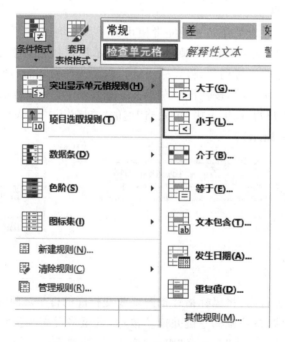

图 6-38 条件格式

7. 使用样式

样式是单元格字体、字号、对齐、边框和图案等一个或多个设置特性的组合,将这样的组合加以命名和保存供用户使用。应用样式即应用样式名的所有格式设置。

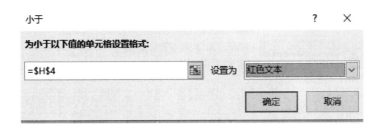

图 6-39　小于对话框

单击"开始"选项卡内的"样式"命令组中"单元格样式"下拉按钮,可以打开"样式"列表,如图 6-40 所示。

图 6-40　单元格样式

8．自动套用格式

Excel 通过"自动套用格式"功能向用户提供了一组已经定义好的内置格式集合,每种格式集合都包括有不同的字体、字号、数字、图案、边框、对齐方式、行高、列宽等设置项目,完全可满足我们在各种不同条件下设置工作表格式的要求。

选定需要套用格式的工作表范围(用户若不事先选择套用范围,则 Excel 将自动对整个工作表的格式进行设置),单击"开始"选项卡中"套用表格样式"下拉按钮,在列表中选择一种样式,如图 6-41 所示。打开"套用表格样式"对话框,如图 6-42 所示,此时出现"表格工具"选项卡,如图 6-43 所示。

9．格式的复制和删除

前面内容给单元格设置了很多种格式,比如字的大小、字体、边框和底纹、数字格式等,这些都是可以复制的,也是可以删除的。选中要复制格式的单元格,单击"开始"选项卡上"剪贴板"组中的"格式刷"按钮,如图 6-44 所示,然后在要复制到的单元格上单击。

选中要删除格式的单元格,单击"开始"选项卡上"编辑"组,单击"清除"命令,如图 6-45 所示,在弹出菜单中单击"清除格式"命令,选中的单元格就变成了默认的样子了。

图 6-44　剪贴板

图 6-45　清除

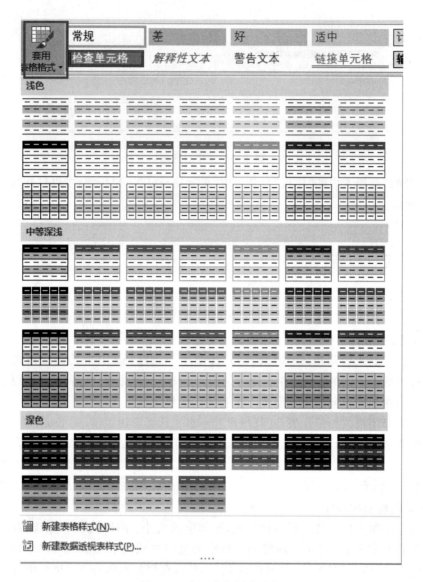

图 6-41　套用表格样式列表

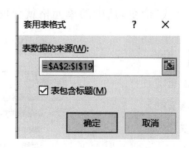

图 6-42　套用表格式

10. 使用文本框

有时我们需要一些在表格表面漂浮的文本或者数字区域,此时便可以考虑使用文本框。

图 6-43　表格工具

在"插入"选项卡上的"文本"组中,单击"文本框"。在文档、工作表、演示文稿或电子邮件中单击,然后通过拖动绘制所需大小的文本框。要向文本框中添加文本,请在文本框内单击,然后键入或粘贴文本。

6.2.5　工作表的管理

1．插入工作表

在首次创建一个新的工作簿时,默认情况下,一个工作簿包含三张工作表。在实际应用中,可以根据需要添加一个或多个工作表。下面介绍三种在工作簿中插入一张新的工作表的操作。

(1) 打开"开始"选项卡,在"单元格"组中单击"插入"按钮后面的下拉列表按钮,在弹出的快捷菜单中选择"插入"命令,如图 6-46 所示。

(2) 选定当前活动工作表,将光标指向该工作表标签,然后右击,弹出快捷菜单,选择快捷菜单中的"插入"命令,打开"插入"对话框,如图 6-47 所示。在对话框的"常用"选项卡中,选择"工作表"选项,然后点击"确定"按钮,即可插入一张新的工作表。

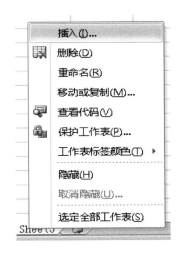

图 6-46　标签右键菜单

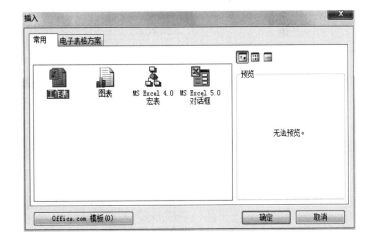

图 6-47　插入工作表对话框

(3) 在工作表标签处,单击"插入工作表"按钮"⊕",可以快速在最后位置插入一张新的工作表。

2．删除工作表

有时根据实际工作的需要,要从工作簿中删除不需要的工作表。删除工作表的方法与插入工作表的方法一样,只是选择的命令不同而已。

要删除一张工作表,首先单击工作表标签来选定该工作表,然后在"开始"选项卡的"单元格"组中单击"删除"按钮后的下拉列表按钮,在弹出的快捷菜单中选择"删除工作表"命令,即可删除该工作表。此时,和它后面的相邻工作表变成当前的活动工作表。

同样,也可以在想要删除的工作表标签上右击,在弹出的快捷窗口中选择"删除"命令,即可删除选定工作表。在删除一张不为空的工作表前,系统会打开一个警告对话框询问是否要确定删除该工作表,如果确定删除,则单击"删除"按钮,如果不想删除,则单击"取消"按钮。

3. 移动或复制工作表

在使用 Excel 2019 进行数据处理时,经常需要把描述同一事物相关特征的数据放在一个工作表里,而把相互之间具有某种联系的不同事物放在不同的工作表中,所以就会根据需要移动或复制工作表。在同一工作簿内移动工作表的操作很简单,只需用鼠标左键单击选择需要移动的工作表标签,然后沿工作表标签行拖动选定的工作表标签到想要移动到的位置松开鼠标左键即可。如需复制选定工作表,则在拖动的同时按住键盘的 Ctrl 键,并在想要复制到的地方释放鼠标即可。

如需在不同的工作簿间移动或复制工作簿,则首先要源工作簿和目标工作簿均处于打开状态。单击鼠标左键选定要移动或复制的工作表标签,然后单击鼠标右键,在弹出的快捷菜单中选择"移动或复制工作表"命令,打开"移动或复制工作表"对话框,如图 6-48 所示,在"工作簿"下拉列表框中选择将选定的工作表移动至的工作簿名称。单击"确定"按钮即可。如需复制选定的工作表,则在"移动或复制工作表"对话框时勾选"建立副本"选项即可。

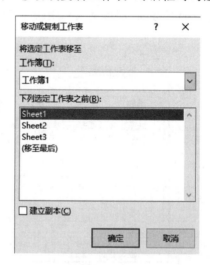

图 6-48　移动或复制工作表对话框

4. 重命名工作表

Excel 2019 在创建一张新的工作表时,系统默认是以 Sheet1、Sheet2 等依次来命名的,这样的工作表名在实际工作中不方便记忆和有效的管理。这时,用户可以根据需要重命名这些工作表的名称。要重命名工作表,只需要双击选中的工作表标签,这时工作表标签以反白显示,在其中输入新的工作表名称并按下回车键即可。

5．工作表标签添加颜色

给工作表标签添加颜色的步骤如下。

① 右击想要改变的工作表标签。

② 从弹出的菜单中选择"工作表标签颜色"命令。

③ 选择颜色后，点击"确定"，如图 6-49 所示。

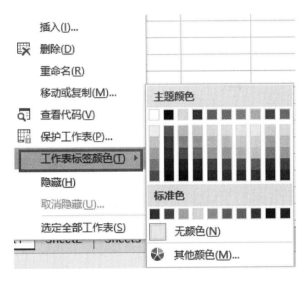

图 6-49　工作表标签颜色

6.2.6　工作表的打印

相对于 Word 而言，Excel 文件的打印要复杂一些。在打印工作表之前，我们需要对文档做一些必要的编辑，包括页面方向设置、页边距设置、页眉、页脚等。

1．页面设置

单击"页面布局"选项卡，选择"页面设置"组中的相应按钮，或单击右下角对话框启动器"　"，打开"页面设置"对话框，进行相应的设置。

（1）页面

在"页面"选项卡上可以设置打印方向、缩放比例、纸张大小和起始页码（如图 6-50 所示）。在其右下角的"打印"按钮可以打开"打印"对话框，可以设置打印的份数、范围等。

（2）页边距

页边距是工作表数据与打印页面边缘之间的空白区域。顶部和底部页边距可用于放置某些项目，如页眉、页脚和页码。在"页边距"选项卡中，可以设置页面的上、下边距，左、右边距和页眉、页脚的距离。选择"居中方式"中的"水平居中"和"垂直居中"复选框，可将表格居中打印。如图 6-51 所示。

要查看新页边距将如何影响打印工作表，请单击"页面设置"对话框中的"页边距"选项卡上的"打印预览"。要调整打印预览中的页边距，在预览窗口的右下角选中"显示边距"复选框，然后在页面的任一侧、顶部或底部拖动黑色的边距控点。

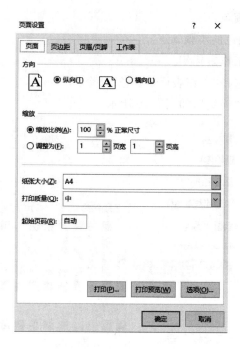

图 6-50　页面设置之页面

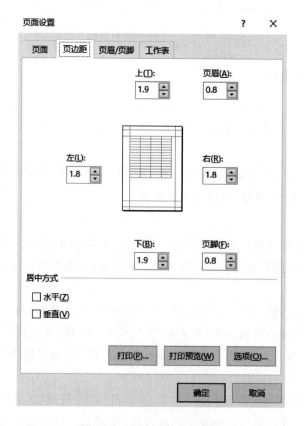

图 6-51　页面设置之页边距

（3）页眉/页脚

可以在打印的工作表的顶部或底部添加页眉或页脚。例如，可以创建一个包含页码、日期和时间以及文件名的页脚。

页眉和页脚不会以普通视图显示在工作表中，而仅以页面布局视图显示在打印页面上。用户可以在页面布局视图中插入页眉或页脚（可以在该视图中看到页眉和页脚），如果要同时为多个工作表插入页眉或页脚，则可以使用"页面设置"对话框。对于其他工作表类型（如图6-52所示），则只能使用"页面设置"对话框插入页眉和页脚。

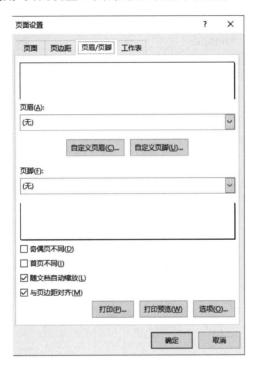

图6-52 页面设置之页眉页脚

- 若要指定奇数页与偶数页使用不同的页眉和页脚，选中"奇偶页不同"复选框。
- 若要从打印首页中删除页眉和页脚，选中"首页不同"复选框。
- 若要指定页眉和页脚是否应使用与工作表相同的字号和缩放比例，选中"随文档自动缩放"复选框。
- 若要使页眉或页脚的字号和缩放比例与工作表的缩放比例无关，从而帮助创建在多个页面中都一致的显示，请清除此复选框。
- 若要确保页眉或页脚的边距与工作表的左右边距对齐，请选中"与页边距对齐"复选框。若要将页眉和页脚的左右边距设置为与工作表的左右边距无关的特定值，请清除此复选框。

（4）工作表

在处理表格时，经常遇到一个表中有很多条数据的情况，若直接打印，按默认的方式分页，一般只有在第一页中有表的标题，其他页面都没有，这往往不符合要求，浏览起来也很不方便。通过给工作表设置一个打印标题区即可在每页上打印出所需的标题。

单击"顶端标题行"中的拾取按钮,对话框变成一个小的输入条,在工作表中选择数据上面的几行作为表的标题,单击输入框中的"返回"按钮。设置成功后,在打印或打印预览过程中,所有页面中都会有标题,如图 6-53 所示。

图 6-53　页面设置之工作表

2. 打印

打印之前预览一下打印效果,这样可以防止打印出来的工作表不符合要求,在预览模式下可以进一步调整打印效果,直到符合要求再打印,以免浪费时间和纸张。

工作表根据打印内容分为三种情况:打印活动工作表、打印整个工作簿、打印选定区域。可以通过"文件"按钮,在菜单中选择"打印"命令,在设置栏中进行相应的设置。

课后练习

利用学习的数据格式化知识,按要求将下面数据格式化,如图 6-54 所示。

(1) 将第一行文字合并居中对齐,放于表格中间。

(2) 设置如图所示字体字号。

(3) 设置单元格文字对齐方式为垂直水平对齐方式;设置中国一行文字颜色为红色。

(4) 为表格加边框底纹。

(5) 通过对表格格式化,观察数据变化,了解中国 1980—2020 年 GDP 占世界总量的份额变化,充分认识我国的巨大发展和变化。

世界部分国家GDP排行

国家	时间	GDP总量（万亿美元）	世界排名	所在州	占世界%
全世界	1980	9.04			
中国	1980	0.19	12	亚洲	2.1154
美国	1980	2.86	1	美洲	31.62
日本	1980	1.11	2	亚洲	12.233
德国	1980	0.95	3	欧洲	10.516
法国	1980	0.7	4	欧洲	7.7608
英国	1980	0.56	5	欧洲	6.252
印度	1980	0.18	13	亚洲	2.062
全世界	1990	22.76			
中国	1990	0.36	11	亚洲	1.5853
美国	1990	5.96	1	美洲	26.198
日本	1990	3.13	2	亚洲	13.763
德国	1990	1.76	3	欧洲	7.7834
法国	1990	1.27	4	欧洲	5.5759
英国	1990	1.09	6	欧洲	4.8026
印度	1990	0.32	12	亚洲	1.4101
全世界	2000	33.65			
中国	2000	1.21	6	亚洲	3.5997
美国	2000	10.25	1	美洲	30.466
日本	2000	4.89	2	亚洲	14.524
德国	2000	1.94	3	欧洲	5.7744
法国	2000	1.36	5	欧洲	4.0481
英国	2000	1.66	4	欧洲	4.9276
印度	2000	0.47	13	亚洲	1.3919
全世界	2010	66.16			
中国	2010	6.09	2	亚洲	9.2003
美国	2010	14.99	1	美洲	22.659
日本	2010	5.7	3	亚洲	8.6153
德国	2010	3.4	4	欧洲	5.1333
法国	2010	2.64	5	欧洲	3.9941
英国	2010	2.48	6	欧洲	3.7507
印度	2010	1.68	9	亚洲	2.5326
全世界	2020	84.71			
中国	2020	14.72	2	亚洲	17.381
美国	2020	20.94	1	美洲	24.717
日本	2020	5.04	3	亚洲	5.9497
德国	2020	3.81	4	欧洲	4.4933
法国	2020	2.6	7	欧洲	3.073
英国	2020	2.71	5	欧洲	3.1967
印度	2020	2.62	6	亚洲	3.0966

图 6-54　世界部分国家 GDP 排行

6.3　数据管理和分析

Excel 不仅具有对数据处理的能力，而且还能管理数据，具有数据库的部分功能，能建立数据清单，对数据进行快速的排序、筛选、分类汇总等。

6.3.1　数据清单

数据清单是一种包含一行标题和多行数据且同列数据的类型和格式完全相同的二维表。如果要使用 Excel 的数据管理功能，首先要把表格创建为数据清单。数据清单包括两部分，即表结构和表记录。表结构是数据清单中的第一行，即列标题（又叫"字段名"），Excel 将利用这些字段名对数据进行查找、排序及筛选等操作。表记录则是 Excel 实施管理功能的对象，该部分不允许有非法数据内容出现。

在对数据清单进行管理时,一般把数据清单看成是一个数据库。在 Excel 2019 中,数据清单的行相当于数据库中的记录,行标题相当于记录表,也可以从不同的角度去观察和分析数据。

要正确创建数据清单,应遵循以下准则。

① 应避免在一个工作表上建立多个数据清单。因为数据清单的某些处理功能(如筛选等)一次只能在同一个工作表的一个数据清单中使用。

② 在工作表的数据清单与其他数据间至少留出一个空白列和空白行。

③ 避免在数据清单中放置空白行、列。

④ 在数据清单的第一行里创建列标志,列标题名唯一且同列数据的数据类型和格式应完全相同。

6.3.2 排序

在实际应用中,为了方便查找和对比数据,用户通常按一定顺序对数据清单进行重新排序。Excel 2019 提供了两种排序的方式:简单排序和自定义排序。

用来排序的字段称为"关键字"。排序方式分为升序和降序,升序就是按数据从小到大排列,降序是按数据从大到小排列。

1. 简单排序

当仅仅需要对数据表中的某一列数据进行排序时,只需要单击此列中的任意单元格,在单击"数据"选项卡中"排序与筛选"组中的升序"↓"或降序"↓"按钮,即可按指定列指定方式排序。

2. 复杂排序

同一列数据排序之后还有两个或多个相同的数据,这时就需要用到自定义排序,同时添加多个排序条件,在主要关键字相同的情况下按照次要关键字排序,可以添加多个次要关键字。排序时,按照条件的顺序依次比较。

例如,在"成绩表"中,对"总分"进行排序。要求按分数高到低降序排列,在"总分"相同的情况下,按"计算机"分数从高到低排序,在"计算机"分数相同的情况下,按"程序设计"从高到低排序。其操作步骤如下。

① 打开"数据"选项卡,在"排序和筛选"组中单击"排序"按钮,打开"排序"对话框。

② 在"主要关键字"下拉列表框中选择"总分",排序依据为"数值",次序为"降序"。然后单击"添加条件"按钮,添加一个"次要关键字",在下拉列表框中选择"计算机",排序依据为"数值",次序为"降序"。接着单击"添加条件"按钮,添加第二个"次要关键字",在下拉列表框中选择"程序设计",排序依据为"数值",次序为"降序"。最后单击"确定"按,如图 6-55 所示。

【提示】 若先选定了数据清单的某一列再点击"排序"按钮,会弹出"排序提醒"对话框,在该对话框中若选择"以当前选定区域排序",则只会将选定的区域排序,而其他位置的单元格数据不会跟着一起变动。所以这样排序后,数据的相互对应性将完全改变,选择时慎用。

6.3.3 数据筛选

筛选功能实现在数据清单中查找满足筛选条件的数据,并且把不满足条件的数据暂时

图 6-55　排序

隐藏起来。当筛选条件被清除时,隐藏的数据有恢复显示。

数据筛选有两种:自动筛选和高级筛选。自动筛选只能对单个字段筛选,操作简单,能满足大部分应用需求;高级筛选能实现多个字段的筛选,较复杂,需要在数据清单以外建立一个条件区域。

1. 自动筛选

自动筛选通过对一个数据清单进行筛选,将不满足条件的数据记录暂时隐藏起来,仅显示满足条件的记录。这样可以让用户快速找到自己需要的数据。

例如,在"成绩表"工作簿中,对总分进行筛选,筛选出总分超过 300 分的记录。其操作步骤如下。

① 选定数据清单中的任意一个单元格。打开"数据"选项卡,在"排序和筛选"组中单击"筛选"按钮,进入自动筛选模式。

② 单击"总分"单元格旁边的下拉列表按钮,在弹出的菜单中的"数字筛选"区域中,选择"大于"项,如图 6-56 所示。

图 6-56　数字筛选

③ 打开"自定义自动筛选方式"对话框,输入"300",如图 6-57 所示。

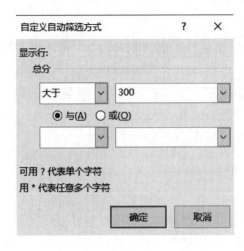

图 6-57　自定义自动筛选方式对话框

④ 单击"确定"按钮，得到筛选结果，如图 6-58 所示。

	A	B	C	D	E	F	G	H	I
1	学生成绩表								
2	姓名	学院	专业	计算机基	程序设计	大学英语	普通话	总分	平均分
3	夏迎朝	外国语学院	法语	77	74.8	80	90	321.8	80.45
7	李秀丽	音乐学院	音乐学	85	78	90	78	331	82.75
11	李小雨	音乐学院	舞蹈表演	83.8	77	72	92	324.8	81.2
19	谢洋	外国语学院	俄语	77.1	86	75	75.6	313.7	78.425

图 6-58　筛选总分大于 300 分的纪录

2. 高级筛选

如果想要筛选的条件比较多，用自动筛选后，其他用户看到结果就很难看出这个结果是怎么筛选得到的。这时如果使用高级筛选，自己或其他用户对筛选的条件就可以做到一目了然。

在使用高级筛选之前，用户必须先建立一个条件区域，用来指明筛选的条件。在条件区域的首行中包含的字段名必须和数据清单中的字段名一样，但条件区域中不必包含数据清单中所有的字段名。条件区域的字段名下面至少有一行用来定义筛选的条件。需要特别注意的是，条件区域和数据区域不能连接，中间必须用一空白行将其隔开。

例如，在"成绩表"中筛选出外国语学院或者总分超过 300 分的学生。操作步骤如下：

① 在 A21:B23 单元格区域中输入筛选条件，如图 6-59 所示。

② 打开"数据"选项卡，在"排序和筛选"组中单击"高级"按钮，打开"高级筛选"对话框，如图 6-60 所示。

③ 单击"列表区域"文本框后的按钮，在工作表中选定列表区域为 ＄A＄2：＄K＄19，返回"高级筛选"对话框。

④ 单击"条件区域"文本框后的按钮，在工作表中选定列表区域为 ＄A＄21：＄B＄23，返回"高级筛选"对话框。

⑤ 在"高级筛选"对话框中单击确定"按钮"，得到筛选结果。如图 6-61 所示。

	A	B	C	D	E	F	G	H	I
1	学生成绩表								
2	姓名	学院	专业	计算机基础	程序设计	大学英语	普通话	总分	平均分
3	夏迎朝	外国语学院	法语	77	74.8	80	90	321.8	80.45
4	叶亚雨	音乐学院	舞蹈表演	62.2	76.1	50	58.8	247.1	61.775
5	任九洲	外国语学院	法语	60	42.2	73.3	57.8	233.3	58.325
6	李杰	音乐学院	舞蹈表演	81.4	66.1	45.1	68	260.6	65.15
7	李秀丽	音乐学院	音乐学	85	78	90	78	331	82.75
8	王近苹	音乐学院	音乐学	65.1	60.5	78	45.5	249.1	62.275
9	杨景涛	音乐学院	音乐学	55.3	62.3	55.3	78	250.9	62.725
10	曾彬	外国语学院	法语	53.2	44	77	75	249.2	62.3
11	李小雨	音乐学院	舞蹈表演	83.8	77	72	92	324.8	81.2
12	罗曼	外国语学院	英语	64.5	57.3	39.5	65	226.3	56.575
13	王磊	外国语学院	英语	40.1	61	90	60	251.1	62.775
14	明敏	外国语学院	英语	44	69	72	58.9	243.9	60.975
15	王顺星	外国语学院	法语	77	65.3	90	66.1	298.4	74.6
16	王威	外国语学院	法语	74	51.8	55.4	45	226.2	56.55
17	王才	外国语学院	英语	64.2	70.3	51	58	243.5	60.875
18	金豪	外国语学院	俄语	51.6	74.7	84.7	56.3	267.3	66.825
19	谢洋	外国语学院	俄语	77.1	86	75	75.6	313.7	78.425
20									
21	学院	总分							
22	外国语学院								
23		>300							

图 6-59 输入筛选条件

图 6-60 高级筛选

	A	B	C	D	E	F	G	H	I
1	学生成绩表								
2	姓名	学院	专业	计算机基础	程序设计	大学英语	普通话	总分	平均分
3	夏迎朝	外国语学院	法语	77	74.8	80	90	321.8	80.45
5	任九洲	外国语学院	法语	60	42.2	73.3	57.8	233.3	58.325
7	李秀丽	音乐学院	音乐学	85	78	90	78	331	82.75
10	曾彬	外国语学院	法语	53.2	44	77	75	249.2	62.3
11	李小雨	音乐学院	舞蹈表演	83.8	77	72	92	324.8	81.2
12	罗曼	外国语学院	英语	64.5	57.3	39.5	65	226.3	56.575
13	王磊	外国语学院	英语	40.1	61	90	60	251.1	62.775
14	明敏	外国语学院	英语	44	69	72	58.9	243.9	60.975
15	王顺星	外国语学院	法语	77	65.3	90	66.1	298.4	74.6
16	王威	外国语学院	法语	74	51.8	55.4	45	226.2	56.55
17	王才	外国语学院	英语	64.2	70.3	51	58	243.5	60.875
18	金豪	外国语学院	俄语	51.6	74.7	84.7	56.3	267.3	66.825
19	谢洋	外国语学院	俄语	77.1	86	75	75.6	313.7	78.425
20									
21	学院	总分							
22	外国语学院								
23		>300							

图 6-61 高级筛选结果

6.3.4 数据分类与汇总

Excel 分类汇总指的是对数据清单按某个字段进行分类,将字段值相同的连续记录作为一类,然后利用 Excel 本身所提供的函数,对数据进行汇总。针对同一个分类字段,可进行多种方式的汇总。分类汇总分为两个步骤进行的,第一个步骤是利用排序功能进行数据分类,第二个步骤是利用了函数的计算,进行了一个汇总的操作。

例如,在"成绩表"中,统计每个学院计算机基础、程序设计、总分平均值。

根据分类汇总的要求,实际上是对"学院"字段分类,对"计算机基础""程序设计""总分"字段进行汇总,汇总方式为求平均值。操作步骤如下。

① 选择"学院"字段,单击"数据"选项卡中的"排序和筛选"组中的"升序"按钮,对"学院"字段排序。如图 6-62 所示。

	A	B	C	D	E	F	G	H
1	姓名	学院	专业	计算机基础	程序设计	大学英语	普通话	总分
2	叶亚雨	音乐学院	舞蹈表演	62	76	50	59	247
3	李杰	音乐学院	舞蹈表演	81	66	45	68	261
4	李秀丽	音乐学院	音乐学	85	78	90	78	331
5	王近苹	音乐学院	音乐学	65	61	78	46	249
6	杨景涛	音乐学院	音乐学	55	62	55	78	251
7	李小雨	音乐学院	舞蹈表演	84	77	72	92	325
8	夏迎朝	外国语学院	法语	77	75	80	90	322
9	任九洲	外国语学院	法语	60	42	73	58	233
10	曾彬	外国语学院	法语	53	44	77	75	249
11	罗曼	外国语学院	英语	65	57	40	65	226
12	王磊	外国语学院	英语	40	61	90	60	251
13	明敏	外国语学院	英语	44	69	42	59	244
14	王顺星	外国语学院	法语	77	65	90	66	298
15	王威	外国语学院	法语	74	52	55	45	226
16	王才	外国语学院	英语	64	70	51	58	244
17	金豪	外国语学院	俄语	52	75	85	56	267
18	谢洋	外国语学院	俄语	77	86	75	76	314

图 6-62 对"学院"字段排序

② 选择数据清单中的任一单元格,单击"数据"选项卡中的"分级显示"组中的"分类汇总"按钮,打开"分类汇总"对话框。在"分类汇总"下拉列表框中选择"部门",在"汇总方式"下拉列表框中选择"平均值",在"选定汇总项"列表框中选择"计算机基础""程序设计""总分",并清除其余默认汇总项(如图 6-63 所示),单击"确定"按钮,得到分类汇总结果,如图 6-64 所示。

图 6-63 "分类汇总"对话框

图 6-64 分类汇总结果

在该对话框中"替换当前分类汇总"复选框的含义是：用此次分类汇总的结果替换已存在的分类汇总结果。

分类汇总后，默认情况下，数据会分 3 级显示，可以单击分级显示区上方的 1 2 3 按钮控制。单击 1 按钮，只显示清单中的列标题和总计结果；单击 2 按钮，显示各个分类汇总结果和总计结果；单击 3 按钮，显示全部详细数据。

若要取消分类汇总，在"分类汇总"对话框中单击"全部删除"按钮即可。

6.3.5 数据透视表

Excel 分类汇总功能适合于按一个字段进行分类，对一个或多个字段进行汇总。当用户要求按多个字段进行分类并汇总时，就需要采用数据透视表来解决问题。数据透视表是一种交互式的 Excel 报表，用于对多种数据源（包括 Excel 的外部数据源）的记录数据进行汇总和分析。

例如，在"成绩表"中，统计各个学院每个专业的人数（结果如图 6-65 所示）。操作步骤如下。

图 6-65 数据透视表

单击数据清单中的任意单元格。单击"插入"选项卡中的"表格"组中的"数据透视表"下拉按钮，在下拉菜单中选择"数据透视表"命令，打开"创建数据透视表"对话框，如图 6-66 所示。确认选择要分析的数据的范围及数据透视表的放置位置，然后单击"确定"按钮。此时出现"数据透视表字段列表"任务窗格，把要分类的"学院"字段拖入"行标签"区，"专业"字段拖入"列标签"区，使之分别成为数据透视表的行、列标题，将"姓名"字段拖入"数值"区域。

右键单击"数据透视表",在弹出菜单中选择"值汇总依据",在选择"计数"。

图 6-66　数据透视表字段对话框

数据透视表中的数据分为数值和非数值两大类。在默认情况下,Excel 汇总数值数据使用求和函数,而非数值数据则使用计数函数。如果实际应用需要,用户还可以选择其他函数执行数据汇总。比较快捷的一种操作方法是:鼠标右击某个数据字段,选择快捷菜单中的"字段设置"命令,即可打开"数据透视表字段"对话框,选中"汇总方式"列表中的某个选项,点击"确定"按钮就可以改变数据的汇总方式了。

6.3.6　图表的创建与编辑

Excel 能够将电子表格中的数据转换成各种类型的统计图表,能以简洁、直观的图形揭示数据之间的关系,反映数据的变化规律和发展趋势,使用户能一目了然地进行数据分析。当工作表中的数据发送变化时,图表会相应改变,不需要重新绘制。

在创建图表前,了解一下图表的组成元素。图表由许多部分组成,每一部分就是一个图表项,如图表区、绘图区、标题、坐标轴、数据系列等,如图 6-67 所示。

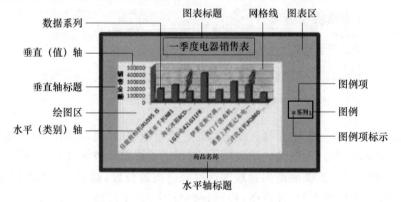

图 6-67　图表的组成

利用 Excel 2019 可以创建各种类型的图表,帮助用户以多种方式表示工作表中的数据。各图表类型的作用如下。

- 柱形图:用于显示一段时间内的数据变化或显示各项之间的比较情况。在柱形图中,通常沿水平轴组织类别,而沿垂直轴组织数值。
- 折线图:可显示随时间而变化的连续数据,非常适用于显示在相等时间间隔下数据的趋势。在折线图中,类别数据沿水平轴均匀分布,所有值数据沿垂直轴均匀分布。
- 饼图:显示一个数据系列中各项的大小与各项总和的比例。饼图中的数据点显示为整个饼图的百分比。
- 条形图:显示各个项目之间的比较情况。
- 面积图:强调数量随时间而变化的程度,也可用于引起人们对总值趋势的注意。
- 散点图:显示若干数据系列中各数值之间的关系,或者将两组数绘制为 x、y 坐标的一个系列。
- 股价图:经常用来显示股价的波动。
- 曲面图:显示两组数据之间的最佳组合。
- 圆环图:像饼图一样,圆环图显示各个部分与整体之间的关系,但是它可以包含多个数据系列。
- 气泡图:排列在工作表列中的数据可以绘制在气泡图中。
- 雷达图:比较若干数据系列的聚合值。

对于大多数 Excel 图表,如柱形图和条形图,可以将工作表的行或列中排列的数据绘制在图表中,而有些图形类型,如饼图和气泡图,则需要特定的数据排列方式。

1. 创建图表

图表的创建大致包含以下三个步骤。

(1) 选择图表类型

选择"插入"选项卡中"图表"组(如图 6-68 所示),选中图表类型。在图表功能区默认有很多类型的图表:柱形图、折线图、饼图等。单击图表功能区的右下角的小图标"⬚"可以打开所有图表类型,如图 6-69 所示。

图 6-68 图表组

(2) 选择数据源

插入图表类型后,需要为图表中添加数据。选中图表后,弹出"图表工具"关联工具,在"设计"选项卡中,选择"选择数据"按钮,如图 6-70 所示。"切换行/列"按钮是指图表中分类轴的位置颠倒了,可以单击该按钮调整过来。

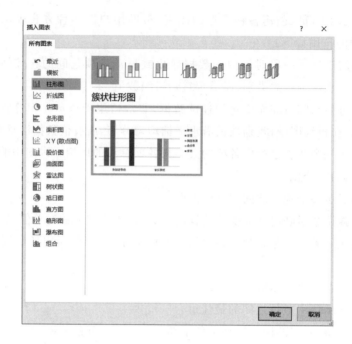

图 6-69　插入图表对话框

图 6-70　选择数据源

例如,创建学生成绩表每门课程成绩的三维簇状柱形图,如图 6-71 所示。

2. 图表编辑与格式化

对于一张新创建的图表,还可以继续对图表类型、数据源、图表选项、位置进行重新调整、修改。此外,对于数据系列格式、绘图区格式、图表区格式、坐标轴格式、坐标轴标题格式、图表标题格式、图例格式、网格线格式等可进行编辑,达到修正或美化统计图的目的。

选中图表后,在"图表工具"选项卡中选择"设计",可以看到"添加图表元素"按钮"![图标]",该按钮的下拉列表中的命令可以为图表添加图表标题,坐标轴标题,数据标签等。例如添加、修改图例,添加数据标签。

图例中每个图标代表着不同的数据系列的标识。选择图表,在"图表工具"中选择"设计"选项卡,单击"添加图表元素"按钮,可以从下拉列表中选择"图例",更改放置图例的位置,如图 6-72 所示。

右键点击图例,从快捷菜单中选择"设置图例格式"命令打开"设置图例格式"对话框(如图 6-73 所示),可以对图例的位置、填充色,边框色等效果进行设置。

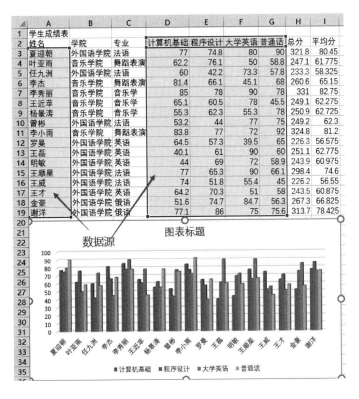

图 6-71 三维簇状柱形图

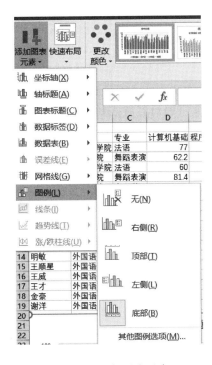

图 6-72 添加图表元素

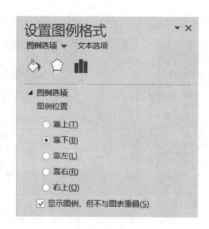

图 6-73　设置图例格式对话框

【提示】　选择图表元素：用户可以通过鼠标单击上面的元素，从而选择它们进行编辑。但是因为上面所说的元素往往是相互覆盖或者结合在一起的，极容易选择错误，那么如何快速选择上面所说的元素呢？选择"图表工具"→"格式"→"当前所选内容"功能组，如图 6-74 所示，单击框中的下拉框，在下拉菜单中可以选择图表中任何元素。

图 6-74　当前所选内容

若对创建图表时默认使用的文字格式不满意，则可以重新设置文字格式，如可以改变文字的字体和大小，还可以调整文字的对齐方式和旋转方向等。

在 Excel 2019 中，默认创建图表的形状样式都很普通，用户可根据自己的需要为图表各部分设置形状填充、形状效果等，让图表变得更加美观和引人注目。

课 后 练 习

使用前面学习过得数据分析的几种方法，分析我国从 1980 年到 2020 年四十年间 GDP 总量的变化。

练习要求：

1. 利用表中数据做数据透视表，将"国家"作为列标签，将"时间"作为行标签，将"GDP 总量"作为求和项。

2. 在数据透视表中筛选出中国、美国和日本三个国家的数据。

3. 对中国、美国和日本三个国家的数据做折线图，通过图表直观对比三国的变化。

GDP 是国内生产总值"Gross Domestic Product"的缩写。它指一个国家或地区在一定时期内生产活动（最终产品和服务）的总量，是衡量经济规模和发展水平最重要的方法之一。

图 6-75 所示为世界部分国家 GDP 排行表[①]。

国家	时间	GDP总量（万亿美元）	世界排名	所在州	占世界%
全世界	1980	9.04			
中国	1980	0.19	12	亚洲	2.1154
美国	1980	2.86	1	美洲	31.62
日本	1980	1.11	2	亚洲	12.233
德国	1980	0.95	3	欧洲	10.516
法国	1980	0.7	4	欧洲	7.7608
英国	1980	0.56	5	欧洲	6.252
印度	1980	0.18	13	亚洲	2.062
全世界	1990	22.76			
中国	1990	0.36	11	亚洲	1.5853
美国	1990	5.96	1	美洲	26.198
日本	1990	3.13	2	亚洲	13.763
德国	1990	1.76	3	欧洲	7.7834
法国	1990	1.27	4	欧洲	5.5759
英国	1990	1.09	6	欧洲	4.8026
印度	1990	0.32	12	亚洲	1.4101
全世界	2000	33.65			
中国	2000	1.21	6	亚洲	3.5997
美国	2000	10.25	1	美洲	30.466
日本	2000	4.89	2	亚洲	14.524
德国	2000	1.94	3	欧洲	5.7744
法国	2000	1.36	5	欧洲	4.0481
英国	2000	1.66	4	欧洲	4.9276
印度	2000	0.47	13	亚洲	1.3919
全世界	2010	66.16			
中国	2010	6.09	2	亚洲	9.2003
美国	2010	14.99	1	美洲	22.659
日本	2010	5.7	3	亚洲	8.6153
德国	2010	3.4	4	欧洲	5.1333
法国	2010	2.64	5	欧洲	3.9941
英国	2010	2.48	6	欧洲	3.7507
印度	2010	1.68	9	亚洲	2.5326
全世界	2020	84.71			
中国	2020	14.72	2	亚洲	17.381
美国	2020	20.94	1	美洲	24.717
日本	2020	5.04	3	亚洲	5.9497
德国	2020	3.81	4	欧洲	4.4933
法国	2020	2.6	7	欧洲	3.073
英国	2020	2.71	5	欧洲	3.1967
印度	2020	2.62	6	亚洲	3.0966

图 6-75 世界部分国家 GDP 总量

改革开放后，我国的经济建设取得了巨大成就[②]。我国各个行业、各个领域都有重大的突破。尤其是在经济总量上，这四十多年的时间里，产生了翻天覆地的变化。当然，我们的经济建设也是一步一步来的，经济总量也是逐渐上升的。

1980 年距离我国改革开放刚刚过去一年左右，所以 GDP 并不是很高。我国 1980 年的 GDP 为 1 911.49 亿美元，世界第 12 位。排在世界第 11 位的是荷兰，GDP 为 1 951.52 亿美元。排在世界第 13 位的是印度，GDP 为 1 863.25 亿美元。我国的 GDP 和荷兰或者印度相当。根据这些数据可以看出我国改革开放的必要性。

---

① 数据来源：快易理财网。

② 内容参考 http://xw.qq.com。

1989 年,我国的 GDP 为 3 123.54 亿美元,世界排名第 11。和 1980 年相比,我国的 GDP 排名上升了一位。此时,排在第 10 名的是南美洲的巴西,其 GDP 为 3 303.01 亿美元。当时,巴西的工业基础远比我国好,也是南美洲经济实力最强的国家。巴西的领土面积排名世界第五,资源丰富,人口世界排名第四,劳动力充足。排在我国后面的是印度,其 GDP 是 2 965.89 亿美元。

1994 年,我国的 GDP 为 5 643.25 亿美元,排名世界第 8。此时,排在第 7 名的是七国集团中的加拿大,其 GDP 为 5 781.08 亿美元。我国和加拿大 GDP 不相上下。我国和加拿大领土面积相当,但人口数量差异巨大。加拿大人口非常少,所以两国人均 GDP 差距悬殊。加拿大人均 GDP 为 1.99 万美元,而我国人均 GDP 只有 473 美元。排在第 9 名的是巴西,其 GDP 为 5 581.12 亿美元。可以说明这几年我国 GDP 比巴西提升得快。不过在七国集团中,加拿大的 GDP 是最低的,这说明我国和发达国家之间的差距还较大。

2000 年,我国的 GDP 为 1.21 万亿美元,正式突破万亿美元大关。虽然和西方大国相比,我国突破万亿美元的时间较晚,但我国后来的增速非常快。此时,我国 GDP 排名上升到了世界第 6 名。排在第 5 名的是老牌资本主义国家法国,这个国家经济一直是欧洲第二,此时的 GDP 为 1.37 万亿美元,比我国多 0.16 万亿美元。排在第 7 名的是意大利,其 GDP 为 1.15 万亿美元。之后的几年里,我国的 GDP 不断超过欧洲各个经济大国。

2007 年,我国的 GDP 为 3.55 万亿美元,占全球 GDP 的 6.11%。这一年,我国的 GDP 正式超过德国,成为世界第三经济大国。世界第四经济大国德国 GDP 为 3.43 万亿美元,德国的 GDP 和我国相当。这一年也是德国的一个巅峰时期,因为第二年爆发了金融危机,整个西方国家经济都在下降。此时,意大利和我国的差距越来越大,其 GDP 为 2.21 万亿美元,而我国 GDP 相当于 1.6 个意大利。仅仅七年时间,我国 GDP 增长了两倍多。当然,意大利 GDP 也在迅速增长,但和我国相比,增长速度较慢。

2010 年对我国来说意义非凡,我国的 GDP 超过了一衣带水的邻居日本,仅次于美国,成为世界第二经济大国。这一年,我国的 GDP 为 6.09 万亿美元,日本的 GDP 为 5.7 万亿美元。1995 年,日本经济泡沫破灭之后,其 GDP 几乎没有上升。2010 年的,日本 GDP 也算是达到了一个顶峰。此时再看一下荷兰,其 GDP 为 8 473.81 亿美元,我国 GDP 是荷兰的 7.19 倍。从 1980 年的比我国还多,到现在相当于我国的七分之一,这足以说明我国经济建设的成就。

2020 年,我国的 GDP 总量相当于 0.7 个美国、2.87 个日本、3.8 个德国、5.6 个法国。

2020 年,我国的 GDP 为 14.72 万亿美元,世界第二,仅次于美国,占全球 GDP 的 17.38%。此时,美国 GDP 是 20.94 万亿美元,我国和美国之间的差距越来越小,已经相当于 0.7 个美国了,这放在 2000 年之前,是无法想象的。

2020 年,我国的 GDP 总量还相当于 2.87 个日本。2010 年刚超过日本,仅仅十年时间,我国 GDP 就是日本的 2.87 倍。

2020 年,我国的 GDP 总量还相当于 3.8 个德国。我国的 GDP 于 2007 年超过德国,现在是德国的 3.87 倍。

2020 年,我国的 GDP 总量还相当于 5.6 个法国,这个一直是欧洲第二经济大国的法国,现在和我国 GDP 差距越来越大。

通过数据透视表,对上面数据进行分析。将"国家"作为列标签,将"时间"作为行标签,将"GDP 总量"作为求和项,在得到的数据透视表中,可以选择考察各国各个时间的 GDP 总量数据。如图 6-76 所示。

求和项:GDP总量（万亿美元）	列标签								
行标签	德国	法国	美国	全世界	日本	印度	英国	中国	总计
1980	0.95	0.7	2.86	9.04	1.11	0.18	0.56	0.19	15.59
1990	1.76	1.27	5.96	22.76	3.13	0.32	1.09	0.36	36.65
2000	1.94	1.36	10.25	33.65	4.89	0.47	1.66	1.21	55.43
2010	3.4	2.64	14.99	66.16	5.7	1.68	2.48	6.09	103.14
2020	3.81	2.6	20.94	84.71	5.04	2.62	2.71	14.72	137.15
总计	11.86	8.57	55	216.32	19.87	5.27	8.5	22.57	347.96

图 6-76　用数据透视表对比国家 GDP 总量

在数据透视表中,选择"美国""日本""中国"这三个国家,并对三个国家的 GDP 总量进行比较,如图 6-77 所示。

求和项:GDP总量（万亿美元）	列标签			
行标签	美国	日本	中国	总计
1980	2.86	1.11	0.19	4.16
1990	5.96	3.13	0.36	9.45
2000	10.25	4.89	1.21	16.35
2010	14.99	5.7	6.09	26.78
2020	20.94	5.04	14.72	40.7
总计	55	19.87	22.57	97.44

图 6-77　美国、日本和中国 GDP 总量对比

下面利用三个国家数据作出折线图,来看四十年间三个国家的 GDP 变化趋势,如图 6-78 所示。

1980—2020 年,仅仅四十年的时间,我国的 GDP 是之前的 77 倍,这是其他任何一个国家都没有做到的。不仅如此,我国的 GDP 从 1980 年和荷兰相当,到 2020 年和美国之间的差距越来越小。我国在不断超越,超越了加拿大、意大利、法国、德国、日本等。到 2020 年,我国的 GDP 和整个欧洲的 GDP 差距都不是很大,欧洲 2020 年的 GDP 是 15.19 万亿美元。

看到我国四十年间的发展,感到非常欣喜,同时我们还需要继续努力,不断进步。实践是检验真理的唯一标准,在这样的数据面前,更能看出改革开放的必要性,更能认识到我国是如何一步一个脚印,自主发展,勇于探索新的道路。我们更应增强民族复兴的信心,坚定拥护中国共产党的科学领导,勇立时代潮头,勤学苦练,用知识武装自己,为伟大中国梦的实现贡献自己的力量。

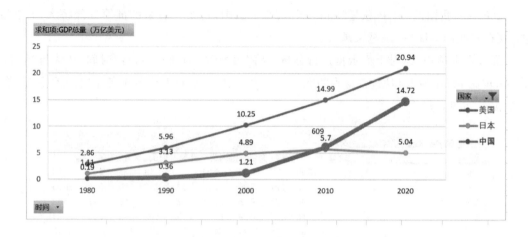

图 6-78　美国、日本和中国 GDP 总量变化趋势图

6.4　数据连接合并计算

1. 数据合并

Excel 提供了合并计算的功能,可以对多个工作表中的数据同时进行计算汇总,包括求和、求平均数、最大值、最小值、计数等运算。

例如,一个公司可能有很多的销售区域或分公司,每个分公司具有各自的销售报表和会计报表,为了对整个公司的情况进行全面的了解,就要将这些分散的数据进行合并,从而得到一份完整的销售统计报表或者会计报表。在 Excel 2010 中,通过合并计算可以轻松完成这些工作。所有源区域中的数据按同样的顺序和位置排列,则可以通过位置合并计算。例如,如果用户的数据来自同一模板创建的一系列工作表,则通过位置合并计算数据。例如,打开"苏果连锁超市销售数据-合并计算"工作簿,在"汇总"表中按照位置合并"春园路""长虹路""松鹤路"表中的数据。其操作步骤如下。

① 打开"苏果连锁超市销售数据-合并计算"工作簿,如图 6-79 所示。

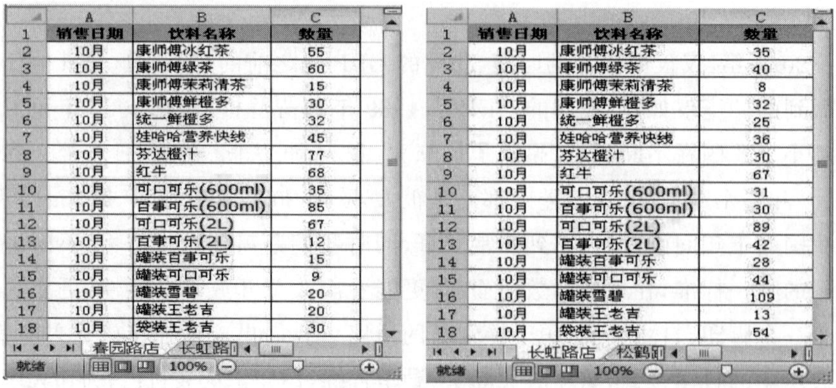

图 6-79　"春园路店"和"长虹路点"销售数据

② 选定"汇总"工作表的 C2:C18 区域,打开"数据"选项卡,在"数据工具"组中单击"合并计算"按钮,弹出"合并计算"对话框,如图 6-80 所示。

图 6-80　"合并计算"对话框

③ 单击引用位置按钮,然后选定"春园路"表中要进行合并计算的区域的 C2:C18 单元格区域,返回"合并计算"对话框。单击添加按钮,将"春园路店! C2:C18"添加到"所有引用位置"区域中,在函数下拉列表中选择"求和"。

④ 同理添加"长虹路""松鹤路"表中 C2:C18 单元格区域到"所以引用位置"区域中。

⑤ 单击"确定"按钮后,在"汇总"工作表中得到合并计算的结果,如图 6-81 所示。

	A	B	C
1	销售日期	饮料名称	数量
2	10月	康师傅冰红茶	117
3	10月	康师傅绿茶	131
4	10月	康师傅茉莉清茶	53
5	10月	康师傅鲜橙多	95
6	10月	统一鲜橙多	86
7	10月	娃哈哈营养快线	113
8	10月	芬达橙汁	137
9	10月	红牛	163
10	10月	可口可乐(600ml)	95
11	10月	百事可乐(600ml)	140
12	10月	可口可乐(2L)	177
13	10月	百事可乐(2L)	82
14	10月	罐装百事可乐	63
15	10月	罐装可口可乐	79
16	10月	罐装雪碧	157
17	10月	罐装王老吉	53
18	10月	袋装王老吉	107

图 6-81　合并数据

2. 数据链接

Excel 允许同时操作多个工作表或工作簿,通过工作薄的链接,使它们具有一定的联系。修改其中一个工作簿的数据,Excel 会通过它们的链接关系,自动修改其他工作表或工作簿中的数据。同时,链接使工作簿的合并计算成为可能,可以把多个工作簿中的数据链接到一个工作表中。

例如,打开"苏果连锁超市销售数据-数据链接"工作簿,在"汇总"表中统计 10 月份"春园路""长虹路""松鹤路""汉江路"四个店各种商品的销售数据。四个店的数据分别存放在四个工作表中。通过"复制"和"选择性粘贴"建立链接的方法如下。

① 选中"春园路店"表中要链接的单元格区域 C2:C18,单击右键,选择"复制"。

② 在"汇总"表中"春园路"列中 C2:C18 单元格区域单击右键,在快捷菜单中选择"选择性粘贴",弹出如图 6-82 所示的对话框,单击"粘贴链接"按钮,建立两个工作簿中的单元格链接。

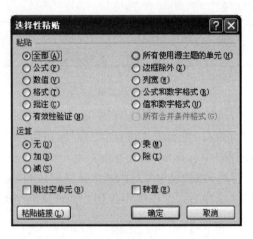

图 6-82 "选择性粘贴"对话框

③ 用同样的方法建立另外三个表的链接。

④ 可以在"汇总"表对粘贴的数据进行各种运算。如图 6-83 所示。

	A	B	C	D	E	F	G
1	销售日期	饮料名称	春园路店	长虹路店	松鹤路店	汉江路店	总计
2	10月	康师傅冰红茶	55	35	27	22	139
3	10月	康师傅绿茶	60	40	31	31	162
4	10月	康师傅茉莉清茶	15	8	30	28	81
5	10月	康师傅鲜橙多	30	32	33	30	125
6	10月	统一鲜橙多	32	25	29	36	122
7	10月	娃哈哈营养快线	45	36	32	34	147
8	10月	芬达橙汁	77	30	30	42	179
9	10月	红牛	68	67	28	45	208
10	10月	可口可乐(600ml)	35	31	29	39	134
11	10月	百事可乐(600ml)	85	30	25	41	181
12	10月	可口可乐(2L)	67	89	21	49	226
13	10月	百事可乐(2L)	12	42	28	39	121
14	10月	罐装百事可乐	15	28	20	44	107
15	10月	罐装可口可乐	9	44	26	41	120
16	10月	罐装雪碧	20	109	28	36	193
17	10月	罐装王老吉	20	13	20	42	95
18	10月	袋装王老吉	30	54	23	21	128

图 6-83 链接数据求和

本 章 小 结

学完本章后,应掌握的基本操作技能如下。

(1)工作簿的新建,保存,移动,删除。

(2)工作表的新建、复制、移动、删除。

(3)数据的快速录入,对数据利用公式及函数进行计算。其中,应掌握的函数主要有 SUM、AVERAGE、MAX、MIN、COUNT、COUNTIF、RANK、VLOOKUP、TODAY、DAY、MONTH、YEAR、LEFT、TIGHT、MID。

(4)表格的格式化,单元格的格式化。

(5)工作表的打印。

(6)数据管理和分析,包括对数据进行快速的排序、筛选、分类汇总等。

(7)创建图表,利用图表直观表示数据。

(8)创建数据透视表。

(9)从网络获取我国1980—2020年的GDP数据,利用学过的数据处理方式对数据进行处理分析,直观了解我国40年间的发展及变化,激发爱国热情,增强学习动力。

思 政 小 结

本章主要选取了中国、美国、日本三国从1980年到2020年的GDP数据,运用学习过的方法对数据进行格式化操作,并进行数据处理;通过折线图的形式对比中国、美国、日本三国GDP发展的变化过程;通过做数据透视表,看到中国从1980年到2020年这40年不断提升的国际排名,激发大家的爱国热情,增强学习动力。

第7章 演示文稿 PowerPoint 2019

PowerPoint 2019 是微软公司推出的 Microsoft Office 2019 中的一个组件,用它制作出的文件称为演示文稿,也称为 PPT,是 Office 办公系统常用的组件之一,广泛应用于个人简历、工作汇报、年终总结、商务培训、教学培训等领域。PowerPoint 2019 是目前最流行的幻灯片演示软件之一,创作出的演示文稿可以将文字、图形、图像、声音以及视频等多媒体元素于一体,在一组图文并茂的画面中表达出用户的想法;而且 PowerPoint 提供了将演示文稿打印成标准的幻灯片,在投影仪上使用。另外,也可以在计算机上进行演示,并且可以加上动画、特殊效果、声音等多种效果。

由 PowerPoint 制作的演示文稿可以广泛地应用在会议、教学、产品演示等场合。该软件还具有面向 Internet 的诸多功能,如在网上发布演示文稿,与用户一起举行联机会议等。

7.1 PowerPoint 2019 的工作界面

7.1.1 工作窗口

第一次启动 PowerPoint 2019 时,将会出现一个工作界面,如图 7-1 所示。自上而下分别为:标题栏、选项卡、功能区、幻灯片/大纲浏览窗格、幻灯片窗格、备注窗格、状态栏、视图按钮、显示比例按钮等部分组成。

图 7-1 演示文稿工作窗口

1. 标题栏

标题栏显示当前演示文稿文件名,左端为控制菜单,右侧为快速访问工具栏,右端三个按钮分别为"最小化""最大化/还原"和"关闭"。

2. 快速访问工具栏

通常有"保存""撤销"和"恢复"这三个按钮,用户可以根据需要增加或减少。

3. 选项卡

标题栏下面是选项卡,通常包含"文件""开始""插入"等11个不同类别。单击选项卡,将在功能区出现与该选项卡类别相应的多组操作命令。

有的选项卡平时不出现,在特定情况下会自动显示,这种选项卡称为"上下文选项卡"。例如,只有在幻灯片插入图片,选择该图片情况下才会显示"图片工具"。

4. 视图区

显示幻灯片的缩略图,也可以重新排列、添加或删除幻灯片。

5. 工作区(编辑区)

编辑幻灯片的区域,可以编辑包括文本、图片、音频、视频等各种对象。

6. 备注区

对该张幻灯片的解释、说明等备注信息。

7. 状态栏

显示当前幻灯片的序号、当前演示文稿幻灯片总数、输入法、备注、批注、视图方式、显示比例等信息。

7.1.2 演示文稿的视图

PowerPoint 2019根据建立、编辑、浏览、放映幻灯片的需要,提供了以下五种视图方式:普通视图、大纲视图、幻灯片浏览视图、备注页视图和阅读视图。不同的视图显示方式也不同,对演示文稿的编辑也不同。各个视图间的切换可以通过"视图"选项卡中的相应按钮单击窗口底部的视图按钮来实现,如图7-2所示。

图7-2 演示文稿视图按钮

1. 普通视图

系统的默认视图,只能显示一张幻灯片,用于编辑单张幻灯片的内容,可以显示大纲。

2. 大纲视图

在大纲窗格中编辑幻灯片并在其中跳转,也可以将整个大纲从word粘贴到大纲窗格中创建整个演示文稿。

3. 幻灯片浏览视图

可以同时显示多张幻灯片,方便对幻灯片进行移动、复制、删除等操作。

4. 备注页视图

每个页面包含一张幻灯片和备注,可以查看演示文稿与备注页一起打印的效果。

5. 阅读视图

如果希望在一个方便审阅的窗口中查看演示文稿,而不想使用全屏的幻灯片放映视图,则可以使用阅读视图。如果要更改演示文稿,可随时从阅读视图切换至某个其他视图。

7.2 创建演示文稿

演示文稿是由一张张独立的幻灯片组成的,把幻灯片放在一起进行逐张播放,就形成了演示文稿。

7.2.1 创建演示文稿的步骤

演示文稿的制作要经历以下五个步骤。

① 准备素材:主要是准备演示文稿中所需要的一些图片、声音、动画等文件。

② 确定方案:对演示文稿的整个构架作一个设计。

③ 初步制作:将文本、图片等对象输入或插入相应的幻灯片中。

④ 装饰处理:设置幻灯片中的相关对象的要素(包括字体、大小、动画等),对幻灯片进行装饰处理。

⑤ 预演播放:设置播放过程中的一些要素,然后播放查看效果,满意后正式输出播放。

【提示】 演示文稿的作用是配合演讲者讲解的,所以演示文稿中每张幻灯片的内容不要太多,要简单精练,主要的内容要靠演讲者讲出来。

一份演示文稿的制作需要提前规划,搜集素材,过程是耗时且费力的,但是好的开始是成功的一半,磨刀不误砍柴工。

7.2.2 创建演示文稿

1. 创建空白演示文稿

① 在 PowerPoint 窗口中单击"文件"菜单,在菜单中选择"新建"命令,单击"空演示文稿"选项,即可创建一个版式为标题且没有任何图文的空白演示文稿,如图 7-2 所示。

【提示】 a.空白幻灯片上有一些虚线框,称为对象的占位符。在占位符中可以添加文字、图像等。b.版式是幻灯片内容在幻灯片上的排列方式,不同的版式中占位符的位置与排列的方式也不同。用户可以选用版式来调整幻灯片中内容的排列方式,也可使用模板简便快捷地统一整个演示文稿的风格。

② 直接按"Ctrl+N"组合键就可以快速创建一个空白的演示文稿。

2. 已有模板

PowerPoint 2019 提供了多种专业水平的演示文稿模板,如图 7-3 所示,可以对幻灯片的背景样式、颜色、文字效果进行各种搭配设置,用户可以使用模板来帮助创建演示文稿的结构方案,例如色彩配制、背景对象、文本格式和版式等。模板能够让用户集中精力创建文稿的内容而不用花费时间去设计文稿的整体风格。

3. 打开已有的演示文稿

PowerPoint 2019 可在菜单栏中选择"文件"菜单的"打开"命令,也可使用"Ctrl + O"组合键。

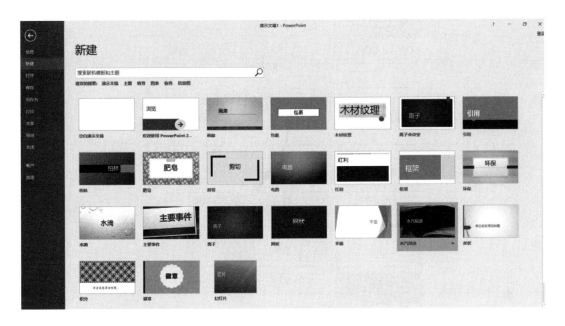

图 7-3　幻灯片模板

无论采用以上哪种方式,都会弹出一个"打开"对话框。在"查找范围"中选择要打开的文件存放的位置,窗口中会显示该位置上存放的所有文件的文件名,选择要打开的文件名,单击"打开"即可。

7.2.3　幻灯片版式

版式是幻灯片内容在幻灯片上的排列方式,不同的版式中占位符的位置与排列的方式也不同。用户可以选用版式来调整幻灯片中内容的排列方式,也可使用模板简便快捷地统一整个演示文稿的风格。

幻灯片版式即幻灯片里面元素的排列组合方式。创建新幻灯片时,可以从预先设计好的幻灯片版式中进行选择。例如,有一个版式包含标题、文本和图表占位符,而另一个版式包含标题和剪贴画占位符,可以移动或重置其大小和格式,使之可与幻灯片母版不同,也可以在创建幻灯片之后修改其版式。应用一个新的版式时,所有的文本和对象都保留在幻灯片中,但是可能需要重新排列它们以适应新版式。

更换幻灯片版式的操作方法为:单击"开始"→"幻灯片"→"幻灯片版式"命令,打开"幻灯片版式"任务窗格,如图7-4所示。

【例 7-1】　制作一个含有四张幻灯片的演示文稿"中共党史",并且为演示文稿添加音乐背景,插入图片,为每一页幻灯片(首页除外)添加页码、页眉或页脚,页眉写入本人学号姓名。

操作步骤如下。

① 新建空白演示文稿。第一张幻灯片采用"标题幻灯片"版式,标题为"中共党史",文字分散对齐,字体为"华文琥珀",字号为 60 磅,字体加粗;副标题为本人姓名,文字居中对齐,字体为"黑体",字号为 32 磅,字体加粗,如图7-5所示。

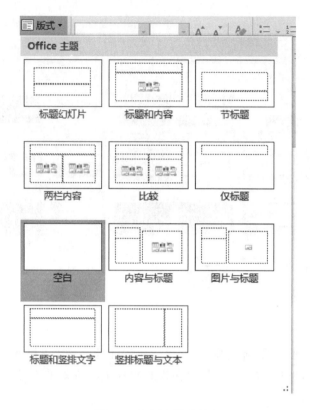

图 7-4　幻灯片版式列表

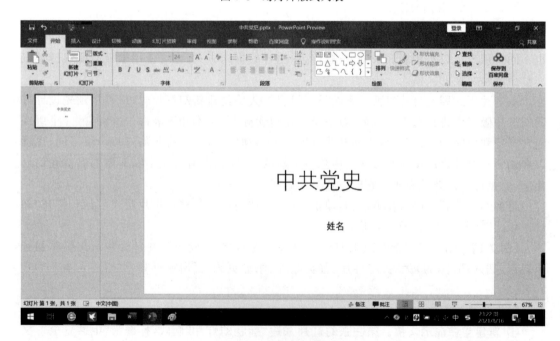

图 7-5　演示文稿第一页

② 添加第二张幻灯片。采用"内容和标题"的版式,标题为"目录";文本处是演示文稿的内容目录;右边占位符加入一张中国共产党百年图片,单击占位符中图片按钮,内容如

图 7-6 所示,完成后效果如图 7-7 所示。

图 7-6　演示文稿第二页

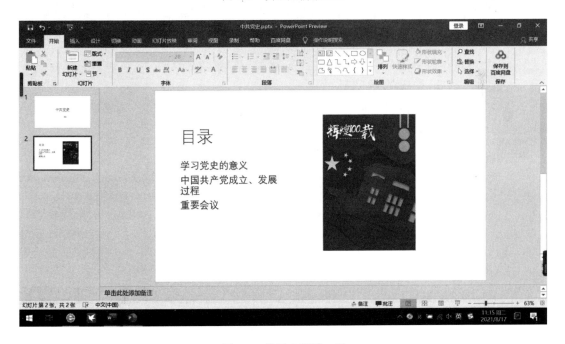

图 7-7　演示文稿第二页

③ 添加第三张幻灯片。采用"标题和内容"的版式。标题为"学习党史的意义",插入四个文本框,并对形状填充为红色,如图 7-8 所示。在目录幻灯片中将"学习党史的意义"超链接到第三张幻灯片,完成后效果如图 7-9 所示。

图 7-8　演示文稿第三页

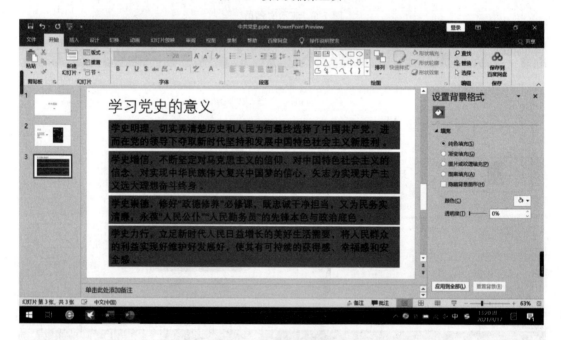

图 7-9　演示文稿第三页

④ 在演示文稿第二页前插入一张幻灯片。采用"空白"版式,插入艺术字"党史学习",采用"艺术字"库中第 3 行第 4 列样式,输入对应文字,如图 7-10 所示,在绘图选项卡中选择"形状效果"中的棱台中的凸起效果。插入背景音乐文件"不忘初心",这时会出现一个小喇叭图标,在音频选项中选择"循环播放,直到停止"以及"播放完毕返回开头"这两个复选框,如图 7-11 所示。

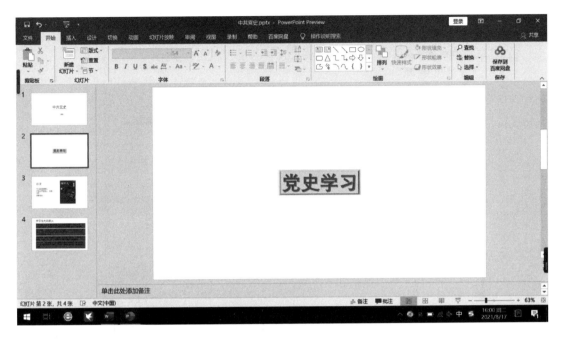

图 7-10　插入的幻灯片

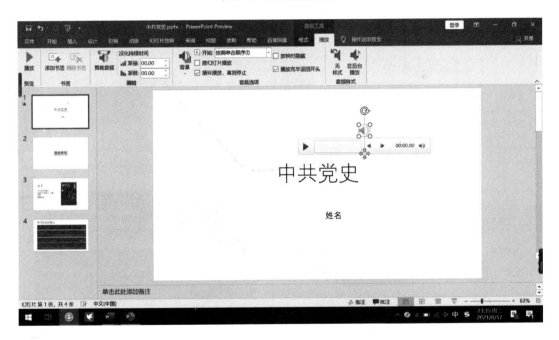

图 7-11　插入音频的幻灯片

⑤ 为演示文稿中的每一页添加日期、页脚和幻灯片编号。单击插入菜单下文本选项卡中页眉和页脚命令。其中,日期设置为"可以自动更新",页脚为"党史学习"(如图 7-12 所示),标题幻灯片中不显示。添加后演示文稿最终效果如图 7-13 所示。

图 7-12　页眉页脚设置

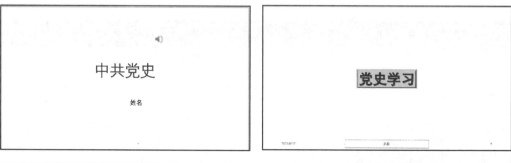

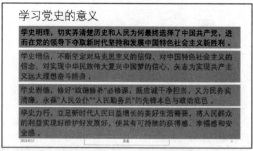

图 7-13　演示文稿最终效果

7.2.4　演示文稿的保存

单击"文件"菜单上的"另存为"或"保存"命令来保存演示文稿文件。在"另存为"对话框中选择演示文稿文件要保存的磁盘、目录(文件夹)和文件名。文件系统默认演示文稿文件的扩展名为.pptx,如图 7-14 所示。

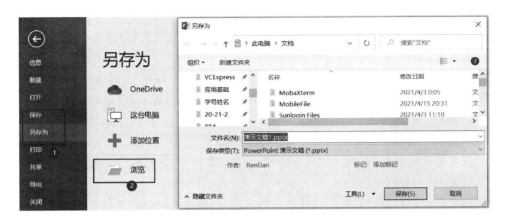

图 7-14 另存为对话框

7.3 幻灯片中的编辑

7.3.1 幻灯片的编辑

1. 插入新幻灯片

在编辑演示文稿的时候如果幻灯片页面不够,就需要插入新的幻灯片,在 PowerPoint 2019 中插入新幻灯片有以下三种方法。

- 选择"开始"选项卡→"幻灯片"→"新建幻灯片"(如图 7-15 所示)。
- 选中幻灯片→右击→选择"新建幻灯片"。
- 直接按回车键(Enter 键)。

【提示】 插入幻灯片在当前幻灯片的后面。

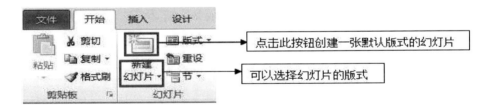

图 7-15 新建幻灯片

2. 选取幻灯片

在对幻灯片进行移动、删除、复制等操作时,首先需要选中目标幻灯片,可以按以下三种方法选中幻灯片。

- 单击单张幻灯片可选中当前幻灯片。
- 如果要选中多张连续的幻灯片,可先单击第一张幻灯片,然后按 Shift 键的同时单击最后一张幻灯片。
- 如果要选中多张不连续的幻灯片,可先单击第一张幻灯片,然后按 Ctrl 键的同时单击其他的幻灯片。

3. 移动与复制幻灯片

在幻灯片浏览视图中,用户可以通过鼠标拖动或"剪切粘贴"两种方法移动幻灯片。

• 通过鼠标拖动的方式移动幻灯片的操作步骤如下。

① 选中需要移动的幻灯片,将鼠标指针移动到选中的幻灯片上,然后按鼠标左键拖动。

② 在拖动过程中,屏幕上会出现一个竖条来表示插入位置,当竖条移动到所需要的位置时松开鼠标即可。

• 通过剪贴板移动或复制幻灯片的操作步骤如下。

① 选中需要复制的幻灯片,然后点击"开始"选项卡→"剪贴板"→"剪切"按钮,将选中的幻灯片保存到剪贴板中。

② 将光标定位到需要粘贴幻灯片的目标位置处,单击"剪贴板"工具栏中的"粘贴"按钮
，即可将幻灯片粘贴到当前幻灯片的下面。

4. 复制幻灯片

通过剪贴板移动或复制幻灯片的操作步骤如下。

① 选中需要复制的幻灯片,然后点击"开始"选项卡→"剪贴板"→"复制"按钮,将选中的幻灯片保存到剪贴板中。

② 将光标定位到需要粘贴幻灯片的目标位置处,单击"剪贴板"工具栏中的"粘贴"按钮
，即可将幻灯片粘贴到当前幻灯片的下面。

5. 删除幻灯片

在普通视图和幻灯片浏览视图中删除幻灯片的操作方法步骤如下。

① 选中需要删除的幻灯片。

② 直接按 Delete 键删除当前幻灯片,删除当前幻灯片后,原来的第二张幻灯片变成第一张。

7.3.2　幻灯片对象的编辑

对象是幻灯片中的基本成分,是设置动态效果的基本元素。幻灯片中的对象被分为文本对象(标题、项目列表、文字批注等)、可视化对象(图片、剪贴画、图表、艺术字等)和多媒体对象(视频、声音、Flash 动画等)三类,各种对象的操作一般都是在幻灯片视图下进行,操作方法也基本相同。

1. 文本输入与编辑

PowerPoint 2019 中的文本有标题文本、项目列表和纯文本三种类型。其中,项目列表常用于列出纲要、要点等,每项内容前可以有一个可选的符号作为标记。文本内容通常在"幻灯片"模式下输入。

文本是幻灯片最基本的元素,在幻灯片中添加文本的方法主要有四种:根据版式占位符设置文本、使用文本框输入文本、自选图形文本和艺术字。输入文本最简单的方法就是使用文本框输入文字。具体操作步骤如下。

① 打开一个演示文稿,选中需要添加文本的幻灯片,然后单击"插入"选项卡,在"文本"组中点击"文本框"按钮,在弹出的菜中选择"横排文本框"选项。

② 按住鼠标左键在幻灯片中拖动绘制文本框,然后将光标定位到文本框中输入文本即可;或者用鼠标单击幻灯片的文本框区域,文本框的各边角上有八个小方块(尺寸控点),此

时即可在该文本框中输入文本内容。

2. 插入图片

通过插入剪贴画、图片或者艺术字等方法，幻灯片看起来会更加精美，更能吸引人们的注意，也更加能够表达幻灯片的主题内容。

（1）插入图片

用户可以在幻灯片中插入精美的图片，这样可以使演示文稿能够更美观和更清楚地表达主题内容，在幻灯片中插入来自文件的图片的具体操作步骤如下。

① 打开一个演示文稿，选中需要插入图片的幻灯片，然后单击"插入"选项卡，在"图像"组中点击"图片"按钮。

② 弹出"插入图片"对话框，在该对话框中选择需要插入的图片，然后点击"插入"按钮，这样就在幻灯片中插入了所选图形。

图 7-16　图片工具

（2）图片编辑

① 取消图片背景颜色：选择需要设置的图片，选择"图片工具"中"格式"选项卡的"调整"组中"颜色"按钮，在下拉列表中选择"设置透明色"命令，此时鼠标指针会变成带箭头的笔样式，然后单击图片的白色背景，则在图片中的这种颜色将被全部变为透明色。

② 设置图片对齐方式：选择需要设置的图片，选择"图片工具"中"格式"选项卡的"排列"组中"对齐"按钮，在下拉列表中选择相应的命令。

③ 设置图片样式：选择需要设置的图片，在"图片工具"中"格式"选项卡的"图片样式"组中选择一种图片样式，如"棱台形椭圆，黑色"，即可给图片添加艺术边框。同时，可以在"图片边框"命令设置边框的颜色、粗细等参数，如图 7-16 所示。

④ 设置图片效果：选择需要设置的图片，选择"图片工具"中"格式"选项卡的"图片样式"组中"图片效果"按钮，在下拉菜单中进行各种参数设置，如预设设置为"预设 12"，映像设置为"半映像，接触"，棱台设置为"凸起"，如图 7-17 所示。

图 7-17　图片样式

3. 插入形状

在 PowerPoint 2019 中，除了可以使用系统自带或来自文件的现成图片外，还可以根据系统提供的基本形状自行绘制图形。

（1）插入形状

单击"插入"选项卡中"插图"组中的"形状"按钮，在下拉列表中选择需要的命令，然后在幻灯片中通过拖动鼠标完成矩形的绘制，如图 7-18 所示。

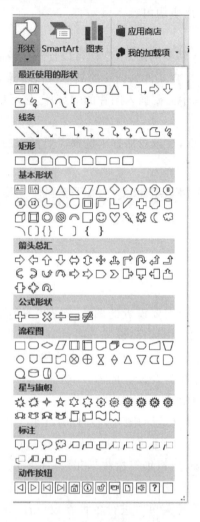

图 7-18　形状下拉列表

（2）设置形状格式

在"绘图工具"的"格式"选项卡中"形状样式"组中选择需要的命令可以设置形状格式。在使用系统内置的形状样式快速设置形状的整体外观后，可以通过"形状样式"组内的"形状填充""形状轮廓"和"形状效果"手动设置形状的内部细节。如在"形状填充"中设置渐变为"线性向下"，在"形状效果"中设置预设为"预设 2"，如图 7-19 所示。

（3）在形状中添加文字

在形状中添加文字。右击形状，在弹出的快捷菜单中选择"编辑文字"命令即可，也可以在形状中插入文本框来灵活添加文本。

【提示】　对齐对象：在幻灯片中插入若干形状或图像后，可以通过"绘图工具"的"格式"选项卡中"排列"组中的"对齐"按钮，快速对齐所选对象，使版面更加整齐美观。

图 7-19 形状样式

4. 插入艺术字

艺术字是利用现有的文本创建特殊的格式,比如为选中的文本添加外边框阴影或者弧形等效果,这样可以产生漂亮的文字效果,添加艺术字的具体操作步骤如下。

① 打开需要编辑的演示文稿,选中要插入艺术字的幻灯片,选择"插入"选项卡,单击"文本"选项组中的"艺术字"按钮,在弹出的对话框中选择需要的艺术字样式。

② 幻灯片中出现一个艺术字文本框,直接在占位符中输入艺术字内容,根据需要调整位置和大小即可,如图 7-20 所示。

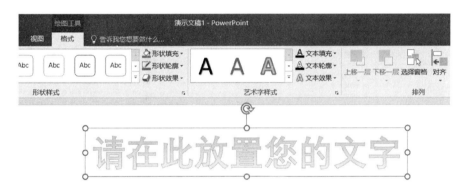

图 7-20 插入艺术字

③ 编辑艺术字。如果对系统自带的艺术字效果不满意,还可以对其重新设置和修改。选择"绘图工具"的"格式"选项卡中"艺术字样式"组中的"文本填充""文本轮廓""文本效果"命令进行设置。

5. 插入 SmartArt 图形

在 PowerPoint 中可以插入 SmartArt 图形,其中包括列表图、流程图、循环图、层次结构图、关系图、矩阵图、棱锥图和图片等。在 PowerPoint 中为演示文稿添加 SmartArt 图形的具体操作步骤如下。

① 新建一个幻灯片,选择"插入"选项卡,单击"插图"选项组中的"SmartArt"按钮,将打开"选择 SmartArt 图形"对话框,在对话框左侧可以选择 SmartArt 图形的类型,中间选择该类型中的一种布局方式,右侧则会显示该布局的说明信息。

② 选择一种类型(如"流程"),然后选择其中一种布局方式(如"交替流"),单击"确定"按钮,即可在幻灯片中创建该 SmartArt 图形。

【提示】 将文本转换为 SmartArt 图形是一种将现有幻灯片转换为专业设计的快速方法。步骤为:首先,选择需要转换的文本,一般为带项目符号的文字内容;然后,选择"开始"→"段落"→"转换为 SmartArt 图形"命令,打开"转换为 SmartArt 图形"菜单,在 SmartArt

图形布局库中选择一种合适的布局样式,则幻灯片中的文本将被自动放置到 SmartArt 图形的形状中,并基于所选择的布局进行排列。

6. 插入图表

在 PowerPoint 2019 中,可以根据系统提供的图表类型,轻松创建各种图表。

(1) 插入图表

选择"插入"→"插图"→"图表"命令,打开"插入图表"对话框,选择需要的图表类型,如"簇状柱形图",如图 7-21 所示。创建的图表将会出现在幻灯片上,同时包含示例数据的一个 Excel 数据表被打开,根据需要修改示例数据即可,如图 7-22 所示。

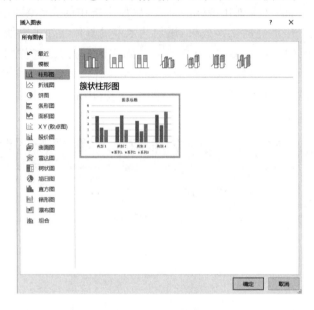

图 7-21　插入图表

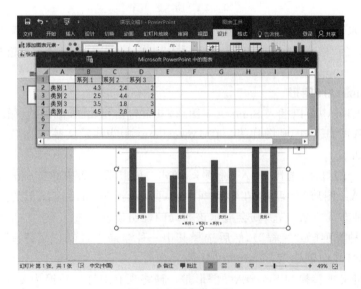

图 7-22　图表数据源

【提示】 关闭 Excel 窗口后,双击"图表工具"中"设计"选项卡上的"编辑数据"命令,可以再次将其打开。

(2)快速设置图表格式

为了美化幻灯片,系统给各种对象都提供了许多外观样式,对于图表也不例外。图表样式可以对图表的颜色、背景和形状进行整体设置。在"图表工具"的"设计"选项卡的"图表样式"组中选择需要的图表外观,如"样式 5"。

【提示】 虽然图表中包含各种元素,但对图表元素的格式设置并不复杂,只需要记住:设置哪个元素的格式,就右击该元素,在弹出的快捷菜单中选择"设置格式"命令,其中"＊"代表该元素名称。

7．添加声音

为演示文稿添加声音的具体操作步骤如下。

① 打开一个演示文稿,选中需要插入声音的幻灯片,然后单击"插入"选项卡,在"媒体"组中点击"声音"下拉按钮,选择"PC 上的音频"。

② 弹出"插入声音"对话框,在该对话框选择一个音频文件,单击"确定"按钮确认选择,这时会出现"音频工具"选项卡。返回幻灯片窗口,这时在幻灯片中会出现一个图标"🔊",表示插入声音成功。

【提示】 ① 在放映幻灯片的整个过程中都自动播放声音(作为背景音乐),一般将音频文件插入第一张或第二张幻灯片,插入时选择自动播放。

② 重复播放音频文件,则在"播放音频"对话框中选择"计时"选项卡,单击"重复"下拉列表框,选中"直到幻灯片末尾"选项。

③ 调节声音大小,则在"播放音频"对话框中选择"音频设置"选项卡,单击"声音音量"按钮,打开音量控制面板,调整音量。

④ "停止播放"参数说明:"单击时"即单击停止播放;"当前幻灯片之后"会在此幻灯片之后停止播放;"在_张幻灯片之后",输入精确的幻灯片数,声音将持续播放,直到经过指定数目的幻灯片后才停止。需要注意的是,对于最后的两个选项,声音的持续时间长度应至少与指定的幻灯片显示时间长度相同。可以从"声音设置"选项卡的"信息"查看音频文件的长度。

⑤ 通常,音频文件会被直接嵌入到演示文稿中,这样在移动或复制演示文稿时,不需要对音频文件作单独处理。但当音频文件大小超过 PowerPoint 2019 的指定范围时,音频文件将被视为是一个链接,最好将其和演示文稿放在同一文件夹中,以保证链接中的相对引用,使得在移动文件的过程中,仍能保持完整性。可以选择"文件"→"选项"→"高级"命令,在"链接文件大小大于以下值的音频文件_KB"文本框中输入一个值,从而指定可嵌入的音频文件大小。

8．插入视频素材

一份优秀的演示文稿,不仅需要生动的文字、优美的图片,还需要搭配动听声音和精彩的影片,这样可以使幻灯片中的内容更有活力。在 PowerPoint 2019 中,可以直接插入剪辑管理器中的影片或以 .avi、.wmv、.dat 和 .mpg 等为扩展名的外部视频文件。

选中需要添加影片的幻灯片,选择"插入"选项卡中"媒体"组内的"视频"下拉按钮,选择"PC 上的视频"命令。在"插入视频"对话框中查找需要添加的外部视频文件,单击"确定"

命令。

鼠标动作是指当鼠标对某个对象进行某种操作时,该对象会响应这个操作并按照已设置好的动作完成。在 PowerPoint 2019 中,可以对幻灯片设置多种鼠标动作,主要包括以下两类。

① 单击鼠标:用户用鼠标左键单击某对象时,该对象会响应这个操作并按照已设置好的动作完成某些动作,例如单击某个超级链接会打开一个指定的网页。

② 鼠标移动:用户将鼠标指针移过某个对象时,该对象会响应这个操作并按照已设置好的动作完成某些动作,例如当鼠标移过某对象时显示该对象的注释。

设置鼠标动作的具体操作步骤如下。

① 打开要设置鼠标动作的演示文稿,在幻灯片中选中需设置鼠标动作的对象。

② 单击"插入"选项卡,在"链接"组中,单击"动作"按钮。

③ 打开"动作设置"对话框。

④ 在"动作设置"对话框的"单击鼠标"和"鼠标移过"选项卡中,我们可以设置以下类型的响应事件。

- 超链接到:在播放该幻灯片的过程中,当指定的动作发生时,跳转到另一个幻灯片。
- 运行程序:当指定的动作发生时,运行指定的程序。
- 对象动作:当指定动作发生时,打开、编辑或播放指定的嵌入对象。
- 运行宏:当指定的动作发生时,运行指定的宏。
- 无动作:选择该单选框可为对象取消已设置的鼠标动作。
- 播放声音:当指定的动作发生时,播放指定的声音文件。
- 突出显示:当指定的动作发生时,突出显示某一个对象。

设置好相应动作后,单击"确定"按钮即可。

9. 使用"超级链接"命令

创建"超级链接"起点可以是任何文本或对象,激活"超级链接"最好用单击鼠标的方法。设置了"超级链接",代表"超级链接"起点的文本会添加下划线,并且显示成系统配色方案指定的颜色。创建"超级链接"有使用"超级链接"命令和"动作按钮"两种方法,创建"超级链接"的步骤如下。

① 保存要进行超级链接的演示文稿。

② 在幻灯片视图中选择要设置超级链接的文本或对象。

③ 单击"插入"→"超链接"命令,打开"插入超级链接"对话框。

④ 在"插入超级链接"对话框中,通过设置,可以实现各种链接。

7.4 幻灯片外观设计

设计幻灯片外观的方法有三种:主题、母版、配色方案。主题是一组预定义的颜色、字体和视觉效果,可应用于幻灯片以实现统一、专业的外观。母版用于设置幻灯片的样式,可供用户设定各种标题文字、背景、属性等,只需要更改一项内容就可更改所有相关幻灯片的设计。

7.4.1 应用主题快速美化演示文稿

为了使同一演示文稿的所有的幻灯片具有一致的外观,可以采用 PowerPoint 2019 提供的模板。用户可以利用 PowerPoint 2019 自带的不同主题来快速美化演示文稿。单击"设计"选项卡,在打开的"主题"组中选择自己喜欢的主题。如果未出现所需要的主题,则单击"主题"组旁边的下拉箭头,打开主题库,如图 7-23 所示。

图 7-23 设计主题

欣赏不同风格演示文稿模板。图 7-24 所展示的不同风格的模板都体现了整体搭配的思想,无论从布局、配色或风格都体现了不同的美。

7.4.2 母版

幻灯片母版是一种特殊的幻灯片,主要是针对同步更改所有幻灯片的文本及对象而定的,母版用于设置演示文稿中每张幻灯片的最初格式,这些格式包括每张幻灯片标题及正文文字的位置、字体、字号、颜色,项目符号的样式、背景图案等,它包含了幻灯片文本和页脚(如日期、时间和幻灯片编号)等占位符。

根据幻灯片文字的性质,PowerPoint 2019 母版可以分成幻灯片母版、讲义母版和备注母版三类。其中,最常用的是幻灯片母版,因为幻灯片母版控制的是除标题幻灯片以外的所有幻灯片的格式。

单击"视图",选择"母版视图"分组中的"幻灯片母版",如图 7-25 所示。它有五个占位符,用来确定幻灯片母版的版式。

1. 更改文本格式

在幻灯片母版中选择对应的占位符,如标题或文本样式等,更改其文本及其格式。修改母版中某一对象格式,可以同时修改除标题幻灯片外的所有幻灯片对应对象的格式。

2. 设置页眉、页脚和幻灯片编号

在幻灯片母版状态选择"插入"→"文本"→"页眉和页脚"命令,调出"页眉和页脚"对话框,选择"幻灯片"页面,设置页眉、页脚和幻灯片编号。

3. 向母版插入对象

当需要每张幻灯片都添加同一对象时,只需要向母版中添加该对象即可。例如插入艺术字后,除标题幻灯片外每张幻灯片都会自动在固定位置显示该艺术字。通过幻灯片母版插入的对象,不能在幻灯片状态下编辑。

【提示】 ① 在 PowerPoint 2019 中,母版分为幻灯片母版(一张)和版式母版(若干张)两类。在"幻灯片母版"视图左侧,第一个是幻灯片母版,负责为所有幻灯片的标题和内容占位符定义通用的格式,其余的全部是版式母版,它们位于幻灯片母版下方。幻灯片母版通过

卡通绿色清新

述职报告工作总结

创意年轻向上

通用教育教学课件

红色党政风

中国风读书会

图 7-24 不同风格设计模板

不同的占位符控制各版式母版的格式。一个主题拥有一套完整的母版,即对应于该主题的一张幻灯片母版和一系列版式母版。

② 母版中不包括幻灯片的实际内容,它仅在幕后为实际幻灯片提供各种格式设置。本质上讲,不是在向幻灯片应用主题,而是向幻灯片母版应用主题,然后向幻灯片应用幻灯片母版,以保持一致的风格。

③ 占位符显示为一种带有虚线或阴影线边缘的框,它用于统一设置对象的格式。对占位符的操作常在幻灯片母版视图下进行。

④ "幻灯片母版"视图只是对母版格式的设置,如要实际输入内容,则应单击"关闭母版视图"返回到"普通视图"下进行操作。

4. 添加演示文稿的背景图形

背景图形位于幻灯片母版上,因此要添加或删除背景图形,必须使用"幻灯片母版"视图。

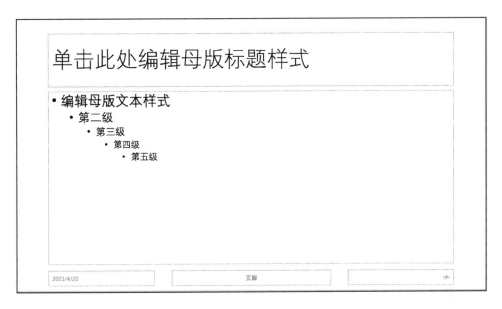

图 7-25 幻灯片母版

7.4.3 配色方案

幻灯片的画面色彩和背景图案往往能够决定一份演示文稿制作的成败,在 PowerPoint 2019 中,用户可以利用幻灯片设计功能为幻灯片设置单色、过渡色、图案或纹理等背景。

利用"设计"选项卡中"变体"分组,可以对幻灯片的文本、背景、强调文字等各个部分进行重新配色,如图 7-26 所示;还可以使用"设计"选项卡中"自定义"组"设置背景格式"设置不同的幻灯片背景效果。

【例 7-2】 在例 7-1 的基础上,演示文稿的最后一页设置背景为"白色大理石"的纹理填充效果,如图 7-27 所示。

图 7-26 变体

7.5 演示文稿的播放效果

在设计动画时,有两种动画设计:一种是幻灯片内各对象或文字的动画效果,另一种是幻灯片切换时的动画效果。

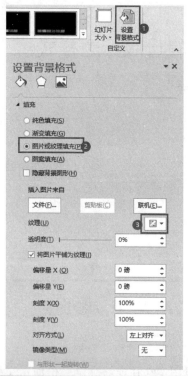

图 7-27　背景为"白色大理石"的第四张幻灯片

7.5.1　动画设计

动画是演示文稿中一个非常重要的功能,要将制作美观精致的幻灯片最终呈现出来,动画是不可或缺的手段,它可以为演示文稿效果锦上添花。

PowerPoint 2019 演示文稿中的文本、图片、形状、表格、SmartArt 图形和其他对象都可以制作成动画,赋予它们进入、退出、大小或颜色变化甚至移动等视觉效果。

每个对象可以单独使用任何一种动画,也可以将多种效果组合在一起。例如,可以对一行文本应用"强调"进入效果及"陀螺旋"强调效果,使它旋转起来。

1. 选择动画种类

选中图片或文字,然后选择"添加动画"命令,可以对这个对象进行以下四种动画设置:"进入""强调""退出"和"动作路径",如图 7-28 所示。

图 7-28 "添加动画"窗口

- "进入"是指对象从无到有,可以使对象逐渐淡入焦点、从边缘飞入幻灯片或者跳入视图中。
- "强调"是指对象直接显示后再出现的动画效果,包括使对象缩小或放大、更改颜色或沿着其中心旋转。
- "退出"是指对象从有到无,包括使对象飞出幻灯片、从视图中消失或者从幻灯片旋出。
- "动作路径"是指对象沿着已有的或者自己绘制的路径运动,可以使对象上下移动、左右移动或者沿着星形或圆形图案移动(与其他效果一起)。

2. 方向序列设置

选中对象，单击"动画"→"效果选项"，在下拉菜单中可以对动画出现的方向、序列等进行调整，如图 7-29 所示。

图 7-29 "效果选项"下拉菜单

3. 开始时间设置

默认为"单击时"，如果单击"动画"→"计时"→"开始"后的下拉列表框，则会出现"与上一动画同时"和"上一动画之后"，如图 7-30 所示。顾名思义，如果选择"与上一动画同时"，那么此动画就会和同一张 PPT 中的前一个动画同时出现（包含过渡效果在内），选择后者就表示上一动画结束后再立即出现。如果有多个动画，建议选择后两种开始方式，这样对于幻灯片的总体时间比较好把握。

【提示】 在"动画窗格"的"开始"列表中有三种设置："单击时"是指用鼠标单击可触发动画事件；"与上一动画同时"表示在上一个动画事件被触发的同时，自动触发当前动画事件；"上一动画之后"表示在上一个动画事件播放完后，自动触发当前动画事件。

4. 动画速度设置

调整"持续时间"，可以改变动画出现的快慢，如图 7-31 所示。

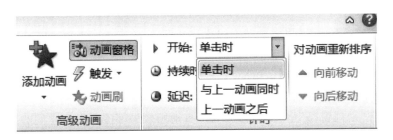

图 7-30　计时

图 7-31　设置动画速度

5.延迟时间设置

调整"延迟时间",可以让动画在"延迟时间"设置的时间到达后才开始出现,对于动画之间的衔接特别重要,便于观众看清楚前一个动画的内容,如图 7-32 所示。

图 7-32　延迟时间

【提示】　"效果选项"卡中"计时"标签上的参数说明:"开始"和"动画窗格"中"开始"设置相同;"延迟"是指上一动画开始或结束与当前动画开始之间的延迟量,默认为 0;"期间"一般和"动画窗格"中"持续时间"设置相同,但此处还可以手动输入精确秒数;"重复"是指该动画重复的次数,默认为无;"播完后快退"最适合视频剪辑;"触发器"可以实现用户和演示文稿之间的交互功能。

6. 调整动画顺序

如果需要调整一张 PPT 里多个动画的播放顺序,则单击一个对象,在"动画"→"计时"→"对动画进行重新排序"下面选择"向前移动"或"向后移动"。更为直接的办法是单击"动画窗格",在右边框旁边出现"动画窗格"对话框。拖动每个动画的改变其上下位置可以调整出现顺序,也可以单击右键将动画删除。

【提示】 在"动画窗格"中可以观察到,所有动画效果都按照设置它们的顺序进行编号。播放时,按照自上而下的顺序显示,但也可以使用该窗格底端的"重新排序"箭头按钮移动动画项顺序。

7. 设置相同动画

如果希望在多个对象上使用同一个动画,则先在已有动画的对象上单击左键,然后选择"动画刷",此时鼠标指针旁边会多一个小刷子图标。用这种格式的鼠标单击另一个对象(文字图片均可),则两个对象的动画完全相同,这样可以节约很多时间。但动画重复太多会显得单调,需要有一定的变化。

8. 添加多个动画

同一个对象可以添加多个动画,如进入动画、强调动画、退出动画和路径动画。例如,设置好一个对象的进入动画后,单击"添加动画"按钮,可以再选择强调动画、退出动画或路径动画。

9. 添加路径动画

路径动画可以让对象沿着一定的路径运动,PPT 提供了几十种路径。如果没有自己需要的,可以选择"自定义路径"。此时,鼠标指针变成一支铅笔,用户可以用这支铅笔绘制自己想要的动画路径。如果想要让绘制的路径更加完善,可以在路径的任一点上单击右键,选择"编辑顶点",可以通过拖动线条上的每个顶点或线段上的任一点调节曲线的弯曲程度。

10. 删除不需要的动画

删除动画的方法比较简单,其具体操作步骤如下:打开要删除动画的演示文稿,选中要删除的动画对象,在"动画"组中,单击"动画"按钮后的下拉菜单,在弹出的下拉菜单中选择"无动画"选项;再次放映幻灯片时就没有之前设置的动画效果了。

如果想取消某个对象的动画效果,直接在幻灯片编辑窗口中选中该动画效果标号直接按 Delete 键即可。

【例 7-3】 以下利用其他动作路径制作一个卫星绕月的动画实例。

① 新建一空白幻灯片,选择"设计"菜单里的"背景"分组,在"背景样式"里选择"设置背景格式",插入"月球图"作为幻灯片背景;然后执行"插入"→"图像"→"图片"插入"卫星图",调整好大小比例和位置,如图 7-33 所示。

② 选中"卫星图",单击"图片工具"→"格式"→"删除背景",删除"卫星图"的背景。

③ 创建动画效果:选定"卫星图"后执行"动画"→"添加动画"→"其他动作路径",在弹出的"添加动作路径"对话框中选择"基本"类型的"圆形扩展",如图 7-34 所示;然后用鼠标通过六个控制点调整路径的位置和大小,将其拉成椭圆形,并调整到合适的位置。

【提示】 如果感觉"动作路径"中绘制出来的曲线不够平滑,可以用鼠标右击曲线,在弹出的快捷菜单中,选择"编辑顶点"命令。此后,曲线上就会出现许多小黑点,用鼠标拖动各顶点,可以让曲线变得更加平滑。

图 7-33 素材图添加效果

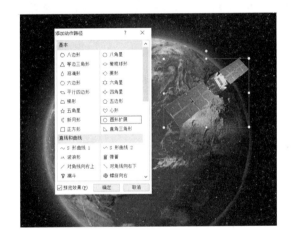

图 7-34 动作路径设置

④ 设置动画:在幻灯片编辑窗口中用鼠标左键双击刚才创建的"圆形扩展动画",打开"圆形扩展"设置面板,鼠标左键单击"计时",把其下的"开始"类型选为"与上一动画同时",速度选为"慢速(3 秒)",重复选为"只到幻灯片末尾",如图 7-35 所示。这样卫星就能周而复始地一直自动绕月飞行了。

7.5.2 设置幻灯片切换方式

在放映幻灯片时,可以设置从上一张幻灯片切换到当前幻灯片的切换效果。选中要使用切换效果的幻灯片,切换到"切换"选项卡。在"切换到此幻灯片"面板中的"切换方案"列表框中即可选择幻灯片的切换效果,如图 7-36 所示。

根据 PPT 的内容设置切换动画,内容温和的 PPT 应用缓慢的切换效果,震撼的 PPT 应用震撼的切换动画,可以通过加快切换速度及配置震撼音效来达到。好的音效能够集中听讲者的注意力,音效也能渲染幻灯片使之更有感染力,音效能够提高观众的注意力,特别是下午的讲座。反复的尝试,切换动画很多,要使 PPT 更美观必须根据内容反复尝试,直到

图 7-35　圆形扩展对话框

图 7-36　切换选项卡

满意为止。但是,切忌滥用,任意滥用还不如不用,用得不恰当不仅不能增加美感,还可能"毁"了整个 PPT。

7.6　演示文稿的放映

7.6.1　设置幻灯片放映方式

设置幻灯片放映方式的具体操作步骤如下。

① 打开要设置放映方式的演示文稿,单击"幻灯片放映"选项卡,在"设置"组中,单击"设置幻灯片放映"按钮。

② 打开"设置放映方式"对话框。根据需要设置好各个选项,单击"确定"按钮即可,如图 7-37 所示。

7.6.2　放映幻灯片

幻灯片制作完成后,用户需要通过放映幻灯片观看演示文稿,放映幻灯片的具体操作步骤如下。

① 打开一个演示文稿,然后单击演示文稿状态栏中的"幻灯片放映"按钮或者按下 F5 键,开始放映幻灯片。

② 进入幻灯片放映方式时,演示文稿中的幻灯片将全屏显示。首先出现当前演示文稿的第一张幻灯片,单击鼠标左键或按下 Enter 键,则将显示第二张、第三张……

③ 在幻灯片放映过程中,如果要退出放映,按下 Esc 键即可。

图 7-37　"设置放映方式"对话框

7.6.3　在幻灯片中录制放映旁白

旁白是在放映幻灯片时对幻灯片内容进行同步的解说,从而增强幻灯片的说服力。录制旁白的具体操作方法如下。

① 切换到"幻灯片放映"选项卡,单击"设置"面板中的"录制旁白"按钮,打开"录制旁白"对话框。

② 单击"设置话筒级别"按钮,在弹出的"话筒检查"对话框中朗读文字以检查话筒的质量。

③ 单击"更改质量"按钮,在打开的"声音选定"对话框中选择声音的录制质量。

④ 单击"确定"按钮,即可开始播放幻灯片,同时用话筒录入旁白,录制完毕后,按下 Esc 键,在弹出的提示框中告知用户已经保存旁白,还可以选择是否保存排练时间。

7.6.4　设置幻灯片排练计时

幻灯片制作完毕后,需要对每张幻灯片的放映时间进行设置,如包含内容较多的幻灯片放映时间略长,而包含内容较少的幻灯片放映时间略短。这时就需要设置排练计时,其具体操作方法如下。

① 单击"幻灯片放映"选项卡,然后单击"设置"工具组中的"排练计时"按钮,开始放映幻灯片,并在屏幕左上角显示计时框。

② 计时框中第一个时间值表示当前幻灯片的放映时间,第二个时间值表示整个演示文稿的放映时间,当幻灯片放映时间走到目标值时,单击按钮,设定第二张幻灯片的放映时间。

③ 以此类推,对每张幻灯片的放映时间进行设置,完毕后按下 Esc 键,在弹出的提示框

中单击"是"按钮。

【例 7-4】 在例 7-2 的基础上增加动画和放映设置。操作步骤如下。

① 选中演示文稿第三张幻灯片中的标题,单击"动画"→"高级动画"→"添加动画",选择"更多进入效果"中的"挥鞭式",点击"动画窗格",设置"效果选项"中声音为"硬币",选择"单击鼠标"时发生;图片采用"玩具风车"的动画,在前一事件之后发生;文本内容采用"展开"的动画效果逐项显示,在"从上一项之后开始"2 秒后发生。

② 将全部幻灯片的切换效果设置为"形状",声音为"风铃",换片方式为每隔 5 秒自动换片。

③ 在"设置幻灯片放映"中,将演示文稿放映方式分别设置为"演讲者放映""观众自行浏览""在展台浏览"及"循环放映,按 ESC 键终止",观察放映效果。

本 章 小 结

学完本章后,应掌握的基本知识如下。

(1) 了解 PPT 的界面和菜单功能,知道 PPT 的制作流程。

(2) 掌握幻灯片的编辑方法。

(3) 掌握 PPT 模板的使用及学会合理采用配色方案。

(4) 掌握幻灯片的切换方式及动画制作方法。

(5) 会使用幻灯片的各种放映方式。

思 政 小 结

美育教育:不同风格的演示文稿模板体现了整体搭配的思想,无论从布局、配色上,还是风格上都体现了不同的美,以此培养学生美学情操,使其善于从生活中发现美、热爱美。

具体问题具体分析:在教学过程中,根据 PPT 的内容及风格设置动画,达到两者匹配的目的,体现了具体问题具体分析的思想。

家国情怀:本章案例以中共党史为材料制作 PPT,渗透思想教育,并将其应用于整个 PPT 的制作过程,以此增强学生国家归属感、社会责任感、民族自豪感,激发学生爱党、爱国的热情,弘扬爱国主义精神。